# 机械加工应用数学

沈为兴 编著

金盾出版社

## 内 容 提 要

本书从实际出发，将机械加工过程中常见的技术问题，用数学方法加以解决。作者运用专业理论知识，经过分类、整理、归纳，兼顾数学的系统性、循序性和全面性。其内容具有极强的实用性和可操作性，是培训高级技工的好教材，也是从事机械加工技术人员提升工艺水平的极佳读物。

**图书在版编目(CIP)数据**

机械加工应用数学/沈为兴编著.—北京:金盾出版社,2009.7
ISBN 978-7-5082-5759-4

Ⅰ.机…　Ⅱ.沈…　Ⅲ.机械加工—应用数学　Ⅳ.TG501

中国版本图书馆 CIP 数据核字(2009)第 089964 号

**金盾出版社出版、总发行**
北京太平路 5 号(地铁万寿路站往南)
邮政编码:100036　电话:68214039　83219215
传真:68276683　网址:www.jdcbs.cn
封面印刷:北京印刷一厂
正文印刷:北京天宇星印刷厂
装订:北京天宇星印刷厂
各地新华书店经销
开本:782×1092 1/16　印张:15.5　字数:280 千字
2009 年 7 月第 1 版第 1 次印刷
印数:1～10000 册　定价:28.00 元

# 前　言

机械加工过程中有很多技术问题需要用数学方法去解决，解决这些问题的基本思路是从实际出发，运用专业理论知识确定各量间的关系，进行数学推演和运算，从而得出结论或获得需要的数据。据此，作者将机械加工过程中常见的数学问题经过分类、整理、归纳，兼顾数学的系统性、循序性和全面性，形成了《机械加工应用数学》一书。

本书的编写特点体现在以下 4 个方面：

一是实际、实用，书中 87％的例题和习题是来自于工厂实践，本着贴近工厂、贴近实际、贴近专业的基本原则，尽量做到具体、全面，学了能用、管用；

二是理论与实践一体化，在学习数学理论过程中解决实际问题，在解决实际问题中加深对数学理论的理解，尽量做到数学与专业技术的密切结合；

三是简单、易懂，全书仅涉猎初等数学的范畴，并对工厂不常用的部分进行了删减，尽量做到内容难度适中，范围适度；

四是通过翔实例子的解题方法，培养分析问题和解决问题的能力，尽量做到触类旁通。

本书既适用于技工学校、职业学院机械类专业教学，也可作为工厂技术工作者参考用书。

本书在编写过程中得到了辽宁省劳动与社会保障厅、大连开发区国防高级技校领导、教师的关心和支持，在此表示衷心的感谢。

作者　沈为兴

# 目　录

第一章　计量单位及换算 ………………………………………………………… (1)
1.1　法定计量单位 …………………………………………………………………… (1)
1.2　导出单位的计算及常用计量单位的换算 ……………………………… (2)
1.3　长度计量单位及其换算 ……………………………………………………… (4)
1.4　角度计量单位 …………………………………………………………………… (7)
1.5　国际单位制的基本单位、辅助单位与国际单位制中具有专门名称的导出单位的关系 ……………………………………………………………… (8)
1.6　二进制 ……………………………………………………………………………… (9)
第二章　计算器的使用 …………………………………………………………… (14)
2.1　简单的四则运算 ……………………………………………………………… (14)
2.2　将数字储存在存储器中,将数字删除 ………………………………… (16)
2.3　科学计算 ………………………………………………………………………… (18)
第三章　函数及其应用 …………………………………………………………… (26)
3.1　函数的概念 ……………………………………………………………………… (26)
3.2　正比例函数、反比例函数、一次函数和二次函数 ………………… (27)
3.3　指数函数和对数函数 ……………………………………………………… (34)
3.4　函数的应用举例 ……………………………………………………………… (37)
第四章　工程数列 ………………………………………………………………… (45)
4.1　数列的概念 ……………………………………………………………………… (45)
4.2　等差数列与等比数列 ……………………………………………………… (46)
4.3　等比、等差数列在工程上的应用 ……………………………………… (47)
第五章　解三角形 ………………………………………………………………… (54)
5.1　锐角的三角函数 ……………………………………………………………… (54)
5.2　任意角的三角函数 …………………………………………………………… (55)
5.3　两角和与差的三角函数 …………………………………………………… (56)
5.4　解三角形 ………………………………………………………………………… (57)
5.5　解斜三角形及其应用 ……………………………………………………… (73)
5.6　有关圆中线段和三角形的计算 ………………………………………… (81)

第六章　平面解析几何及其应用 ………………………………………… (91)
6.1　直线与方程 ………………………………………………………… (91)
6.2　二次曲线及其应用 ………………………………………………… (97)
6.3　曲线方程综合应用举例 …………………………………………… (112)
第七章　几何体的展开及落料 ………………………………………… (137)
7.1　圆锥的展开计算 …………………………………………………… (137)
7.2　斜截面圆柱表面的展开 …………………………………………… (146)
7.3　两直交相贯圆柱表面展开计算 …………………………………… (150)
7.4　关于简易封头的坯料计算 ………………………………………… (156)
7.5　弹簧的落料计算 …………………………………………………… (163)
第八章　平面向量及其应用 …………………………………………… (166)
8.1　平面向量的有关概念 ……………………………………………… (166)
8.2　平面向量的线性运算 ……………………………………………… (167)
8.3　向量在工厂中的应用 ……………………………………………… (169)
第九章　传动计算 ……………………………………………………… (176)
9.1　通用公式 …………………………………………………………… (176)
9.2　皮带传动 …………………………………………………………… (178)
9.3　齿轮传动的传动比 ………………………………………………… (181)
9.4　液压传动的计算 …………………………………………………… (196)
附　表 …………………………………………………………………… (201)
附表一　计量单位及换算 …………………………………………… (201)
附表二　数学公式 …………………………………………………… (211)
附表三　常用传动计算 ……………………………………………… (217)
附表四　螺纹的计算 ………………………………………………… (223)
附表五　传动件的计算 ……………………………………………… (226)
附表六　车削、铣削的有关计算 …………………………………… (231)

# 第一章　计量单位及换算

## §1.1　法定计量单位

**1. 国际单位制(International System of units)亦译 SI 单位**

这是由物理量的米制单位导出的一组单位，经 1960 年国际计量大会通过，予以定义并命名的一种计量单位。它是国际上公认的先进的计量单位，现已在全世界范围内得到广泛采用。SI 单位由米(长度)，千克(质量)，秒(时间)，安培(电流)，开尔文(热力学温度)，坎德拉(发光强度)和摩尔(物质的量)等 7 个基本单位组成。它的构成如下：

SI 基本单位

SI 的辅助单位

SI 导出单位

SI 组合形式的 SI 导出单位

SI 单位的倍数单位

**2. 我国的法定计量单位**

1985 年 9 月 6 日全国人大会议通过了《中华人民共和国计量法》，规定了“国家采用国际单位制。国际单位制计量单位和国家选定的其他计量单位为国家法定计量单位”。按照国家标准 GB3100—93 的规定，我国法定计量单位包括：

(1)SI 基本单位(见附表一之表 1)；

(2)包括 SI 辅助单位在内的具有专门名称的导出单位(见附表一之表 2、表 3)；

(3)国家选定的非法定单位制的单位(见附表一之表 4)；

(4)由以上单位构成的组合形式的单位；

(5)由 SI 词头和上述单位构成的十进倍数和分数单位(见附表一之表 5)。

由此可见，我国的法定计量单位是以国际制单位为基础，根据我国的实际情况，增加了一些在实际生活中广泛采用的其他单位构成的，具有科学性强、结构简单、使用方便、易于推广、国际通用性好等特点。

## §1.2 导出单位的计算及常用计量单位的换算

**1. 导出单位的计算**

采用国际法定单位的优点是可以为计算导出单位带来极大的方便，也大大地简化了计算公式，便于记忆。在计算时，只要把给定的已知量转换为法定计量单位，就很容易计算出需要求的量。

下面介绍常用各导出单位及导出量的计算公式：

$F=ma$

式中 $F$——力　N（$kg\cdot m/s^2$）

$m$——质量　kg

$a$——加速度　$m/s^2$

$p=\dfrac{F}{A}$

式中 $p$——压力、压强、应力　Pa（$N/m^2$）

$F$——力　N（$kg\cdot m/s^2$）

A——面积　$m^2$

$W=F\cdot S=M\cdot\varphi$

式中 $W$——功、能量　J

$F$——力　N（$kg\cdot m/s^2$）

$S$——位移　m

$M$——力矩　$N\cdot m$

$\varphi$——转角　rad

$W=I\cdot V\cdot t$

$=I^2R\cdot t$

$=\dfrac{V^2}{R}\cdot t$

式中 $W$——功、能量　J

$I$——电流　A

$V$——电压、电动势　V

$R$——电阻　Ω

$t$——时间　s

$P=F\cdot V$

$=M\cdot\omega$

式中 $P$ ——功率　W

$F$ ——力　N（$kg\cdot m/s^2$）

$V$ ——速度　m/s

$M$ ——转矩　N·m

$\omega$ ——角速度　1/s

$P=Q\cdot p$

$=V\cdot F$

式中 $P$ ——功率　W

$Q$ ——流量 $m^3/s$

$p$ ——压力、压强　Pa（$N/m^2$）

$V$ ——速度　m/s

$F$ ——力　N（$kg\cdot m/s^2$）

$$P=I\cdot V=I^2R=\frac{V^2}{R}$$

式中 $P$ ——功率　W

$I$ ——电流　A

$V$ ——电压、电动势　V

$R$ ——电阻　Ω

**2. 单位换算**

由于法定计量单位具有前面所讲的优点，因此我们在计算中尽量使用法定计量单位。但在现今仍有市制单位、英制单位的存在，需要进行换算。其换算关系见附表一之表 2。

**【例】**　在车床上切削零件时，切削力对主轴的力矩为 200 N·m，主轴转速为 200 r/min，求切削功率为多少？

解：$P=M\cdot\omega$

$$=200\times\frac{2\pi\times200}{60}$$

$\approx4188$（W）

$=2.094$（kW）

注：在计算此类问题时，应将所有已知量都转换为国际单位制，计算出的结果仍为国际单位制单位或它的导出单位。

# §1.3 长度计量单位及其换算

**1. 长度计量单位的写法**

在工厂里，长度单位常用毫米(mm)做基本计量单位，在数字后不写单位，默认为毫米(mm)。例如：1.8 m 写成 1800；2.3 dm 写成 230；3.2 cm 写成 32；8 cmm 写成 0.08；7 μm 写成 0.007。

一毫米的十分之一称做"丝米"，一毫米的百分之一称做"忽米"，一毫米的千分之一称做"微米"。"忽米"几乎无人称叫，而称做"道"，例如：0.06 称做 6"道"，0.12 称做 12"道"；"微米"通常称做"μ"，例如：0.003 称做 3 个 μ。

**2. 常用英寸制长度单位及其换算**

现在世界上最普遍采用的标准为公制国际计量单位，但也有的国家某些情况下仍使用英制计量单位。英制长度单位常用英寸(in)做基本计量单位，工厂常用的英寸制长度单位及其换算，如下表：

| 单位名称 | 符号 | 进位方法 |
|---|---|---|
| 英尺(呎) | ft | 1 英尺=12 英寸 |
| 英寸(吋) | in | 主单位 |
| 英分(分) | | 1 英寸=8 英分 |
| 嗒 | | 1 英寸=32 嗒　　1 英分=4 嗒 |
| 英丝 | | 1 英寸=1000 英丝 |

例如：1.5 英尺写成 18 英寸(吋)，也可写成 18″；3 分写成$\frac{3}{8}$″；1 分半写成$\frac{3}{16}$″；7 个嗒写成$\frac{7}{32}$″。

**3. 毫米(mm)与英寸(in)可用下列方法换算**

1in 或 1″=25.4mm　　1 分=3.175mm

**【例 1】** $\frac{9}{16}$″等于多少毫米？

解：$25.4\times\frac{9}{16}\approx14.29$

**【例 2】** $1\frac{3}{8}$″等于多少毫米？

解：$25.4\times1\frac{3}{8}=34.925$

**4. 国内在一些情况下仍沿用英制**

我国虽然是采用国际单位制（公制）国家，但在某些情况下仍沿用英制。例如：

管螺纹尺寸多为英制尺寸，如 $G\frac{1}{2}$ 表示尺寸代号（连接管内径）为 $\frac{1}{2}''$ 的管螺纹，它的螺距用每英寸多少牙表示；链条的节距也是采用英制，套筒滚子链的链条节距是用 $\frac{1}{16}''$ 乘以链号即为链条节距，如链号为 8 的链条节距为 $\frac{1}{16}\times8=\frac{1}{2}''=12.7\text{mm}$，链号为 10 的链条节距为 $10\times\frac{1}{16}''=\frac{5}{8}''=15.875\text{mm}$；

在数控机床中所用的八单位穿孔纸带的宽度为 1 英寸；还有些尺寸是由英寸演化而来的，例如长 250 mm 的活扳手，往往称为 10 吋扳手，250 是由 10″(254)演化来的。有时，将“1 平方英寸”作为面积的计量基准单位，并称为“1 方”，如钳工在刮削平面时衡量两面的密合程度用每方多少个接触点表示，点数越多密合程度越好。普通机床导轨为每方 6～10 点，一级平板为每方 25 点；磨料颗粒大小用每方的筛孔数表示，称为目，每方有 200 个筛孔即为 200 目。如此还有许多，不一一列举。

**【例 1】** 现在使用的压力表的刻度值用 MPa 表示（$1\text{MPa}=10^6\text{Pa}$），而过去使用的压力表的刻度值为工程大气压（1 工程大气压 $=1\ \text{kg/cm}^2$），那么一个工程大气压合多少 MPa？

解：$1\ \text{MPa}=1\ \frac{\text{N}}{\text{m}^2}$

$$1\text{ 工程大气压}=1\ \frac{\text{kg 力}}{\text{cm}^2}=\frac{9.81\ \text{N}}{\left(\frac{1}{100}\right)^2\text{m}^2}$$

$$=9.81\times10000\ \text{N/m}^2$$

$$=9.81\times10000\ \text{Pa}$$

$$=0.0981\times10^6\ \text{Pa}$$

$$=0.0981\ \text{MPa}$$

$$\approx0.1\ \text{MPa}$$

**【例 2】** 1 方合多少平方厘米？

解：$1\text{ 方}=(1'')^2=(25.4\ \text{mm})^2=645.16\ \text{mm}^2=6.4516\ \text{cm}^2$

**【例 3】** 螺纹的螺距分为公制和英制，英制螺纹的螺距用每英寸（吋）长度上的牙数 $n$ 来表示，换成“mm”表示的螺距为 $P=\frac{25.4}{n}$；英制蜗杆的螺距用径节 $DP$ 表示，换成“mm”表示的螺距为 $P=\frac{25.4\pi}{DP}$。

求：(1)每英寸(吋)14 牙的螺纹螺距为多少 mm？

(2)径节为 14 的蜗杆螺距为多少 mm？

解：(1)$\frac{25.4}{14}\approx 1.814$

(2)$\frac{25.4\pi}{14}\approx 5.70$

**【例 4】** $G\frac{1}{4}$管螺纹的螺距为多少 mm？

解：查表得 $G\frac{1}{4}$管螺纹为每吋 19 牙

$\frac{25.4}{19}\approx 1.337$

有的表可直接查出螺距为多少 mm 数。

**【例 5】** 规格为 26 自行车其车轮直径为多少 mm？

解：规格为 26 自行车指车轮直径为 26 吋

车轮直径为：25.4×26＝660.4 mm

**【例 6】** 1 MPa＝________工程大气压＝________m 水柱高＝________m 水银柱高

解：$1\ \text{MPa}=1\ \frac{\text{N}}{\text{m}^2}\times 10^6=\frac{\frac{1}{9.81}\text{kg}}{(100)^2}\times 10^6=10.2\ \frac{\text{kg}}{\text{cm}^2}$

＝10.2 工程大气压

$1\ \text{MPa}=1\ \frac{\text{N}}{\text{m}^2}\times 10^6=\frac{h_{水}\ s\rho_{水}\ g}{s}=h_{水}\ \rho_{水}\ g=h_{水}\times 1000\times 9.81$

$\therefore h_{水}=\frac{10^6}{9.81\times 1000}\approx 102\ \text{m}$

$1\ \text{MPa}=1\ \frac{\text{N}}{\text{m}^2}\times 10^6=h_{汞}\ \rho_{汞}\ g=h_{汞}\times 13600\times 9.81$

$\therefore h_{汞}=\frac{10^6}{13600\times 9.81}\approx 7.5\ \text{m}$

# §1.4　角度计量单位

角度的大小有两种表示方法，即角度制和弧度制。

**1. 角度制**

如果将一个圆等分 360 份，每一份所对的圆心角称为一度的角，即 $1^\circ$；如果再把 $1^\circ$ 的角等分 60 份，每一份称为一分，即 $1'$；把 $1'$ 的角度等分为 60 份，每一份称为一秒，即 $1''$。如果一个角的大小为 22 度 12 分 25 秒，可以写成 $22^\circ 12' 25''$。

度、分、秒的换算关系：

$$1^\circ = 60' = 3600''$$

$$1' = 60'' = \frac{1}{60}^\circ$$

$$1'' = \frac{1}{60}' = \frac{1}{3600}^\circ$$

**2. 弧度制**

在圆周上取一段弧长 $l_0$，使其长度等于半径 $R$，那么，这段弧长所对的圆心角为 1 弧度，即 1 rad。

$$\alpha(\text{rad}) = \frac{l}{R}$$

例如，当弧长 $l=40$，圆的半径 $R=32$，则 $\alpha = \frac{40}{32} = 1.25(\text{rad})$

弧度本身是一个无量纲的值，如同三角函数一样，只是一个比值，是弧长与半径之比，这个值与圆的大小无关。在计算时弧度值在数的后面不写弧度(rad)。国际单位制中规定弧度为角度的计量单位。

角度和弧度之间的换算关系如下：

$$1^\circ = \frac{\pi}{180}$$

$$1(\text{rad}) = \frac{180^\circ}{\pi} \approx 57^\circ 17' 44''$$

**【例 1】**　$60^\circ$等于多少弧度？

解：$\frac{\pi}{180} \times 60 = \frac{\pi}{3} \approx 1.047$

**【例 2】**　$\frac{\pi}{4}$弧度等于多少度？

解：$\frac{\pi}{4} \times \frac{180^\circ}{\pi} = 45^\circ$

# §1.5 国际单位制的基本单位、辅助单位与国际单位制中具有专门名称的导出单位的关系

《国际导出单位》是根据有关定义、定律由《国际基本单位》、《国际辅助单位》直接导出的，它们的换算系数都为1，这一点对我们计算特别方便。

**【例1】** 力与质量和加速度关系式为：$F=ma$，质量 $m$ 的单位为 kg，加速度 $a$ 的单位为 $m/s^2$，则力的单位就是牛顿(N)。如 $m=10$ kg，$a=15$ $m/s^2$，求 $F$.

解：力 $F=ma=10\times15=150$ $N$

**【例2】** 功率、转矩和角速度关系式为 $P=M\omega$，扭矩 $M$ 的单位为 N·m，角速度 $\omega$ 的单位为 1/s，则功率的单位就是瓦(W)。例如：机床主轴转速为 300 r/min，输出的扭矩为 100 N·m，求主轴输出的功率为多少？

解：计算此类问题，必须将各计量单位统一到《国际基本单位》和《国际辅助单位》上，r/min 不是《国际基本单位》和《国际辅助单位》，需经换算：

$$300\ \frac{\mathrm{r}}{\mathrm{min}}=\frac{2\pi\times300}{60}(1/\mathrm{s})=10\pi(1/\mathrm{s})$$

$$\begin{aligned}P&=M\omega\\&=100\times10\pi\\&=1000\pi(\mathrm{W})\\&=3140(\mathrm{W})\\&=3.14(\mathrm{kW})\end{aligned}$$

由以上例题可知：在进行工程计算时，应把所有已知量都转化为国际单位制的计量单位，就可以直接运用定义、定律进行计算，得出单位也是国际计量单位。

# §1.6 二进制

我们通常所用的数多为十进制数，随着计算技术的发展，出现了二进制的数制，并有广泛的应用。

**1. 二进制数的表示方法**

二进制数是由 0 和 1 两个数码来表示的数。它的基数是 2，进位规则是"逢二进一"，二进制数也是采用位置计数法，其位权是以 2 为底的幂。例如，二进制数 110.11，其位权的大小顺序为 $2^2,2^1,2^0,2^{-1},2^{-2}$。除二进制外，还有八进制、十六进制等。不同进制的位权数如下表：

| | 第一位 | 第二位 | 第三位 | 第四位 | 第 $n$ 位 |
|---|---|---|---|---|---|
| 十进制 | $10^0$ | $10^1$ | $10^2$ | $10^3$ | $10^{n-1}$ |
| 二进制 | $2^0$ | $2^1$ | $2^2$ | $2^3$ | $2^{n-1}$ |
| 八进制 | $8^0$ | $8^1$ | $8^2$ | $8^3$ | $8^{n-1}$ |
| 十六进制 | $16^0$ | $16^1$ | $16^2$ | $16^3$ | $16^{n-1}$ |

**【例】** 将二进制数 111.01 写成加权系数的形式。

解：$(111.01)_2=1\times2^2+1\times2^1+1\times2^0+1\times2^{-1}+1\times2^{-2}$

**2. 二进制的加法和乘法运算**

二进制的算术运算的基本规律和十进制数十分相近。

(1) 二进制的加法：

有 4 种情况：$0+0=0,0+1=1,1+0=1,1+1=0$ 并进位 1

**【例】** 求 $(1101)_2+(1011)_2$ 的和。

解：

$$\begin{array}{r} 1101 \\ +1011 \\ \hline 11000 \end{array}$$

(2)二进制乘法：

有 4 种情况：$1\times0=0,0\times1=0,1\times1=1,0\times0=0$

**【例】** 求 $(1110)_2$ 乘 $(101)_2$ 之积。

解：

$$\begin{array}{r} 1110 \\ \times\quad 101 \\ \hline 1110 \\ 0000\phantom{0} \\ 1110\phantom{00} \\ \hline 1000110 \end{array}$$

**3. 二进制与十进制的转换**

(1)二进制转换为十进制的方法是“按权展开求和”：

**【例】** 将二进制数1011.01转换为十进制数。

解：$(1011.01)_2=(1\times2^3+0\times2^2+1\times2^1+1\times2^0+0\times2^{-1}+1\times2^{-2})_{10}$

$=(11.25)_{10}$

(2)十进制转换为二进制：

十进制转换为二进制时，由于整数和小数的转换方法不同，所以先将十进制的整数部分和小数部分分别转换后再加以合并。

①十进制整数转换为二进制数：“除以2取余，逆序输出”。

**【例】** 将十进制数89转换为二进制数。

解：2 | 89
2 | 44　余1
2 | 22　余0
2 | 11　余0
2 | 5　余1
2 | 2　余1
2 | 1　余0
0　余1

$\therefore(89)_{10}=(1011001)_2$

②十进制小数转换为二进制：“乘以2取整，顺序输出”。

**【例】** 将十进制0.625转换为二进制数。

解：$0.625\times2=1.25$

$0.25\times2=0.5$

$0.5\times2=1.0$

$\therefore(0.625)_{10}=(0.101)_2$

# 习题一

1. 质量千克(kg)和千克力是一回事吗?
2. 1VA(V—伏特,A—安培)为多少瓦?
3. 1 千克力为多少牛顿?
4. 1 度电(1 kW·h)为多少焦耳的电能?
5. 填空

(1)$\frac{1}{8}''$=________mm=________分=________嗒

(2)1$\frac{3}{8}''$=________mm=________分=________嗒

(3)1.5ft=________mm=________分=________嗒

(4)6.35mm=________in=________分=________嗒

(5)1ft=________in

(6)1 平方英寸=________平方毫米=________平方厘米

(7)1 MPa=________Pa

(8)1 纳米=________微米=________毫米

(9)20 ℃=________K

(10)1 码=________英寸

6. 填空

(1)1(rad)=________°

(2)1°=________(rad)

(3)π=________°

(4)$\frac{3}{4}\pi$=________°

(5)60°=________(rad)

(6)45°=________(rad)

(7)120r/min=________1/s

7. 圆的半径为 20,求圆心角为 1 时所对圆的弧长为多少?圆心角的两边与圆心角所对弧长围成图形的面积。
8. 将十进制数 99 转换为二进制数。
9. 将二进制数 1100110 转换为十进制数。
10. 车床切削时所消耗的功率,叫做切削功率,切削功率可由下面的公式计算

$$P_m = F_Z V_C$$

式中 $P_m$——切削时所消耗的功率(W)

$F_Z$——切削力(N)

$V_C$——切削速度(m/s)

已知：$F_Z=2400N$，$V_C=120$ m/min，求 $P_m$.

11. 车床切削速度是指工件待加工表面相对于车刀刀刃在单位时间内所经过的路程。计算公式如下：

$$V_C=\frac{d}{2}\omega$$

式中 $V_C$——切削速度(m/s)

$d$——待加工面直径(m)

$\omega$——角速度(1/s)

已知：工件转速 $n=300$r/min，$d=50$ mm，求 $V_C$.

12. 某一圆钢件，抗拉强度为 600 MPa，直径为 $\phi25$，问用多大拉力可拉断？

13. 求每吋 11 牙的螺纹螺距为多少 mm，径节 $DP=11$ 的螺距为多少 mm？

# 参考答案

1. 千克是质量单位，千克力是力的单位

2. 1 W

3. 1 千克力=9.81 N

4. $3.6\times10^6$ J

5. (1)3.175，1，4　(2)34.925，11，44

(3)457.2，144，576　(4)1/4，2，8

(5)12　(6)645.16，6.4516　(7)$10^6$

(8)$10^{-3}$，$10^{-6}$　(9)293

(10)36

6. (1)57°17′44″　(2)0.017453

(3)180　(4)135　(5)$\frac{\pi}{3}$

(6)$\frac{\pi}{4}$

(7)12.56

7.20,200 平方毫米

8.1100011

9.102

10.4800 W=4.8 kW

11.0.785m/s=47.1m/min

12.294375 N≈30 吨

13.2.31,7.25

# 第二章　计算器的使用

当今,计算器已成为广泛使用的非常方便的计算工具。计算器的种类很多,常见的有标准型和科学型两种。科学型计算器可以完成加、减、乘、除运算,还可以完成其他运算,如三角函数、对数、阶乘、指数函数等运算,有的还能完成统计运算和各种数制的转换。

## §2.1　简单的四则运算

步骤如下:

键入计算的第一个数字

键入"+"执行加,"−"执行减,"*"执行乘,"÷"执行除

键入计算的下一个数字

键入所有剩余的运算符和数字

单击"="得结果

**【例1】** 518+160

| 键　入 | 显　示 |
|---|---|
| 518 | 518 |
| + | 518 |
| 160 | 160 |
| = | 678 |

**【例2】** 5014−4293

| 键　入 | 显　示 |
|---|---|
| 5014 | 5014 |
| − | 5014 |
| 4293 | 4293 |
| = | 721 |

【例 3】　304×18

| 键　入 | 显　示 |
| --- | --- |
| 304 | 304 |
| × | 304 |
| 18 | 18 |
| = | 5472 |

【例 4】　3815÷35×3

| 键　入 | 显　示 |
| --- | --- |
| 3815 | 3815 |
| ÷ | 3815 |
| 35 | 35 |
| × | 109 |
| 3 | 3 |
| = | 327 |

【例 5】　3264÷(47+89)

| 键　入 | 显　示 |
| --- | --- |
| 3264 | 3264 |
| ÷ | 3264 |
| ( | ()0 |
| 47 | ()47 |
| + | ()47 |
| 89 | ()89 |
| ) | 136 |
| = | 24 |

## §2.2 将数字储存在存储器中，将数字删除

按“M+”，将显示的数值加上存储器中的数值，并储存，若先按“+/−”再按“M+”，储入记忆中的数值会减去显示中的数值；

按“RM”，显示记忆数值；

按“X→M”，将记忆删除，并将显示器中的数值输入记忆中；

按“CE”，删除错误输入的数字；

按“C”，删除记忆外的所有输入。

**【例 1】** 储存 516

| 键 入 | 显 示 |
|---|---|
| 516 | 516 |
| M+ | M516 |
| C | M0 |

**【例 2】** 76+8×35

| 键 入 | 显 示 |
|---|---|
| 76 | 76 |
| M+ | M76 |
| C | M0 |
| 8 | M8 |
| × | M8 |
| 35 | M35 |
| M+ | M280 |
| RM | M356 |

本题也可直接计算。

**【例 3】** 34×78+468÷26×(154−89)

| 键 入 | 显 示 |
|---|---|
| 34 | 34 |
| × | 34 |
| 78 | 78 |
| M+ | M2652 |
| C | M0 |
| 468 | M468 |
| ÷ | M468 |
| 26 | M26 |

续表

| 键　入 | 显　示 |
| --- | --- |
| × | M18 |
| ( | M0 |
| 154 | M154 |
| — | M154 |
| 89 | M89 |
| ) | M68 |
| M+ | M1190 |
| RM | 3822 |

注：完成一题后，一定要清零，包括删除记忆，准备下一个题的运算。本题也可直接计算。

# §2.3 科学计算

**1. 三角函数及反函数的计算**

在进行三角函数运算时,必须确定输入及答案是角度(DEG)还是弧度(RAD)。关于斜率(GRAD)不常用。按"2ndF、DEG"键可进行角度、弧度、斜率间的转换。

运算方法如下:

输入数值(角度或弧度);

输入三角符号得结果,副功能键前输 2ndF.

**【例 1】** $\sin 10°$

| 键 入 | 显 示 |
|---|---|
| DEG | DEG0 |
| 10 | DEG10 |
| sin | DEG0.173648177 |

**【例 2】** $\sin 10$

| 键 入 | 显 示 |
|---|---|
| RAD | RAD0 |
| 10 | RAD10 |
| sin | RAD−0.5440211 |

**【例 3】** $\sin^{-1}0.3$

| 键 入 | 显 示 |
|---|---|
| DEG | DEG0 |
| 0.3 | DEG0.3 |
| $\sin^{-1}$ | DEG17.45760312 |

**2. 对数、阶乘、倒数、平方、平方根、立方根、$y^x$ 及$\sqrt[x]{y}$的计算**

输入数字;

输入运算符号,如果是副功能键,应在符号前输入 2ndF.

**【例 1】** $\ln 2$

| 键 入 | 显 示 |
|---|---|
| 2 | 2 |
| ln | 0.69314718 |

【例 2】 $\frac{1}{\ln 2}$

| 键 入 | 显 示 |
|---|---|
| 2 | 2 |
| ln | 0.69314718 |
| 2ndF | 0.69314718 |
| $1/x$ | 1.442695041 |

**3. $y^x$，$\sqrt[x]{y}$ 的计算**

键入数字 $y$；

键入 $y^x$；

键入数字 $x$.

【例 1】 $3^{0.4}\times 4^{1.2}$

| 键 入 | 显 示 |
|---|---|
| 3 | 3 |
| $y^x$ | 3 |
| 0.4 | 0.4 |
| × | 1.551845574 |
| 4 | 4 |
| $y^x$ | 4 |
| 1.2 | 1.2 |
| = | 8.190690044 |

【例 2】 $\sqrt[1.2]{4}$

| 键 入 | 显 示 |
|---|---|
| 4 | 4 |
| 2ndF | 2ndF4 |
| $\sqrt[x]{y}$ | 4 |
| 1.2 | 1.2 |
| = | 3.174802104 |

**4. 数制转换**

键入要转换的数字；

键入 2ndF；

键入要转换的数制。

注："→BIN"为二进制；"→OCT"为八进制；"→HEX"为十六进制；"→DEC"为十进制。

【例 1】 将 56 转换换为二进制

| 键　入 | 显　示 |
| --- | --- |
| 56 | 56 |
| 2ndF | 2ndF56 |
| →BIN | BIN111000 |

【例 2】 将八进制 35 转换为十进制

| 键　入 | 显　示 |
| --- | --- |
| 2ndF→OCT | OCT |
| 35 | OCT35 |
| 2ndF→DEC | 29 |

【例 3】 将二进制 11100011 转换为十进制

| 键　入 | 显　示 |
| --- | --- |
| 2ndF→BIN | BIN |
| 11100011 | BIN11100011 |
| 2ndF→DEC | 227 |

**5. 应用举例**

【例 1】 如图 2－1 所示，圆的内接正 $n$ 边形，其边长 $S=D\sin\dfrac{180^\circ}{n}$，高 $H=\dfrac{D}{2}\cos\dfrac{180^\circ}{n}$，假设圆的直径为 $\phi 25$.

求：(1)内接正四边形的 $S,H$；

　　(2)内接正十边形的 $S,H$.

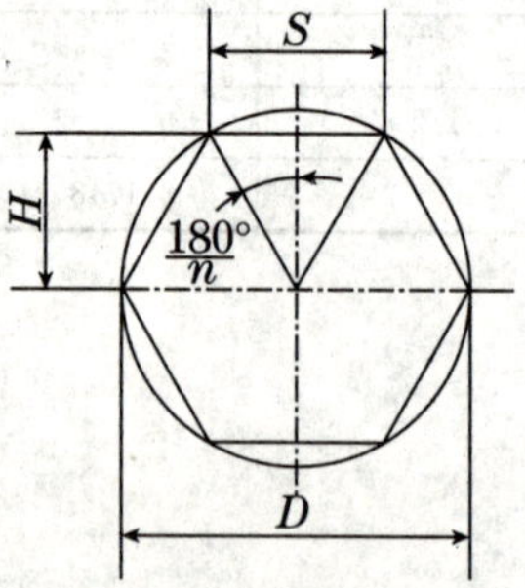


图 2－1

解：(1)内接正四边形 $S=25\times\sin\dfrac{180^\circ}{4}$，$H=\dfrac{25}{2}\times\cos\dfrac{180^\circ}{4}$

| 键入 | 显示 |
|---|---|
| 180 | 180 |
| ÷ | 180 |
| 4 | 4 |
| = | 45 |
| sin | 0.707106781 |
| × | 0.707106781 |
| 25 | 25 |
| = | 17.67766953 |

| 键入 | 显示 |
|---|---|
| 180 | 180 |
| ÷ | 180 |
| 4 | 4 |
| = | 45 |
| cos | 0.707106781 |
| × | 0.707106781 |
| 25 | 25 |
| ÷ | 17.6776695 |
| 2 | 2 |
| = | 8.838834 |

答:内接四边形的 $S=17.678, H=8.839$

(2)内接正十边形的 $S=25\times\sin\frac{180^\circ}{10}, H=\frac{25}{2}\times\cos\frac{180^\circ}{10}$

| 键入 | 显示 |
|---|---|
| 180 | 180 |
| ÷ | 180 |
| 10 | 10 |
| = | 18 |
| sin | 0.309016994 |
| × | 0.309016994 |
| 25 | 25 |
| = | 7.725424859 |

| 键入 | 显示 |
|---|---|
| 180 | 180 |
| ÷ | 180 |
| 10 | 10 |
| = | 18 |
| cos | 0.951056516 |
| × | 0.951056516 |
| 25 | 25 |
| ÷ | 23.776412 |
| 2 | 2 |
| = | 11.8882064 |

答:圆内接正十边形 $S\approx7.725$, $H\approx11.888$

**【例 2】** 车削外圆或镗孔时的主切削力可用 $F_Z$ 表示:

$$F_Z=9.81C_{F_Z}a_pf^{0.75}$$

式中$F_Z$ ——主切削力(N)

$C_{F_Z}$——系数(与刀具,工件材料,切削速度有关)

$a_p$ ——背吃刀量(mm)

$f$ ——进刀量(mm/r)

已知:$C_{F_Z}=114$(车灰铸铁,用高速钢刀具,中等速度),$a_p=0.8$ mm,$f=1.2$ mm/r,求主切削力 $F_Z$.

解: $F_Z=9.81\times C_{F_Z}\times a_p\times f^{0.75}$

$=9.81\times114\times0.8\times1.2^{0.75}$

| 键入 | 显示 |
|---|---|
| 9.81 | 9.81 |
| × | 9.81 |
| 114 | 114 |
| × | 1118.34 |
| 0.8 | 0.8 |
| × | 894.672 |
| 1.2 | 1.2 |
| $y^x$ | 1.2 |
| 0.75 | 0.75 |
| = | 1025.769497 |

答:主切削力 $F_Z=1025.8(\mathrm{N})$

**【例 3】** 在大量生产中,为了评定一道工序的加工质量水平和质量稳定程度,常用工序的能力指数 $C_{P_K}$ 评定,$C_{P_K}$ 越大,保证质量的能力越高,一般要求≥1.33.

$$C_{P_K}=\frac{T}{6\sigma}\cdots\cdots(1)$$

式中 $T$ ——该工序上加工尺寸的公差

$\sigma$ ——为标准偏差

在实际工作中,常在标准工艺状态下,连续加工 50 件,测得每件的实际尺寸 $X_i$,再计算出平均尺寸 $\overline{X}$,再根据下式求 $\sigma$,$\sigma=\sqrt{\frac{\sum_{i=1}^{n}(X_i-\overline{X})^2}{n}}$,将结果代入(1)式中,计算出 $C_{P_K}$.

例如:车削如图 2－2 所要求的外圆,连续车 50 件的尺寸如下表:求 $C_{P_K}$.

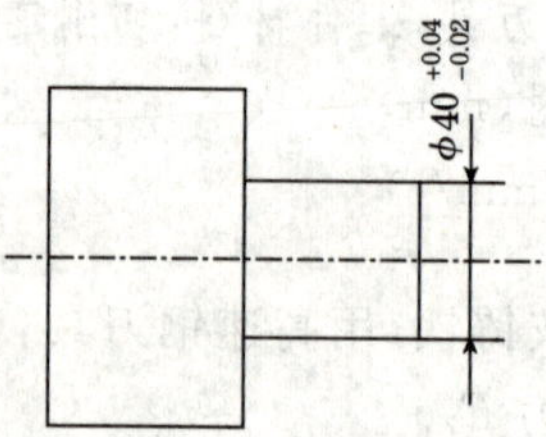


图 2－2

| 件号 | 尺寸 | 件号 | 尺寸 | 件号 | 尺寸 |
|---|---|---|---|---|---|
| 1 | 40.03 | 18 | 39.98 | 35 | 39.99 |
| 2 | 40.02 | 19 | 39.99 | 36 | 40.00 |
| 3 | 40.00 | 20 | 40.04 | 37 | 40.01 |
| 4 | 40.01 | 21 | 40.02 | 38 | 40.01 |
| 5 | 40.02 | 22 | 40.01 | 39 | 40.03 |
| 6 | 40.01 | 23 | 40.00 | 40 | 40.02 |
| 7 | 40.00 | 24 | 40.03 | 41 | 40.02 |
| 8 | 40.02 | 25 | 40.02 | 42 | 40.01 |
| 9 | 39.99 | 26 | 40.00 | 43 | 40.00 |
| 10 | 40.01 | 27 | 40.04 | 44 | 40.01 |
| 11 | 39.98 | 28 | 40.02 | 45 | 40.02 |
| 12 | 40.01 | 29 | 40.01 | 46 | 40.01 |
| 13 | 40.00 | 30 | 40.01 | 47 | 40.00 |
| 14 | 39.99 | 31 | 40.00 | 48 | 40.00 |
| 15 | 40.03 | 32 | 40.00 | 49 | 39.99 |
| 16 | 40.01 | 33 | 40.02 | 50 | 40.01 |
| 17 | 40.00 | 34 | 40.01 | | |

计算过程：$T=0.04-(-0.02)=0.06$

按键“ON/C ”，按“2ndF”，再按“ON/C”，显示“STAT”后可以开始计算，具体操作如下表：

| 输　入 | 显　示 | 输　入 | 显　示 |
|---|---|---|---|
| 2ndF | 2ndF | 40.01×15DATA | 34 |
| ON/C | STAT | 40.02×10DATA | 44 |
| 39.98×2DATA | 2 | 40.03×4DATA | 48 |
| 39.99×5DATA | 7 | 40.04×2DATA | 50 |
| 40.00×12DATA | 19 | 2ndFσ | 0.01368795 |

$$C_{P_K}=\frac{T}{6\sigma}=\frac{0.06}{6\times0.01368795}\approx0.73$$

工序能力偏低，没有达到 1.33.

注：在按 DATA 前应按两次 2ndF.

# 习题二

1. 计算器中，“OFF”、“ON”、“C”、“CE”的功能是什么？
2. “M+”、“RM”、“X→M”的功能是什么？
3. 当车削外圆或内孔时，车完一刀所用的时间可用下式表示：

$$t=\frac{L}{nf}$$

式中 $t$ ——车削一刀时间　min

$L$——车削长度　mm

$n$——工件转速　r/min

f ——进刀量　mm/r

已知：$n=500$r/min，$f=0.1$mm/r，$L=1000$ mm，求车削一刀的时间 $t$.

4. 在 C6140 上车普通螺纹，车削时间可用下式表示：

$T=0.614d^{0.694}L^{0.339}$（加工材料为碳素钢，粗糙度要求为 $\overset{3.2}{\surd}$ ）

式中 $T$ ——车削普通螺纹所用时间　min

$d$ ——螺纹大径　mm

$L$ ——切削螺纹的长度　cm

已知 $d=110$ mm，$L=85$ mm，求车削螺纹的时间 $T$.

5. 机床主轴的转速、转矩和功率的关系式为

$$P=M\omega$$

式中 $P$ ——功率　W

$M$——转矩　N·m

$\omega$ ——角速度　1/s

问：(1)如果 $P$ 用 kW，$M$ 用 N·m，$\omega$ 用 r/min 表示，上面的表达式应改写成什么形式？

(2)若 $n=500$r/min，$M=100$ N·m，求 $P$.

6. 求 1，2，3，4，5，6，7，8，9，10，11 一组数的和 $\sum X$、平方和 $\sum X^2$、平均数 $\overline{X}$、样本标准偏差 $S$、母体标准偏差 $\sigma$.（以上用统计学科学计算功能）

注：$\sum X=1+2+3+4+5+6+7+8+9+10+11$

$\sum X^2=1^2+2^2+3^2+4^2+5^2+6^2+7^2+8^2+9^2+10^2+11^2$

$$\overline{X}=\frac{\sum X}{n}=\frac{1+2+3+4+5+6+7+8+9+10+11}{11}$$

$$S=\sqrt{\frac{(1-\overline{X})^2+(2-\overline{X})^2+(3-\overline{X})^2+\cdots+(11-\overline{X})^2}{11-1}}$$

$$\sigma=\sqrt{\frac{(1-\overline{X})^2+(2-\overline{X})^2+(3-\overline{X})^2+\cdots(11-\overline{X})^2}{11}}$$

7. 将 108 转换为二进制，八进制，十六进制。

# 参考答案

1. “OFF”——关机，“ON”——开机，

“C”——删除记忆外的所有输入，“CE”——删除错误输入

2. “M＋”——把显示的数字与内存中的数字相加

“RM”——显示记忆的数值

“X→M”——将记忆删除，并将显示器的数值输入记忆中

3. $t=20$ min

4. $T=8.84$ min

5. (1) $P=\frac{M\times n}{9549}$ (kW)

(2) $P=5.2$ kW

6. $\sum X=66, \sum X^2=506, \overline{X}=6, S=3.3166, \sigma=3.16228$

7. 1101100，154，6C

# 第三章　函数及其应用

## §3.1　函数的概念

设在一个变化过程中有两个变量 $X$ 与 $Y$，如果对于 $X$ 在某个范围内的每一个确定的值，按照某个对应法则，$Y$ 都有唯一确定的值和它对应，那么就称 $Y$ 是 $X$ 的函数，记作 $Y=f(X)$，其中 $X$ 叫做自变量，$Y$ 叫做因变量。

自变量 $X$ 取值的范围叫做函数的定义域；

与自变量 $X$ 的值相对应的 $Y$ 的值叫做函数值，函数值的范围叫做函数的值域。

函数的定义域、对应法则、值域构成函数概念的三要素。

表示函数的方法有解析法、列表法、图象法 3 种。

解析法：就是把两个变量的函数关系，用一个等式来表示，这个等式叫做函数的解析式，这是最常用的方法。

列表法：就是列出表格来表示两个变量的函数关系。

图象法：就是用函数图象来表示两个变量的函数关系。

# §3.2　正比例函数、反比例函数、一次函数和二次函数

**1. 正比例函数、反比例函数、一次函数和二次函数的概念**

在车床上车削外圆或内孔时，假设待加工表面的直径不变，那么，切削速度 $V$ 与工件转速的关系式可写成

$$V=\frac{\pi d}{1000}n$$

式中 $V$ ——切削速度　m/min

$d$ ——待加工表面直径　mm

$n$ ——工件转速　r/min

切削速度 $V$ 与工件转速 $n$ 的关系为正比例函数关系。一般地说，$y=kx$（$k$ 为常数，但 $k\neq 0$），变量 $y$ 与变量 $x$ 间的关系为正比例函数关系。

车削外圆和内孔时，假设切削长度和转速一定，则车削一刀所用时间 $t$ 与进刀量 $f$ 的关系式可写成

$$t=\frac{L}{nf}$$

式中 $t$——车削一刀所用的时间(min)

$L$——切削长度(mm)

$n$——工件转速(r/min)

$f$——每转进刀量(mm/r)

切削时间 $t$ 与进刀量 $f$ 的关系为反比例关系。一般地说，$y=\frac{k}{x}$（$k$ 为常数，但 $k\neq 0$），变量 $y$ 与变量 $x$ 间的关系为反比例函数关系。

车削时产生切削热，因而会产生零件膨胀变形，例如车外圆时会使直径尺寸变大，冷却后收缩变小，可用下面公式表示：

$$D=d+\alpha d\Delta t$$

式中 $D$ ——工件受热时的直径

$d$ ——工件冷却后的直径（图纸要求的直径）

$\alpha$ ——工件材料的线膨胀系数（材料一定，$\alpha$ 便确定），/℃

$\Delta t$——受热时与冷却后的温度差　℃

受热后工件的直径 $D$ 与温度差 $\Delta t$ 的关系为一次函数关系。一般地说，$y=kx+b$（$k,b$ 为常数，$k\neq0$），变量 $y$ 与变量 $x$ 间的关系为一次函数关系。

**【例 1】** 加工一根紫铜轴，要求在 20 ℃时尺寸为 $50^{0}_{-0.25}$，一般在精车后的温度为 80 ℃，问精车后的测量直径为多少方为合格？（铜的线膨胀系数为 $17.2\times10^{-6}$）

解：$D=d+\alpha d\Delta t$

$=50^{0}_{-0.25}+17.2\times10^{-6}\times50^{0}_{-0.25}\times(80-20)$

$=50^{0}_{-0.25}(1+17.2\div10^{6}\times60)$

$=50^{0}_{-0.25}\times1.001032$

$=(49.75\sim50)\times1.001032$

$=49.80\sim50.05$

即精车后直径尺寸在 49.8～50.05 之间为合格。

钢管的外径 $D$ 的规格是标准的，每种标准外径管料有不同的管壁厚度 $\delta$，那么当外径 $D$ 确定后，管料的横截面积 $S$ 就是管壁厚度 $\delta$ 的函数，它的解析式为 $S=\frac{\pi}{4}[D^2-(D-2\delta)^2]=\pi D\delta-\pi\delta^2$，面积 $S$ 与壁厚 $\delta$ 的关系为二次函数关系。一般地 $y=ax^2+bx+c(a\neq0)$，变量 $y$ 与变量 $x$ 的关系为二次函数关系。

正比例函数、反比例函数、一次函数、二次函数的解析式、图像及特点见下表：

| 函数名称 | 解析式 | 图像特点和性质 | |
|---|---|---|---|
| | | $k>0$ | $k<0$ |
| 正比例函数 | | 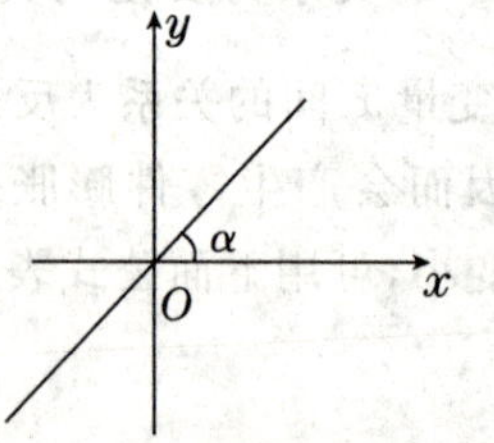<br>· 过 $O$ 点的直线<br>· 直线在一、三象限<br>· 是增函数<br>· 斜率 $k=\tan\alpha$ | 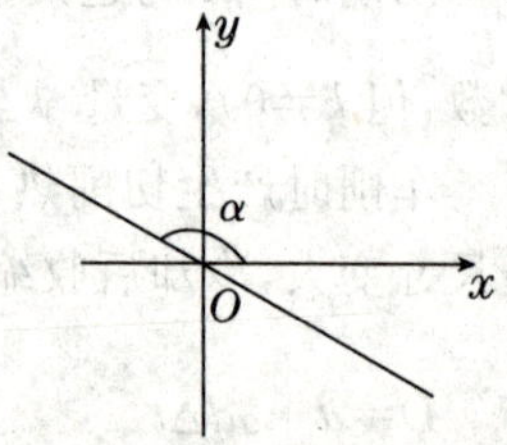<br>· 过 $O$ 点的直线<br>· 直线在二、四象限<br>· 是减函数<br>· 斜率 $k=\tan\alpha$ |

续表

| 函数名称 | 解析式 | 图像特点和性质 | |
|---|---|---|---|
| | | $k>0$ | $k<0$ |
| 一次函数 | $y=kx+b$<br>$(k\neq0)$ | 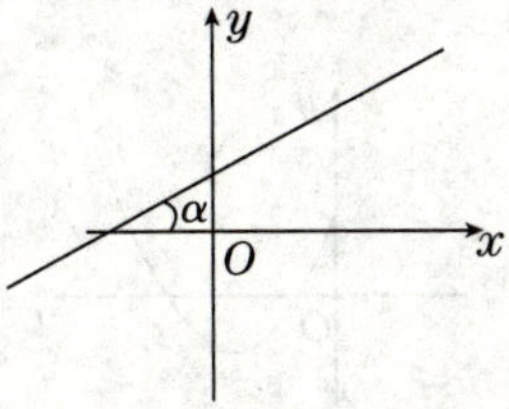<br>· 过点$(0,b)$的一条直线<br>· $b>0$时,在一、二、三象限<br>· $b<0$时,在一、三、四象限<br>· 是增函数<br>· 斜率 $k=\tan\alpha$<br>$0^{0}<\alpha<90^{0}$<br>$b$是纵截距 | 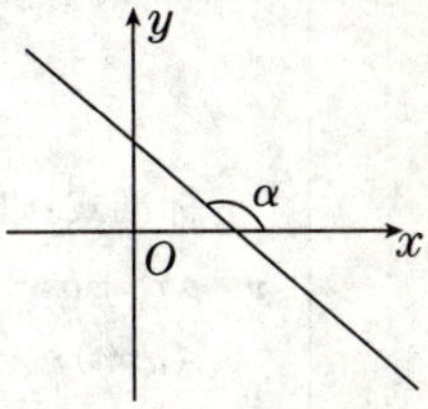<br>· 过$(0,b)$的一条直线<br>· $b>0$时,在一、二、四象限<br>· $b<0$时,在二、三、四象限<br>· 是减函数<br>· 斜率 $k=\tan\alpha$<br>$90^{\circ}<\alpha<180^{\circ}$<br>$b$是纵截距 |
| | | $k>0$ | $k<0$ |
| 反比例函数 | $y=k/x$<br>(k≠0, x≠0) | 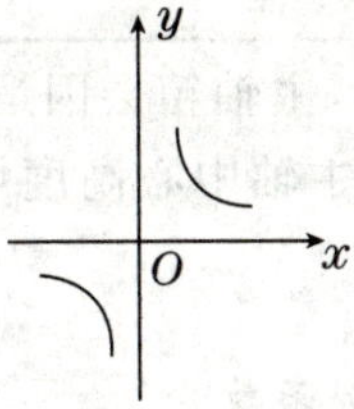<br>· 以坐标轴为渐近线的双曲线<br>· 双曲线在一、三象限<br>· 在(−∞,0)与(0,+∞)内是减函数 | 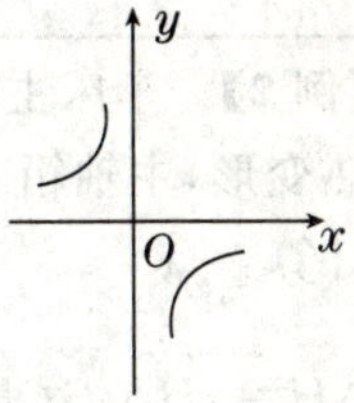<br>· 以坐标轴为渐近线的双曲线<br>· 双曲线在二、四象限<br>· 在(−∞,0)与(0,+∞)内是增函数 |

续表

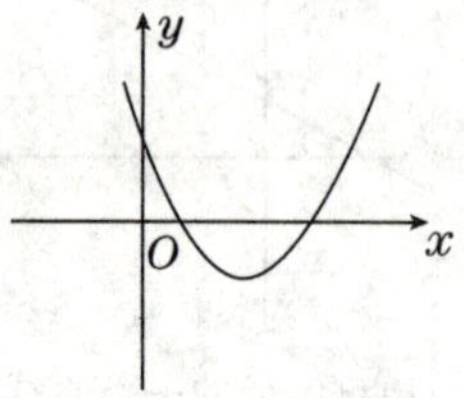

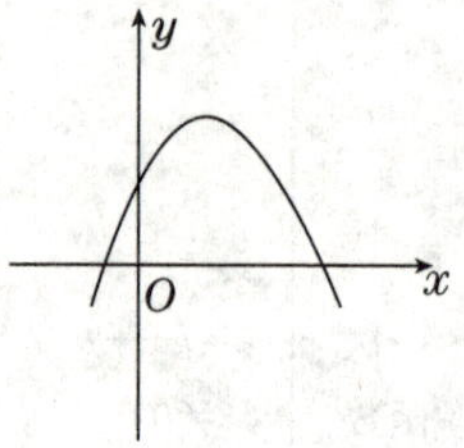

| 函数名称 | 解析式 | 图像特点和性质 | |
|---|---|---|---|
| | | $a>0$ | $a<0$ |
| 二次函数 | 标准式：<br>$y=ax^2+bx+c$<br>$(a\neq 0)$<br><br>顶点式：<br>$y=a\left(x+\frac{b}{2a}\right)^2$<br>$+\frac{4ac-b^2}{4a}$<br>$(a\neq 0)$ | ·顶点在$\left(-\frac{b}{2a},\frac{4ac-b^2}{4a}\right)$的抛物线<br>·口向上，有最小值$\frac{4ac-b^2}{4a}$<br>·在$\left(-\infty,\frac{-b}{2a}\right)$内是减函数<br>在$\left(\frac{-b}{2a},+\infty\right)$内是增函数 | ·顶点在$\left(-\frac{b}{2a},\frac{4ac-b^2}{4a}\right)$的抛物线<br>·口向下，有最大值$\frac{4ac-b^2}{4a}$<br>·在$\left(-\infty,\frac{-b}{2a}\right)$内是增函数<br>在$\left(\frac{-b}{2a},+\infty\right)$内是减函数 |

**【例 2】** 车床主轴回转时，主轴箱会因运转件间摩擦及切削热的传入而发热变形，主轴箱变形会使主轴中心高度增加，其高度增加值可用下面公式计算：

$\Delta H=\alpha H\Delta t$ 这是个正比例函数

式中 $\Delta H$——主轴中心的垂直上升量(mm)

$\alpha$ ——主轴箱体线膨胀系数（一般箱体采用铸铁材料 $\alpha=10.5\times 10^{-6}/℃$）

$H$ ——车床中心高(mm)

$\Delta t$ ——主轴箱的温升℃（一般用润滑油温度差代替）

现有一台 CA6140 普通车床，主轴运转几小时后温度由 20℃ 升至 40℃，问主轴中心垂直位移量 $\Delta H$ 为多少？

解：$\Delta H=\alpha H\Delta t$

$=10.5\times 10^{-6}\times 200\times(40-20)$

$=0.042$(mm)

由于主轴箱运转发热而使主轴中心升高，另外，尾座在床身上滑动而产生摩擦磨损，会使尾座顶尖中心下降，所以新机床出厂时，要做成主轴中心略低于尾座顶尖中心。

**【例 3】** 英制螺纹的螺距 $P$ 与每英寸的牙数 $n$ 成反比，其表达式可写成 $P=25.4/n$，管螺纹（多数为英制尺寸）每英寸牙数 $n$ 依据公称直径的大小（直径越大，$n$ 越小）而不同，问 $n=11$，$n=14$，$n=19$ 时的螺距为多少毫米.

解：$n=11$ 时，螺距 $P=\frac{25.4}{11}=2.3091$

$n=14$ 时，螺距 $P=\frac{25.4}{14}=1.8143$

$n=19$ 时，螺距 $P=\frac{25.4}{19}=1.3368$

**【例 4】** 物体垂直上抛时，其上升高度与时间的关系可用下式表示：

$h=V_0t-\frac{1}{2}gt^2$ 这是一个二次函数

式中 $h$ ——上升高度

$V_0$ ——上抛初速度

$t$ ——时间

$g$ ——重力加速度

已知上抛初速度 $V_0=49$ 米/秒，求经 4 秒、5 秒、6 秒时的高度.

解：经 4 秒后：$h=49\times4-\frac{1}{2}\times9.8\times4^2=117.6(\text{m})$

经 5 秒后：$h=49\times5-\frac{1}{2}\times9.8\times5^2=122.5(\text{m})$

经 6 秒后：$h=49\times6-\frac{1}{2}\times9.8\times6^2=117.6(\text{m})$

**2. 函数的最值**

函数在给定的区间内所有函数值中最大（或最小）的一个叫做该函数在给定区间内的最大（或最小）值，最大或最小值称为最值。

如果函数 $y=f(x)$ 在某区间内，当 $x=x_0$ 时，取最大（小）值，那么就称 $x_0$ 点为函数 $f(x)$ 的最大（小）值点，最大值点和最小值点统称为最值点。

求函数最值常用的初等方法：

(1)二次函数配方法：

$f(x)=ax^2+bx+c$…………$(a\neq0)$

$=a\left[x^2+\frac{b}{a}x+\left(\frac{b}{2a}\right)^2+\frac{c}{a}-\left(\frac{b}{2a}\right)^2\right]$

$=a\left(x+\frac{b}{2a}\right)^2+\frac{4ac-b^2}{4a}$

由上式可得出以下结论：

若 $f(x)$ 定义在开区间 $(-\infty,+\infty)$ 上：

如果 $a>0$，则当 $x=-\frac{b}{2a}$ 时，函数有最小值 $\frac{4ac-b^2}{4a}$；

如果 $a<0$，则当 $x=-\frac{b}{2a}$ 时，函数有最大值 $\frac{4ac-b^2}{4a}$。

若 $f(x)$ 定义在闭区间 $[\alpha,\beta]$ 上：

如果 $-\frac{b}{2a}$ 在 $[\alpha,\beta]$ 内，函数 $f(\alpha)$，$f(\beta)$，$f\left(-\frac{b}{2a}\right)$ 三者中最大的为最大值，最小的为最小值。

如果 $-\frac{b}{2a}$ 不在 $[\alpha,\beta]$ 内，最值必在区间端点，$f(\alpha)$，$f(\beta)$ 中大者为最大值，小者为最小值。

(2)判别式法

若函数 $y=f(x)$ 可化成一个系数含有 $y$ 的关于 $x$ 的方程：

$a(y)x^2+b(y)x+c(y)=0$，当 $a(y)\neq0$，必有 $\Delta=b^2(y)-4a(y)c(y)\geqslant0$，求 $y$ 的范围，即可确定函数最值。

例：$y=\frac{x^2+3}{x-1}$，求最值

由原式得：$yx-y=x^2+3$

$x^2-yx+y+3=0$

$y^2-4y-12\geqslant0$

$y\geqslant6$ 或 $y\leqslant-2$

当 $x$ 在 $(-\infty,+1)$ 间函数有最大值 $-2$，当 $x$ 在 $(+1,+\infty)$ 间函数有最小值 6。

(3)不等式法、最值定理

我们知道：$(\sqrt{a}+\sqrt{b})^2\geqslant0$　其中 $a>0,b>0$，由此得到：

$a+b\geqslant2\sqrt{ab}$；或者 $\frac{a+b}{2}\geqslant\sqrt{ab}$；或者 $\left(\frac{a+b}{2}\right)^2\geqslant ab$.

这也就是说：如果两个正数 $a$ 与 $b$ 的和为定值，则当且仅当 $a=b$ 时，它们的积有最大值 $\left(\frac{a+b}{2}\right)^2$；如果两个正数 $a$ 与 $b$ 的积为定值，则当且仅当 $a=b$ 时，它们的和有最小值 $\sqrt{ab}$。这就是最值定理。

例：矩形的长、宽分别为 $a,b$ 且 $a+b$ 为定值，当 $a=b$ 时，矩形的面积 $S$

最大，$S_{max}=\left(\frac{a+b}{2}\right)^2=a^2$，为一正方形；如果矩形面积 $S$ 一定，即 $ab$ 一定，则当 $a=b$ 时，$a$ 与 $b$ 的和 $a+b$ 有最小值 $2\sqrt{ab}=2a$.

(4)导数法

这是通用的方法，当学了导数后，解决最值问题就特别容易了。

**【例 1】** 矩形的长为 $a$，其周长为 400，问长、宽各为多少时，其面积最大?

解：设矩形一边长为 $a$，另一边长为 $b$，则 $a+b=400\div2=200$，则当 $a=b$ 时，其面积有最大值 $\left(\frac{a+b}{2}\right)^2=100^2=10000$

此时，矩形的各边长相等，即为正方形。

**【例 2】** 在计算加工零件的单件成本时，常出现 $y=kx+\frac{c}{x}$($k$，$c$ 为常数)形式的函数(式中 $x$ 为零件的数量，$y$ 为单件成本)。求 $y=kx+\frac{c}{x}$ 的最小值.($x$，$y$，$k$，$c$ 都为正)

解：$\because kx,\frac{c}{x}$ 都是正数

$\therefore kx+\frac{c}{x}\geqslant2\sqrt{kc}$

即 $y$ 的最小值为 $2\sqrt{kc}$。

**【例 3】** 前面的例题讲过，垂直上抛物体的高度 $h=V_0t-\frac{1}{2}gt^2$，已知 $V_0=49$ m/s，求 $h$ 的最高值，在最高点时的时间 $t$.(取 $g=9.8$ m/s²)

解：$h=V_0t-\frac{1}{2}gt^2$

$$h_{max}=\frac{4\times\left(-\frac{1}{2}g\right)\times0-V_0^2}{4\times\left(-\frac{1}{2}g\right)}$$

$$=\frac{-49^2}{-4\times4.9}=122.5(\text{m})$$

$$t=\frac{-V_0}{2\times\left(-\frac{1}{2}g\right)}=\frac{-49}{-9.8}=5(\text{s})$$

# §3.3 指数函数和对数函数

**1. 指数**

指数的幂：当指数为有理数$\frac{m}{n}$（$m$ 为整数，$n$ 为正整数）时，若 $a>0$，$a^{\frac{m}{n}}$ 叫做有理指数的幂，并规定 $a^{\frac{m}{n}}=\sqrt[n]{a^m}$。

指数幂的几种情况：

(1)正整数指数幂：$a^n=\overbrace{a\cdot a\cdot a\cdots a}^{n个}$

(2)零指数幂：$a^0=1$

(3)负整数指数幂：$a^{-m}=\frac{1}{a^m}$

(4)分数指数幂：$a^{\frac{m}{n}}=\sqrt[n]{a^m}$

$$a^{-\frac{m}{n}}=\frac{1}{\sqrt[n]{a^m}}$$

指数幂的运算法则：

(1)$a^m\cdot a^n=a^{m+n}$

$a^m\div a^n=a^{m-n}$

(2)$(a^m)^n=a^{mn}$

(3)$(ab)^n=a^nb^n$

$\left(\frac{a}{b}\right)^n=\frac{a^n}{b^n}$

**2. 对数**

若 $a^b=N$，($a>0$，$a\neq 0$，$N>0$)，那么指数 $b$ 叫做以 $a$ 为底的 $N$ 的对数，记作 $\log_a N=b$，其中 $a$ 叫做对数的底数，$N$ 叫做真数。

常用对数：以 10 为底的对数叫常用对数，记作 $\lg N$.

自然对数：以无理数 $e$ 为底的对数叫自然对数，记作 $\ln N$($e\approx 2.7183$).

对数的性质和运算法则：设 $a>0$，$a\neq 1$，$m>0$，$n>0$.

(1)负数和 0 没有对数

(2)$\log_a 1=0$　即 1 的对数恒等于 0

$\log_a a=1$ 即底的对数等于 1

(3)$a^{\log_a m}=m$

(4)$\log_a(m\cdot n)=\log_a m+\log_a n$

(5)$\log_a\frac{m}{n}=\log_a m-\log_a n$

(6)$\log_a m^n = n\log_a m$

对数的换底公式及推论：

设 $a>0, a\neq 1, b\neq 1, m>0$ 则

$$\log_a m = \frac{\log_b m}{\log_b a} = \frac{\lg m}{\lg a} = \frac{\ln m}{\ln a}$$

推论：(1)$\log_a b \cdot \log_b a = 1$

(2)$\log_{a^m} b^m = \log_a b$

$$\log_{a^m} b^n = \frac{n}{m}\log_a b$$

(3) $\log_a m \cdot \log_b n = \log_a n \cdot \log_b m$

(4) $a^{\log_c b} = b\log_c a$

常用对数的性质：

令正数 $N = a\times 10^n$，( $1\leqslant a<10$，$n$ 为整数)则 $\lg N = n + \lg a =$ 整数(首数)＋正的纯小数(尾数)。

一个正数 $N$ 的常用对数的整数部分叫做这个对数的首数，一个正数 $N$ 的常用对数的首数可如下判别：

当 $N\geqslant 1$ 时，首数是正整数或零，其值等于真数的整数位减去 1。

当 $N<1$ 时，首数是负整数，其绝对值等于 $N$ 的第一个有效数字前面"0"的个数(包括小数点前面的零)

一个正数常用对数的(正的数)小数(或者零)部分叫做这个数的对数的尾数。只有小数点位置不同的数，它们的常用对数的尾数都相同。

**【例 1】** 平皮带传动紧边的张力 $F_1 = F\frac{e^{\mu\theta}}{e^{\mu\theta}-1}$

松边的张力 $F_2 = F\frac{1}{e^{\mu\theta}-1}$

式中 $F$ ——有效张力　$F = F_1 - F_2$

$\mu$ ——皮带与带轮间的摩擦系数

$\theta$ ——皮带的包角　(rad)

$e$ ——自然对数的底　$e\approx 2.718$

已知 $F=1200$ N 时，$\mu=0.2$，$\theta=165°$，求 $F_1$，$F_2$

解：$F_1 = F\frac{e^{\mu\theta}}{e^{\mu\theta}-1}$　用计算器计算：$e^{\mu\theta}\approx 2.718^{0.2\times 2.88}\approx 1.7788$

$$= 1200\times\frac{1.7788}{1.7788-1} = 2741(\text{N})$$

$$F_2 = F\frac{1}{e^{\mu\theta}-1} = 1200 \times \frac{1}{1.7788-1} = 1541(\mathrm{N})$$

**【例 2】** 某一放射性物质，每经过一年剩留的质量约是原来的 90%，试问经过几年后，剩留的质量是原来的一半(即半衰期)。

解：设经 $x$ 年后，剩留质量是原来的一半，依题意

$$1 \times (90\%)^x = \frac{1}{2}$$

$$0.9^x = \frac{1}{2}$$

$$x\lg 0.9 = \lg 0.5$$

$$x = \frac{\lg 0.5}{\lg 0.9} \approx \frac{-0.3010}{-0.0458} \approx 6.6$$

该物质半衰期为 6.6 年。

# §3.4　函数的应用举例

函数在生产实践或生活中有着广泛的应用，在解决应用问题时一般采用以下几个步骤：

(1)领悟需要解决的问题的实际背景，从实际出发概括出来数学实质。在此基础上，分析已知是什么，求什么，涉及哪些知识，确定自变量与函数值的意义，尝试把问题函数化，探索、归纳、化归、实现实际问题向数学问题的转化。

(2)引进数学符号，建立数学模型。设自变量和函数，根据量间的关系建立函数关系式，将实际问题转化为数学函数式，建立数学模型。

(3)利用数学方法，对得到的数学模型予以解答，求出结果。

(4)将数学问题的解代入实际问题进行核查，舍去不合题意的解，并作答。

**【例 1】**　利息(或增长率)问题。在计算利息时往往有单利和复利两种方法。单利就是无论经过多少期都用存款作为本金，利不生利。单利息＝本金×利率×期数。复利则是把前一期的利息和本金加在一起算作本金，再计算下一期的利息，这种利上加利的计算利息叫复利。设本金为 $a$，本利和为 $A$，利率为 $x$，$n$ 为期数。

单利中：$A_n=a(1+nx)$

复利中：第一期——$A_1=a+ax=a(1+x)$

第二期——$A_2=A_1+A_1x=a(1+x)+a(1+x)x=a(1+x)^2$

第三期——$A_3=A_2+A_2x=a(1+x)^2+a(1+x)^2x=a(1+x)^3$

⋮

第 $n$ 期——$A_n=a(1+x)^n$

如果现在存入银行 5 万元，一年期的利率为 4.14 %，问 5 年后本利和应为多少钱？

解：这里 $a=50000$ 元，$n=5$ 年，$x=4.14\%$

$A_5=a(1+x)^n$

$=50000\times(1+4.14\%)^5$

$=61243.20$(元)

**【例 2】**　现在存入银行 5 万元，一年期的利率为 4.14%，折合单利计算，5 年期的年利率应为多少？

解：按复利算 $A_5=61243.20$ 元

按单利算 $A_5=a(1+nx)$

$61243.20=50000\times(1+5x)$

$x=\left(\frac{61243.20}{50000}-1\right)\div 5$

$=0.045=4.5\%$

【例 3】 国内生产总值 GDP 在 2007 年为 24 万亿元，按年增长率 8% 计算，几年后可翻一番？

解：$a=24$ 万亿元，设 $n$ 年后 GDP 翻一番，则

$2a=a(1+x)^n$

$2=(1+8\%)^n$

$n\lg 1.08=\lg 2$

$n=\frac{\lg 2}{\lg 1.08}=\frac{0.3010}{0.03342}\approx 9$（年）

【例 4】 机器设备使用中由于磨损，需要将设备投资逐年计入成本中，这叫做折旧，折旧的方法有两种，一种叫直线折旧。现在大多采用这种方法。$n$ 年后设备的净值 $A_n=a(1-nx)$，式中 $a$ 为原值，$x$ 为年折旧率，$A_n$ 为 $n$ 年后的净值；除了直线折旧外，还有一种叫加速折旧法，这时 $n$ 年后设备净值为 $A_n=a(1-x)^n$.

假设某台设备原值为 10 万元，用加速折旧法，年折旧率 $x=20\%$，

求：(1)5 年后设备的净值为多少？

(2)经过几年后设备净值为原值的 50%（一般地说，净值是原值的 10% 时，就要报废，这时的净值叫残值）。

解：(1)$A_5=a(1-x)^n$

$=10\times(1-0.2)^5$

$=3.277$（万元）

(2)$A_n=a(1-x)^n$

$a\times 50\%=a(1-0.2)^n$

$0.5=0.8^n$

$n=\frac{\lg 0.5}{\lg 0.8}=\frac{-0.3010}{-0.0969}\approx 3.1$（年）

【例 5】 成本问题，单件零件成本基本上由两部分组成：一部分为固定成本，这部分的费用是固定的，与产量无关，如厂房租赁费、实行固定工资制的工资等；另一部分为变动成本，这部分的费用与产量有关，产量越高单耗越大。

假设某工厂生产某种产品，其工厂的固定费用为 $C$，每件消耗的变动费用为 $k$，其产品产量为 $Q$，求：(1)单件的成本 $y$ 的表达式；(2)产量达到多大时，其单件成本最低。

解：(1)由题意可得 $y=\frac{C}{Q}+kQ$

(这里特别应指出的是，随着产量的增加，单件的变动费用也略有增加，与产量成正比)

(2)由(1)得，$y=\frac{C}{Q}+kQ$

$$\because \frac{C}{Q}>0, kQ>0$$

$$\therefore y=\frac{C}{Q}+kQ\geqslant 2\sqrt{\frac{C}{Q}kQ}=2\sqrt{kC}$$

$$y_{\min}=2\sqrt{\mathrm{kC}}$$

如果固定成本 $C=12$ 万元，$k=0.1$ 元/件(每增一件增 0.1 元)则

(1) $y=\frac{120000}{Q}+0.1Q$

(2) $y\geqslant 2\sqrt{kC}=2\sqrt{120000\times 0.1}=219.09$(元/件)

$y=\frac{120000}{Q}+0.1Q$

$219.09=\frac{120000}{Q}+0.1Q$

$0.1Q^2-219.09Q+120000=0$

$Q=1095$(件)

当产量为 1095 件时，单件成本最低，这时单件成本为 219.09 元。

**【例 6】** 机器设备使用中发生两种费用，一部分为原值的年分摊费用 $\frac{P}{n}$($P$ 为原值，$n$ 为使用年份)，另一部分为综合老化损失费用，每年递增(包括维修费)，为 $qn$($q$ 为年递增的老化损失)，经 $n$ 年的平均老化损失为 $\frac{qn}{2}$，这样设备使用 $n$ 年时，每年所耗费的费用为

$$y=\frac{qn}{2}+\frac{P}{n}$$

$\because \frac{qn}{2}, \frac{P}{n}$ 都为正数

$$\therefore \frac{qn}{2}+\frac{P}{n}\geqslant 2\sqrt{\frac{qn}{2}\times\frac{P}{n}}=\sqrt{2qP}$$

$\therefore y_{\min}=\sqrt{2qP}$

这时所对应的 $n$ 值称为经济寿命。根据最值定理，显然

$$\frac{qn}{2}=\frac{P}{n}$$

$$n=\sqrt{\frac{2P}{q}}$$

例如：一台 C1640 车床，原值为 35000 元，每年综合老化损失费为 800 元，求其经济寿命。

解：依题意：$P=35000$ 元，$q=800$ 元/年$^2$

$$\therefore n=\sqrt{\frac{2P}{q}}=\sqrt{\frac{2\times 35000}{800}}$$

$\approx 9.35$（年）

经济寿命为 9.35 年，如果继续使用就不划算了。

**【例 7】** 材料利用问题，在生产中经常遇到如何节省材料的求最值问题，例如，一正方形薄铁板，在四个角上都去掉大小相等的小正方形，而后折成不带盖的盒子，问如何做，盒子容积最大。

假设薄铁板的正方形边长为 300。

解：令小正方形边长为 $x$，那么盒子底面的边长为 $300-2x$

则盒子容积 $V=x(300-2x)^2$

$$=4x^3-1200x^2+90000x$$

求导：$V'=12x^2-2400x+90000=0$

解之：$x=50$，$x=150$（舍去）

即小正方形边长为 50 时，盒子的容积最大，其最大容积：

$V_{\max}=x(300-2x)^2$

$=50\times(300-2\times 50)^2$

$=2\times 10^6\,(\text{mm})^3$

$=2$（升）

**【例 8】** 如图 3－1 所示，现有 20 延长米的栅栏，欲靠墙（用墙作为一边，墙足够长）围成一矩形小院，要想使小院的面积最大，如何围法？

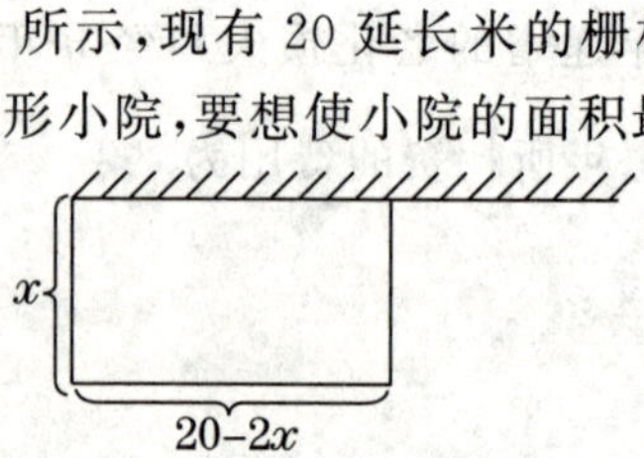


图 3－1

解：设矩形边长为 $x$（这个边与墙垂直），则另一边长就为 $20-2x$，矩形面积为 $S$

$$S=x(20-2x)=-2x^2+20x$$

$x=-\dfrac{b}{2a}$时，$S$ 有最大值，代入：

$$x=-\frac{20}{2\times(-2)}=5(m)$$

$$20-2x=20-2\times5=10(\text{m})$$

$$S_{\max}=x(20-2x)=5\times(20-2\times5)=50(\text{m}^2)$$

∴矩形的一边长为 5 m，邻边为 10 m 时，围成的小院面积最大.

**【例 9】** 如图 3－2 所示为一矩形两扇窗户，问窗的长（高）、宽的比为多大时，透光面积最大。

解：设窗的长（高）为 $x$，两扇窗框的周长为 $L$，

则每扇窗的宽为$\dfrac{L-4x}{4}$

透光面积 $S=2x\cdot\dfrac{L-4x}{4}$

$$=\frac{1}{2}Lx-2x^2$$

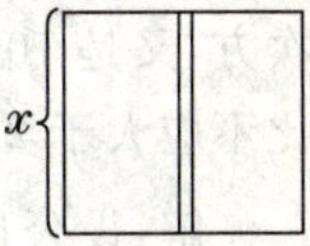

图 3－2

则 $x=\dfrac{-b}{2a}=\dfrac{-\frac{1}{2}L}{-4}=\dfrac{1}{8}L$

宽为$\dfrac{L-4x}{4}=\dfrac{L-4\times\frac{1}{8}L}{4}=\dfrac{1}{8}L$

∴长：宽$=\dfrac{1}{8}L:\dfrac{1}{8}L=1:1$

即每扇窗的长与宽相等时，透光面积最大。

**【例 10】** 欲盖端面如图图 3－3 所示的框架式厂房，其房盖框架为等腰直角三角形，下部由房盖横梁与支柱及地面围成一个矩形，如果料的长度一定，问每个腰与每根立柱的长度比为何值时，其厂房空间最大。

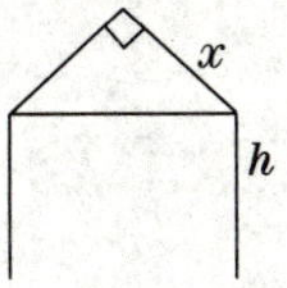

图 3－3

解：设房盖框架的腰长为 $x$，料的总长为 $L$，则每根立柱长就为

$$h=\frac{L-2x-\sqrt{2}x}{2}$$

由此可得，厂房端面面积 $S=\frac{1}{2}x^2+\sqrt{2}x\frac{L-2x-\sqrt{2}x}{2}$

整理：$S=-\frac{1+2\sqrt{2}}{2}x^2+\frac{\sqrt{2}}{2}Lx$

$$x=\frac{-b}{2a}=\frac{-\frac{\sqrt{2}}{2}L}{-(1+2\sqrt{2})}=\frac{1}{\sqrt{2}+4}L$$

$$h=\frac{L-x(2+\sqrt{2})}{2}=\frac{L-\frac{1}{\sqrt{2}+4}(2+\sqrt{2})L}{2}=\frac{1}{\sqrt{2}+4}L$$

即腰与立柱的长度比为 1∶1 时，厂房空间最大。

**【例 11】** 机床主轴的转速多为等比数列，其公比应满足既是 2 的开 $n_2$ 次方，又是 10 的开 $n_{10}$ 次方（$n_2$，$n_{10}$ 都为正整数），问其公比应为多大？（公比不应大于 2）

解：设公比为 $\varphi$，依题意：$\varphi=\sqrt[n_2]{2}=\sqrt[n_{10}]{n}$

即 $\varphi=2^{\frac{1}{n_2}}=10^{\frac{1}{n_{10}}}$

$\therefore \frac{1}{n_2}\lg 2=\frac{1}{n_{10}}$

$\therefore \frac{n_2}{n_{10}}=\lg 2\approx 0.3=\frac{3}{10}=\frac{6}{20}=\frac{12}{40}$

$\varphi=\sqrt[3]{2}=\sqrt[10]{10}\approx 1.26$

$\varphi=\sqrt[6]{2}=\sqrt[20]{10}\approx 1.12$

$\varphi=\sqrt[12]{2}=\sqrt[40]{10}\approx 1.06$

即公比为 1.06，1.12，1.26 是满足题中所要求的公比。

# 习题三

1. 已知 2007 年国民生产总值为 24 万亿元，从 2004 年到 2007 年 3 年间每年递增 10.4%，问 2004 年国民生产总值为多少？
2. 某工厂生产的产品产量计划在 5 年内翻一番，平均每年的增长率为多少？
3. 某台数控机床购置费用为 13 万元，每年维护修理费用见下表，问其经济寿命。

| 年 | 1 | 2 | 3 | 4 | … |
|---|---|---|---|---|---|
| 费用(元) | 1000 | 2000 | 3000 | 4000 | … |

4. 存一笔款，年利率为 4.14%，5 年后想达到 10 万元，问现在应存入多少？
5. 设备原值为 15 万元，采用快速折旧法，年折旧率为 25%，3 年后的净值为多少？如果残值达到 10%时报废，那么，经几年后应报废？
6. 如图 3－4 所示的窗框，上半部分是一个半圆，下半部是一个矩形，要想透光面积最大，在窗框用料长度一定的情况下，半圆半径 $r$ 与矩形高度 $h$ 的比例如何为佳？

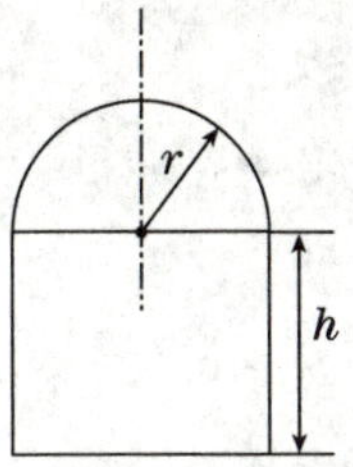


图 3－4

7. 某工厂生产一种产品，若日产量为 $q$ 件，则每件利润为 $P$ 元，若将日产量提高 $x$%，由于产量太大而使废品率增加，从而使每件的利润减少 $0.8x$%，求：(1)增产后的利润 $y$ 与 $x$ 的关系式；
(2)如何安排日产量组织生产，才会使得利润最大？并求出最大值。
8. 皮带（不含齿形带）的有效张力 $F=F_2(e^{\mu\theta}-1)$，式中 $F$ 为有效张力，$F_2$ 为松边张力（由张紧装置保证），$\mu$ 为皮带与带轮的摩擦系数，$\theta$ 为皮带的包角（皮带包在皮带轮部分所对的圆心角），$e$ 为自然对数的底，已知 $F_2=1000$ N，$\mu=0.25$，这时所得到的有效张力 $F=1020$ N，求包角 $\theta$.
9. 将一圆料铣成一个矩形，已知圆的直径为 $d$，问矩形长与宽之比为多少时，矩形面积最大，最大面积是多少？

10. 机床变速箱输出轴的转速是多级的等比数列，其最高转速 $a_n = a_1 q^{n-1}$，式中 $a_n$ 为最高转速，$a_1$ 为最低转速，$q$ 为公比（相邻级转速比），$n$ 为级数，已知 X6132 铣床主轴的最低转速为 30r/min，最高转速为 1500 r/min，级数为 18，请问公比是多大？

11. 将一万元存入银行，年利率为 4.14%，所得税为利息的 20%，几年后扣除所得税的本利和能达到 12000 元？

## 参考答案

1. 17.8 万亿元
2. 14.87%
3. 8.1 年
4. 81641.72 元
5. 63281 元，8 年
6. $h : r = 2 : 1$
7. (1) $y = Pq(1 + x\%)(1 - 0.8x\%)$

   (2) $x = 12.5$，$y_{\max} = \dfrac{81}{80}Pq$
8. 161°
9. 1 : 1，$\dfrac{1}{2}d^2$
10. 1.25875
11. 5.5 年

# 第四章　工程数列

## §4.1　数列的概念

**1. 按一定次序排列的一列数叫做数列**

数列中的每一个数都叫做这个数列的项,各项依次叫做数列的第1项(首项),第2项……第$n$项。其一般形式为$a_1,a_2,a_3,\cdots,a_n$,简记作$\{a_n\}$。

**2. 数列的通项公式**

数列的第$n$项叫做数列的通项。

**【例1】** 1,2,3,4……

通项为$a_n=n$

**【例2】** 2,4,8,16……

通项为$a_n=2^n$

## §4.2 等差数列与等比数列

**1. 等差数列**

从第二项起，每一项与前一项的差都等于同一个常数，这样的数列称为等差数列，即 $a_n - a_{n-1} = d$，常数 $d$ 叫做公差。

一般形式：$a_1, a_1+d, a_1+2d, a_1+3d, \cdots, a_1+(n-1)d$

通项公式为 $a_n = a_1+(n-1)d$

前 $n$ 项和的公式：$S_n = \dfrac{(a_1+a_n)n}{2}$

此式证明如下：

$S_n = a_1 + a_1 + d + a_1 + 2d + a_1 + 3d + \cdots\cdots + a_1 + (n-1)d$ ……… (1)

$S_n = a_1 + (n-1)d + a_1 + (n-2)d + a_1 + (n-3)d + \cdots\cdots + a_1$ … (2)

(1)+(2)得：$2S_n = [a_1 + a_1(n-1)d]n = (a_1+a_n)n$

$\therefore S_n = \dfrac{(a_1+a_n)n}{2}$

**2. 等比数列**

从第二项起，每一项与前一项之比都等于同一个常数，这样的数列称为等比数列，即 $a_n : a_{n-1} = q$，常数 $q$ 叫做公比。

一般形式：$a_1, a_1q, a_1q^2, \cdots, a_1q^{n-1}$

通项公式：$a_n = a_1q^{n-1}$

前 $n$ 项的和：$S_n = \dfrac{a_1(1-q^n)}{1-q}$

此式推导过程如下：

$S_n = a_1 + a_1q + a_1q^2 + a_1q^3 + \cdots + a_1q^{n-1}$ ………………………… (1)

$qS_n = a_1q + a_1q^2 + a_1q^3 + a_1q^4 + \cdots + a_1q^n$ ………………………… (2)

(1)−(2)得：$S_n(1-q) = a_1 - a_1q^n$

$\therefore S_n = \dfrac{a_1(1-q^n)}{1-q}$

# §4.3　等比、等差数列在工程上的应用

下表所示为机械制图或打印用纸的幅面尺寸：

| 幅面代号 | $A_0$ | $A_1$ | $A_2$ | $A_3$ | $A_4$ | $A_5$ |
|---|---|---|---|---|---|---|
| 宽度×长度 | 841×1189 | 594×841 | 420×594 | 297×420 | 210×297 | 148×210 |

从表中我们可知，$A_5$，$A_4$，$A_3$，$A_2$，$A_1$，$A_0$ 各幅面的宽度分别为 148，210，297，420，594，841；长度分别为 210，297，420，594，841，1189；观察这两列数可以得出以下结论：

(1)这两列数都是公比近似为$\sqrt{2}$的等比数列。

(2)宽度数列的第二项是长度数列的第 1 项，宽度数列的第 3 项是长度数列的第 2 项，以此类推。

(3)每幅面的长与宽之比近似于$\sqrt{2}$。

幅面为什么要做成表中所列尺寸呢？一是当幅面沿宽的方向截成两等份时，恰是生成比它小的另一幅面，没有浪费。二是只有长宽比为$\sqrt{2}$时，截开后的两等份幅面的长宽比仍为$\sqrt{2}$。

假设幅面宽为 $a$，长为$\sqrt{2}a$，如图 4－1 所示，两等份截开之后的长宽比为：

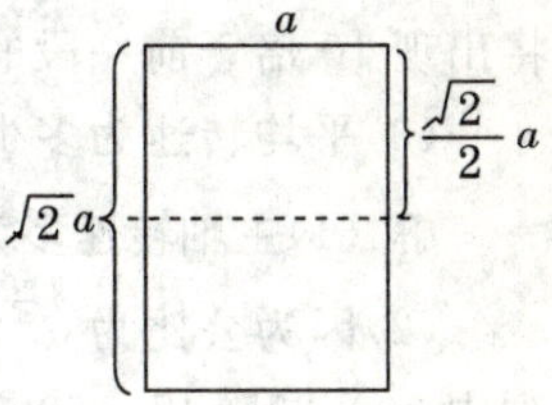


图 4－1

$$a:\frac{\sqrt{2}}{2}a=\sqrt{2}:1$$

仍保持长：宽$=\sqrt{2}:1$

由于图纸幅面实现了标准化，共 6 种，因而对制造纸张的机器尺寸规格大为减少。

那么，在确定用数值表示的各种量值的分级时，比如长度、面积、体积、载荷、压力、应力、速度、功率、电流、电压、流量、传动比、尺寸公差、机器及其部件规格等要遵循什么原则呢？归纳起来有以下几个方面。

(1)要采用等比数列：这是因为等比数列相邻两项的相对差相等。这样，相对损失比较均衡，即

$$\frac{a_{n+1}-a_n}{a_n}=\frac{a_nq-a_n}{a_n}=q-1(1<q\leqslant 2)$$

$q$ 越小，则相对差越小，但项数越多。

(2)公比用 $\sqrt[n]{10}$($n$ 为整数)，这样可出现十进段，也就是每隔 $n$ 项，将出现十倍于前一段的数列；

例：$\sqrt[5]{10}\approx1.6$，假设首项为1，则数列为

1，1.6，2.5，4，6.3，10，16，25，40，63……

凡数列有1，过5项后必为10，1.6过5项后必为16……这样，既能简化设计形成标准，又很容易记忆。

（3）在某些场合，为了使机构简化，还采用公比为$\sqrt[n]{2}$的数列。例如，机床变速箱，为了减少挂挡个数，而采用双速电机，挂挡个数可降一倍，大大简化了变速箱的结构。例如，某一机床主轴各挡转速（r/min）为100，125，160，200，250，300共6级转速，需要6挡。如果采用双速电机（双速电机的一种转速为另一种的2倍），只需要3挡即可。

因$2^{\frac{2}{3}}\approx\sqrt[5]{10}\approx1.58$，$\sqrt[3]{2}\approx\sqrt[10]{10}\approx1.25$，$\sqrt[6]{2}\approx\sqrt[20]{10}\approx1.12$，所以，在很多场合中，采用公比为1.58，1.25，1.12这个数。它既满足第（2）项条件，又满足第（3）项条件。

**【例1】** X6132卧式铣床，其主轴共有18级转速，由低到高的排列顺序如下（主轴转速单位为r/min）：30，37.5，47.5，60，75，95，118，150，190，235，300，375，475，600，750，950，1180，1500.

问：（1）这是什么数列？

（2）数列中每隔多少项出现2倍于前一段的数列？数列中每隔多少项将出现10倍于前一段的数列？

（3）平均转速为多少？

解：（1）主轴转速多为等比数列，数列公比为$37.5\div30=1.25\approx\sqrt[10]{10}\approx\sqrt[3]{2}$

（2）因为公比为$\sqrt[10]{10}$，所以每隔10项将出现10倍于前一段数列，本数列中300，375，475，600，750，950，1180，1500的各项分别是前段数列30，37.5，47.5，60，75，95，118，150各项的10倍。

因为$1.25=\sqrt[10]{10}\approx\sqrt[3]{2}$，所以每隔3项将出现2倍于前段数列。

本例中：

| | | |
|---|---|---|
| 30 | 37.5 | 47.5 |
| 60 | 75 | 95 |
| 118 | 150 | 190 |
| 235 | 300 | 375 |
| 475 | 600 | 750 |
| 950 | 1180 | 1500 |

的每一行各项都为前一行各项的2倍（近似值）。

（3）平均速度为每级速度和除以级数

即$\dfrac{S_n}{n}=\dfrac{S_{18}}{18}=\dfrac{30(q^n-1)}{18(q-1)}$

$$=\frac{30\left[\left(\sqrt[10]{10}\right)^{18}-1\right]}{18\left(\sqrt[10]{10}-1\right)}$$

$$=\frac{30\left(10^{\frac{18}{10}}-1\right)}{18\left(10^{\frac{1}{10}}-1\right)}$$

$$=\frac{30(1.25^{18}-1)}{18(1.25-1)}$$

$$\approx 404(\text{r/min})$$

因为各挡转速为近似的等比数列，所以计算平均转速也为近似值。

**【例 2】** 在工厂中，有的参数数列为等差和等比组合数列。例如：米制螺纹的导程，齿轮、蜗轮、蜗杆的模数系列均属于此类，请看下表：

**CA6140 型车床米制螺纹导程(mm)表**

| $i_{基}$ | $i_{倍}$ | | | |
|---|---|---|---|---|
| | $\frac{1}{8}$ | $\frac{1}{4}$ | $\frac{1}{2}$ | 1 |
| $\frac{6.5}{7}$ | | | | |
| $\frac{7}{7}$ | | 1.75 | 3.5 | 7 |
| $\frac{8}{7}$ | 1 | 2 | 4 | 8 |
| $\frac{9}{7}$ | | 2.25 | 4.5 | 9 |
| $\frac{9.5}{7}$ | | | | |
| $\frac{10}{7}$ | 1.25 | 2.5 | 5 | 10 |
| $\frac{11}{7}$ | | | 5.5 | 11 |
| $\frac{12}{7}$ | 1.5 | 3 | 6 | 12 |

由上表可见：导程在竖向成等差数列，横向成等比数列，这种组合就决定了车床进刀箱的结构由等差传动比 $i_{基}$ 和等比传动比 $i_{倍}$ 两部分组成。

问：(1)若把 $i_{基}=6.5/7$，$i_{基}=9.5/7$ 去掉，每列的公差是多少？每行的公比为多少？

(2)在导程标准中没有 1.125，2.75 的导程，在 CA6140 车床上能否车这两种螺纹？

解：(1)从左数第一列的公差为 0.125，第二列为 0.25，第三列为 0.5，第四列为 1，每行的公比为 2。

(2)可以。只是标准中没有这种导程，而在 CA6140 上可以挂挡得到这一导程，1.125 位于表中左一列四行，此时 $i_{基}=9/7$，$i_{倍}=1/8$；2.75 位于左二列七行，此时 $i_{基}=11/7$，$i_{倍}=1/4$。

**【例 3】** V 形皮带的公称长度常以内周长为标准，其标准系列为

| | | | | | |
|---|---|---|---|---|---|
| 450 | 500 | 560 | 630 | 710 | 800 |
| 900 | 1000 | 1120 | 1250 | 1400 | 1600 |
| 1800 | 2000 | 2240 | 2500 | 2800 | 3150 |
| 3550 | 4000 | 4500 | 5000 | 5600 | 6300 |
| 7100 | 8000 | 9000 | 10000 | 11200 | 12500 |
| 14000 | 16000 | | | | |

问：V 形带公称长度尺寸系列的公比为多少？

解：数列中的数每项后数 20 个后，所看到的数是原数的 10 倍，例如 450 往后数 20 个数为 4500，所以公比为 $\sqrt[20]{10}\approx 1.12$，而相邻两数之比基本上也是 1.12，因此确认公比为 1.12。

**【例 4】** C620－JX 普通车床主轴最低转速为 31 转/分，最高转速为 1400 转/分，相邻挡的转速比为 $1.414\approx\sqrt{2}$，问：

(1)该机床主轴的转速级数。

(2)各挡转速(r/min)。

解：(1)转速的通项为 $a_1q^{n-1}$

$\therefore 31\times 1.414^{n-1}=1400$

$1.414^{n-1}=\dfrac{1400}{31}=45.16$

$(n-1)\lg 1.414=\lg 45.16$

$n-1=\dfrac{\lg 45.16}{\lg 1.414}=11$

$\therefore n=12$

(2)各挡转速为：31，44，62，88，125，175，250，350，500，700，1000，1400(r/min)。

# 习题四

1. 国家规定优先选用的基本尺寸如下：

| 尺寸范围(mm) | 0.01～0.1 | 0.1～1.0 | 1.0～10 | 10～100 | 100～1000 |
|---|---|---|---|---|---|
| 标准尺寸(mm) | 0.010 | 0.100 | 1.00 | 10.0 | 100 |
| | | 0.125 | 1.25 | 12.5 | 125 |
| | 0.016 | 0.160 | 1.60 | 16.0 | 160 |
| | | 0.200 | 2.00 | 20.0 | 200 |
| | 0.025 | 0.250 | 2.50 | 25.0 | 250 |
| | | 0.315 | 3.15 | 31.5 | 315 |
| | 0.040 | 0.400 | 4.00 | 40.0 | 400 |
| | | 0.500 | 5.00 | 50.0 | 500 |
| | 0.060 | 0.630 | 6.30 | 63.0 | 630 |
| | | 0.800 | 8.00 | 80.0 | 800 |
| | 0.100 | 1.000 | 10.00 | 100.0 | 1000 |

问：(1)优先选用的标准尺寸数列的公比为多少？

(2)每隔多少项进一位？

2. (1)油泵的压力(MPa)分级为：

低压：0.6，0.8，1.25，1.6，2.0，2.5

中低压：2.5，3.2，4.0，5.0，6.3，8

中高压：8，10，12.5，16，20，25，32

超高压：32，40，50，63

问：数列的公比是多少？

(2)油泵的流量($l$/min)分级为：

2.5，4，6.3，10，16，20，25，32，40，50，63，80，100，125，160，200

问数列公比为多大？

(3)油缸的缸径(mm)分级为：8，10，12，16，20，25，32，40，50，63，80，100，125，160，200，250，320，400，500，630

问：①油缸直径尺寸系列的公比为多大？

②油缸油腔的横截面是公比为多大的等比数列？

3. 卧式升降台铣床的有关参数如下表：

**卧式升降台铣床的有关参数表**

| 工作台宽×长 | 铣刀最大圆周力 $F$(N) | 刀轴直径 $d$ (mm) |
|---|---|---|
| 100×400 | 1600 | 13 |
| 125×500 | 2500 | 16 |
| 160×630 | 4000 | |
| 200×800 | 6300 | |
| 250×1000 | 10000 | |
| 320×1250 | 16000 | |
| 400×1600 | 25000 | |
| 500×2000 | 40000 | |

问：(1)工作台宽度数列的公比 $q_B$，长度数列的公比 $q_L$ 各为多少？工作台面积数列是什么数列，其公比 $q_A$ 为多少？

(2)铣刀最大圆周力的数列的公比 $q_F$ 为多少？

(3)经过分析推导，刀轴直径 $d$ 也为等比数列，其公比为 $q_d$.

$q_d=\sqrt[4]{q_F q_B^2}$，求 $q_d$，请将空格中填入正确的数值。

4. C620－JX 主轴最低转速为 31 转/分，公比为 1.414，转速级数为 12，求最高转速。

# 参考答案

1.(1)0.01～0.1 范围内 $q=\sqrt[5]{10}\approx1.6$

其他尺寸数列 $q=\sqrt[10]{10}\approx1.25$

(2)0.01～0.1 范围内,每隔 5 项进一位

其他尺寸数列,每隔 10 项进一位

2.(1)$q=\sqrt[10]{10}\approx1.25$

(2)流量在 2.5－16 $l$/min 间,$q\approx\sqrt[5]{10}\approx1.6$

流量在 20－200 $l$/min 间,$q\approx\sqrt[10]{10}\approx1.25$

(3)①直径数列的公比 $q_d\approx\sqrt[10]{10}\approx1.25$

②横截面 $A=\frac{\pi d^2}{4}$

∴横截面积数列的公比 $q_A=q_d^2\approx1.25^2\approx1.6$

3.(1)$q_B\approx1.25$

工作台面积 $A=B*L$

$q_L\approx1.25$

∴$A$ 的数列的公比 $q_A=q_Bq_L=1.25\times1.25\approx1.6$

(2)$q_F\approx1.6$

(3)$q_d=\sqrt[4]{q_Fq_B^2}\approx\sqrt[4]{1.6\times1.25^2}\approx1.25$

空格中的数分别为 20,25,32,40,50,63

4.1400 转/分

# 第五章 解三角形

## §5.1 锐角的三角函数

如图 5－1 所示，在直角三角形 $ABC$ 中，$\angle C=90°$，$BC=a$，$AC=b$，$AB=c$，则

$\sin A=\frac{a}{c}$

$\cos A=\frac{b}{c}$

$\tan A=\frac{a}{b}$

$\cot A=\frac{b}{a}$

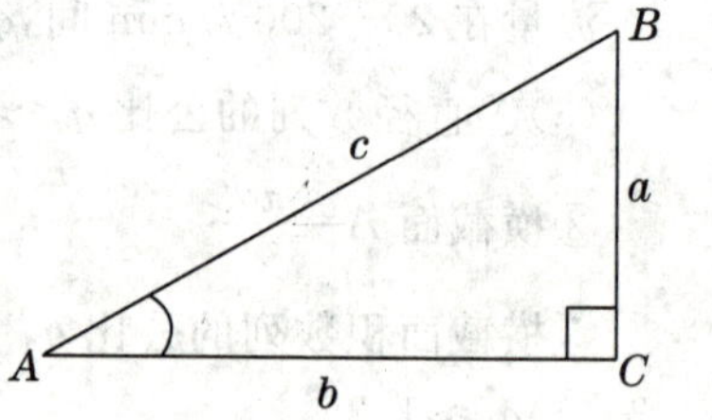


图 5－1

互余两角三角函数的关系：

$\sin A=\cos(90°-A)$　　$\cos A=\sin(90°-A)$

$\tan A=\cot(90°-A)$　　$\cot A=\tan(90°-A)$

同角三角函数的关系：

$\sin^2 A+\cos^2 A=1$　　$\tan A=\frac{1}{\cot A}$

$\tan A=\frac{\sin A}{\cos A}$　　$\cot A=\frac{\cos A}{\sin A}$

特殊角的三角函数值：

| 三角函数值 角度 / 函数 | 0° (0) | 30° ($\frac{\pi}{6}$) | 45° ($\frac{\pi}{4}$) | 60° ($\frac{\pi}{3}$) | 90° ($\frac{\pi}{2}$) |
|---|---|---|---|---|---|
| $\sin\alpha$ | 0 | $\frac{1}{2}$ | $\frac{\sqrt{2}}{2}$ | $\frac{\sqrt{3}}{2}$ | 1 |
| $\cos\alpha$ | 1 | $\frac{\sqrt{3}}{2}$ | $\frac{\sqrt{2}}{2}$ | $\frac{1}{2}$ | 0 |
| $\tan\alpha$ | 0 | $\frac{\sqrt{3}}{3}$ | 1 | $\sqrt{3}$ | 不存在 |
| $\cot\alpha$ | 不存在 | $\sqrt{3}$ | 1 | $\frac{\sqrt{3}}{3}$ | 0 |

# §5.2　任意角的三角函数

任意角的三角函数诱导公式表：

| 角＼函数 | sin | cos | tan | cot |
|---|---|---|---|---|
| $-\alpha$ | $-\sin\alpha$ | $\cos\alpha$ | $-\tan\alpha$ | $-\cot\alpha$ |
| $90°-\alpha$ | $\cos\alpha$ | $\sin\alpha$ | $\cot\alpha$ | $\tan\alpha$ |
| $90°+\alpha$ | $\cos\alpha$ | $-\sin\alpha$ | $-\cot\alpha$ | $-\tan\alpha$ |
| $180°-\alpha$ | $\sin\alpha$ | $-\cos\alpha$ | $-\tan\alpha$ | $-\cot\alpha$ |
| $180°+\alpha$ | $-\sin\alpha$ | $-\cos\alpha$ | $\tan\alpha$ | $\cot\alpha$ |
| $270°-\alpha$ | $-\cos\alpha$ | $-\sin\alpha$ | $\cot\alpha$ | $\tan\alpha$ |
| $270°+\alpha$ | $-\cos\alpha$ | $\sin\alpha$ | $-\cot\alpha$ | $-\tan\alpha$ |
| $360°-\alpha$ | $-\sin\alpha$ | $\cos\alpha$ | $-\tan\alpha$ | $-\cot\alpha$ |
| $360°+\alpha$ | $\sin\alpha$ | $\cos\alpha$ | $\tan\alpha$ | $\cot\alpha$ |

# §5.3 两角和与差的三角函数

基本公式：

**1. 和角公式**

$\sin(\alpha+\beta)=\sin\alpha\cos\beta+\cos\alpha\sin\beta$

$\cos(\alpha+\beta)=\cos\alpha\cos\beta-\sin\alpha\sin\beta$

$\tan(\alpha+\beta)=\dfrac{\tan\alpha+\tan\beta}{1-\tan\alpha\tan\beta}$

**2. 差角公式**

$\sin(\alpha-\beta)=\sin\alpha\cos\beta-\cos\alpha\sin\beta$

$\cos(\alpha-\beta)=\cos\alpha\cos\beta+\sin\alpha\sin\beta$

$\tan(\alpha-\beta)=\dfrac{\tan\alpha-\tan\beta}{1+\tan\alpha\tan\beta}$

**3. 倍角公式**

$\sin2\alpha=2\sin\alpha\cos\alpha$

$\cos2\alpha=\cos^2\alpha-\sin^2\alpha$

$=2\cos^2\alpha-1$

$=1-2\sin^2\alpha$

$\tan2\alpha=\dfrac{2\tan\alpha}{1-\tan^2\alpha}$

# §5.4 解三角形

**1. 直角三角形的几个定理和性质**

(1)勾股定理:若 Rt△$ABC$ 的各边分别为 $a,b,c$($c$ 为斜边),则 $a^2+b^2=c^2$.

(2)勾股定理逆定理:若△$ABC$ 满足 $a^2+b^2=c^2$,则△$ABC$ 为直角三角形,且$\angle C=90°$.

(3)含 30°锐角的直角三角形性质定理:

在直角三角形中,若一个锐角等于 30°,它所对的直角边等于斜边的一半。

(4)Rt△$ABC$ 中,$\angle C=90°$,$\angle A$,$\angle B$,$\angle C$ 所对的边分别为 $a,b,c$。

则$\angle A+\angle B=90°$,$a^2+b^2=c^2$;

$\sin A=\cos B=\dfrac{a}{c}$,$\cos A=\sin B=\dfrac{b}{c}$;

$\tan A=\cot B=\dfrac{a}{b}$,$\cot A=\tan B=\dfrac{b}{a}$;

面积 $S=\dfrac{1}{2}ab=\dfrac{1}{2}ch$;

$\therefore ab=ch$($h$ 为斜边上的高)

**2. 应用举例**

**【例 1】** 如图 5－2 所示,车一球头手柄,(1)若图纸给定 $D$ 和 $L$,求 $d$;(2)若图纸给定 $D$ 和 $d$,求 $L$.

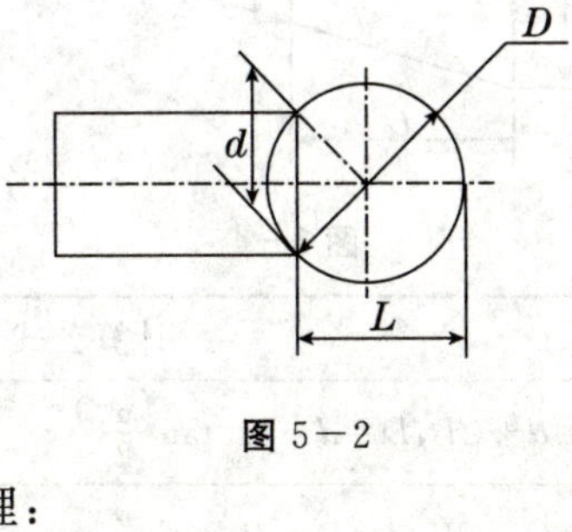


图 5－2

解:(1)由勾股定理:

$$\left(\frac{d}{2}\right)^2=\left(\frac{D}{2}\right)^2-\left(L-\frac{D}{2}\right)^2$$

$$d=2\sqrt{L(D-L)}$$

(2)由 $\left(L-\dfrac{D}{2}\right)^2=\sqrt{\left(\dfrac{D}{2}\right)^2-\left(\dfrac{d}{2}\right)^2}$

得 $L=\frac{1}{2}(D+\sqrt{D^2-d^2})$

**【例 2】** 车一纺锤形零件，图纸给定 $D,d,R$ 尺寸，如图 5－3 所示，求 $L$.

解：$\left(\frac{L}{2}\right)^2=R^2-\left[R-\left(\frac{D}{2}-\frac{d}{2}\right)\right]^2$

$L=\sqrt{(D-d)(4R+d-D)}$

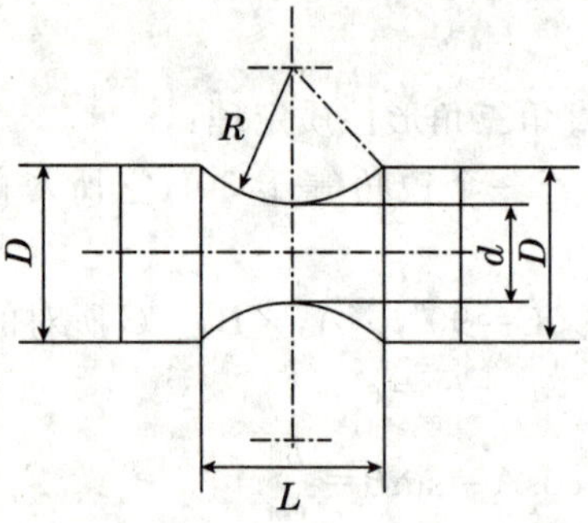


图 5－3

**【例 3】** 图 5－4 所示为一圆锥（工厂通常称圆台为圆锥），并定义锥度 $C=\frac{D-d}{L}$，圆锥角为 $\alpha$，斜角为 $\frac{\alpha}{2}$，斜度 $S=\frac{C}{2}$，请将各参数的计算公式填入表中：

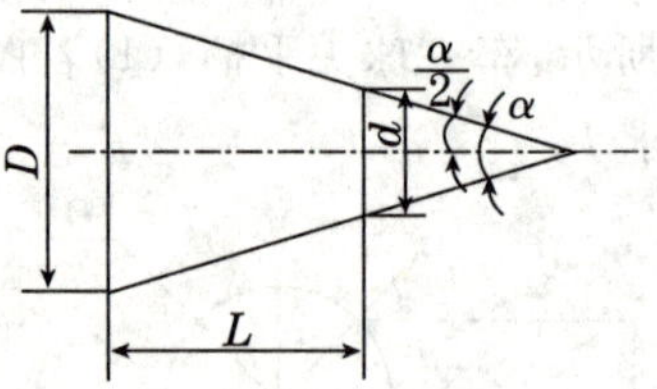


图 5－4

| 参数名称 | 计算公式 |
|---|---|
| 大端直径 $D$ | $D=d+CL, D=d+2L\tan\frac{\alpha}{2}$ |
| 小端直径 $d$ | $d=D-CL, d=D-2L\tan\frac{\alpha}{2}$ |
| 锥度 $C$ | $C=\frac{D-d}{L}, C=2\tan\frac{\alpha}{2}$ |
| 锥体长度 $L$ | $L=\frac{D-d}{C}, L=\frac{D-d}{2\tan\frac{\alpha}{2}}$ |

续表

| 参数名称 | 计算公式 |
| --- | --- |
| 斜度 $S$ | $S=\tan\frac{\alpha}{2}, S=\frac{D-d}{2L}, S=\frac{C}{2}$ |
| 圆锥角 $\alpha$<br>斜角 $\frac{\alpha}{2}$ | $\alpha=2\arctan\frac{D-d}{2L}$，　$\alpha=2\arctan\frac{C}{2}$ |

**【例 4】** 在工程上，常用线锤来检查被测体与自然水平的垂直度，线锤用钢或铜制成，圆锥角为 40°，线锤的大小以质量为标准，当质量为 $Q$ 时，请推导出线锤直径 $D$ 和高度 $h$ 的计算公式。

解：假设线锤由钢制成，

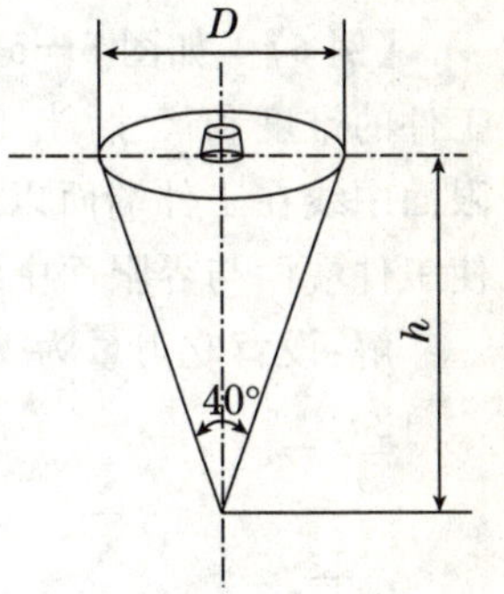


图 5—5

$$Q=V\rho=\frac{1}{3}\pi\frac{D^2}{4}h\rho$$

式中 $Q$ ——线锤的质量(g)

$V$ ——线锤的体积($cm^3$)

$\rho$ ——钢的密度($g/cm^3$)

$D$ ——线锤的底径(cm)

$h$ ——线锤的高度(cm)

而 $h=\frac{\frac{D}{2}}{\tan\frac{40^\circ}{2}}=1.374D$，

$$\therefore Q=\frac{1}{3}\pi\times\frac{D^2}{4}\times1.374D\times7.8$$

$$=\frac{1}{3}\times3.1416\times\frac{D^2}{4}\times1.374D\times7.8$$

$D=2\times\sqrt[3]{0.04455Q}$，

$h=1.374D$

$=2.748\times\sqrt[3]{0.04455Q}$

用同样的方法求用铜件制成线锤的直径：

$D=2\times\sqrt[3]{0.039Q}$

$h=1.374D$

$=1.374\times2\times\sqrt[3]{0.039Q}$

$=2.748\times\sqrt[3]{0.039Q}$

**【例 5】** 现要车一重量为 850 克的钢制线锤，求线锤直径 $D$ 和高度 $h$.

解：$D=2\times\sqrt[3]{0.04455Q}$

$=2\times\sqrt[3]{0.04455\times850}$

$=6.72(\text{cm})$

$=67.2$

$h=2.748\times\sqrt[3]{0.04455Q}$

$=2.748\times\sqrt[3]{0.04455\times850}$

$=9.23(\text{cm})$

$=92.3$

**【例 6】** 如图 5－5 所示，在车削外锥工件时，一般用环规（套规）检验工件的锥度和尺寸，当工件锥度已校准而尺寸还没符合要求时（套规的界限面中线在工件端面以外），这时还必须车一刀，那么，究竟应车去多深才使工件端面与界限面中线对齐？（已知工件锥度为 $c=1:10$，$a=12$）

解：设背吃刀量为 $a_p$

$$\frac{2a_p}{a}=c$$

$$a_p=\frac{ac}{2}$$

所车工件锥度 $c=1:10$，

工件端面至界限面距离 $a=12$，

那么，背吃刀量

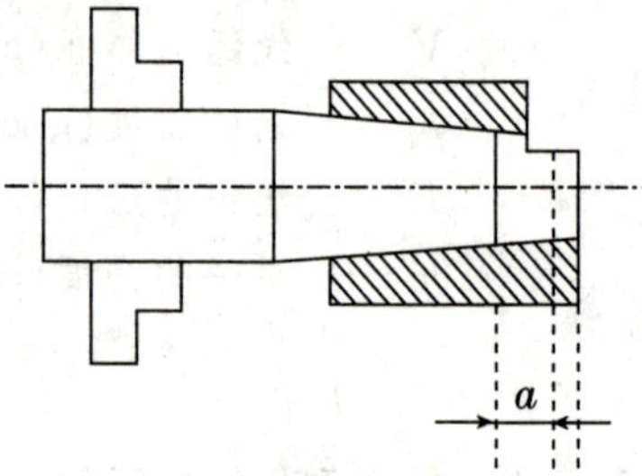


图 5－6

$$a_p=\frac{ac}{2}=\frac{12\times\frac{1}{10}}{2}=0.6$$

**【例 7】** 图 5－7 所示为一正弦规，它用来测量圆锥体斜角，将正弦规放在平板上，工件放在正弦规上，下端用块规垫上，直到百分表在两端读数相同，这时测出块规高度 $H$，就可计算出工件的锥角，请计算之。

解：设正弦规之圆柱直径为 $d_p$

$$\sin\alpha=\frac{H+\frac{d_p}{2}-\frac{d_p}{2}}{L}=\frac{H}{L}$$

式中 $\alpha$ ——圆锥体锥角

$H$——块规高度或两端高度差

$L$ ——正弦规的中心距

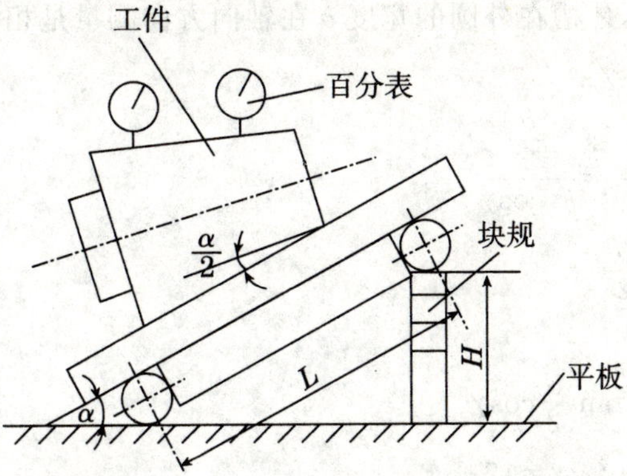


图 5－7

例如：$H=8, L=200$，

则 $\sin\alpha=\frac{8}{200}=0.04$

$\alpha=2.29°$

再如：$L=200$，$\alpha=6.5°$，

则 $H=L\sin\alpha$

$=200\times\alpha\sin6.5°$

$=22.64$

**【例 8】** 如图 5－8 所示，在车螺纹时，为了使牙型角准确，一般把车刀的前角磨成 0°，但是为了切削顺利，有时也磨出前角 $\gamma$，这时刀尖角 $\alpha$ 就需要修正，那么修正后刀尖角 $\alpha_{刀}$ 为多大？

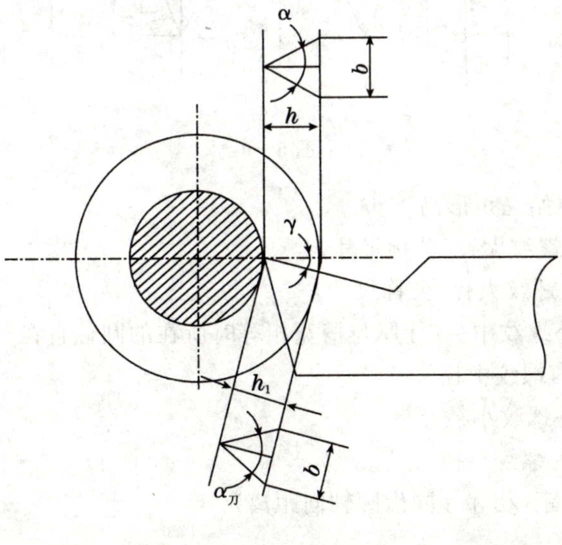


图 5－8

解：如图示，牙槽在外圆的宽度 $b$ 在轴向方向测量是相等的，

而 $h \approx h_1 \cos\gamma$

$$\tan\frac{\alpha}{2}=\frac{\frac{b}{2}}{h}=\frac{\frac{b}{2}}{h_1\cos\gamma}$$

$$\tan\frac{\alpha_{刀}}{2}=\frac{\frac{b}{2}}{h_1}$$

$$\therefore \tan\frac{\alpha_{刀}}{2}=\tan\frac{\alpha}{2}\cos\gamma$$

例如：$\alpha=60°$，$\gamma=12°$，

则 $\tan\frac{\alpha_{刀}}{2}=\tan30°\times\cos12°$

$\alpha_{刀}=58.88°$

$=58°53'$

**【例 9】** 普通螺纹的基本尺寸是由等边三角形（称原始三角形）经演变、计算后获得，尺寸代号意义如图 5－9 所示。

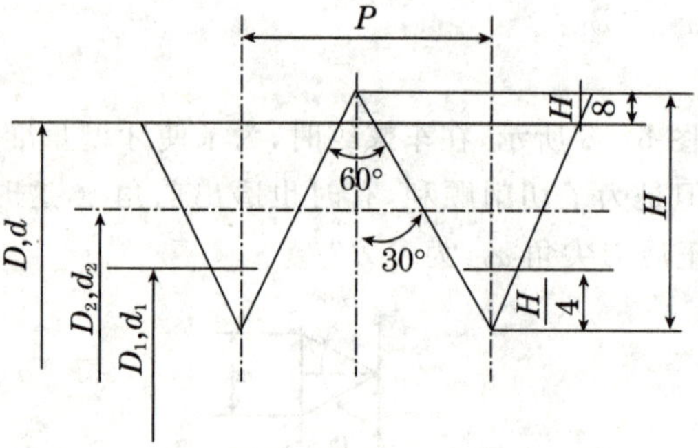


图 5－9

$H$——原始三角形高

$d$——外螺纹大径（公称尺寸）

$D$——内螺纹大径（公称尺寸）

$d_2$——外螺纹中径（牙厚与槽宽相等时所在的圆柱直径）

$D_2$——内螺纹中径

$d_1$——外螺纹小径

$D_1$——内螺纹小径

$P$——螺距（相邻牙同齿廓轴向距离）

已知：螺距 $P, d, D$，求其他尺寸

解：$H = P\cos 30^\circ = \frac{\sqrt{3}}{2}P$

$= 0.866P$

$d_2 = d + 2\times\frac{H}{8} - 2\times\frac{H}{2}$

$= d - \frac{3}{4}H = d - 0.6495P$

$D_2 = D - \frac{3}{4}H$

$= D - 0.6495P$

$d_1 = d + 2\times\frac{H}{8} - 2H + 2\times\frac{H}{4}$

$= d - \frac{5}{4}H$

$= d - 1.08P$

$D_1 = D - \frac{5}{4}H$

$= D - 1.08P$

**【例 10】** 如图 5－10 所示，标准齿轮的齿数为 $Z$，模数为 $m$，其分度圆直径 $d = mZ$，牙齿在分度圆上所截得的弧长 $S$ 为分度圆的弧齿厚，对于标准齿轮，分度圆齿槽弧与牙齿上的弧是相等的，所对之圆心角 $\alpha$ 也相等，$\alpha = \frac{2\pi}{2Z} = \frac{\pi}{Z}$，标准齿轮齿顶圆直径 $D = d + 2m$，齿顶高 $h = m$，但是，弧齿厚是无法测量的，而测其弦齿厚 $\overline{S}$，求弦齿厚 $\overline{S}$，对应的弦齿高 $\overline{h}$.

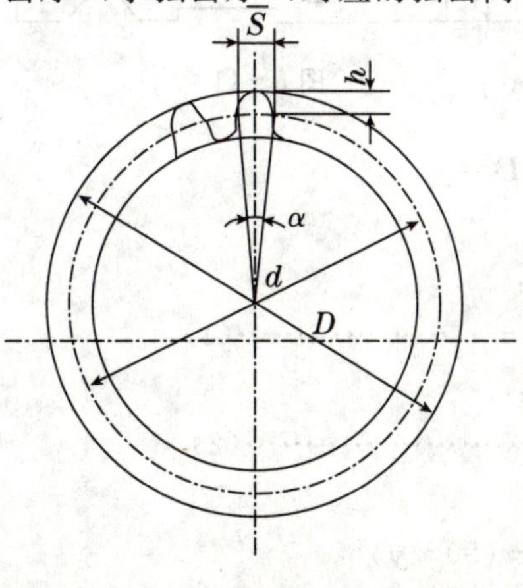


图 5－10

解：$\overline{S}=2\times\frac{d}{2}\sin\frac{\alpha}{2}=d\sin\frac{\pi}{2Z}=mZ\sin\frac{\pi}{2Z}$

$$\overline{h}=\frac{D}{2}-\sqrt{\left(\frac{d}{2}\right)^2-\left(\frac{\overline{s}}{2}\right)^2}$$

$$=\frac{m(Z+2)}{2}-\sqrt{\left(\frac{mZ}{2}\right)^2-\left(\frac{mZ\sin\frac{\pi}{2Z}}{2}\right)^2}$$

$$=\frac{m(Z+2)}{2}-\frac{mZ}{2}\sqrt{1-\sin^2\frac{\pi}{2Z}}$$

$$=\frac{m(Z+2)}{2}-\frac{mZ}{2}\cos\frac{\pi}{2Z}$$

$$=m\left[1+\frac{Z}{2}\left(1-\cos\frac{\pi}{2Z}\right)\right]$$

**【例 11】** 如图 5－11 所示，箱体的 3 个孔 $A,B,C$，先镗好 $B$ 孔，再镗 $A$ 孔，$C$ 孔，当镗 $C$ 孔时，应算出 $CD,BD$ 尺寸，请计算。

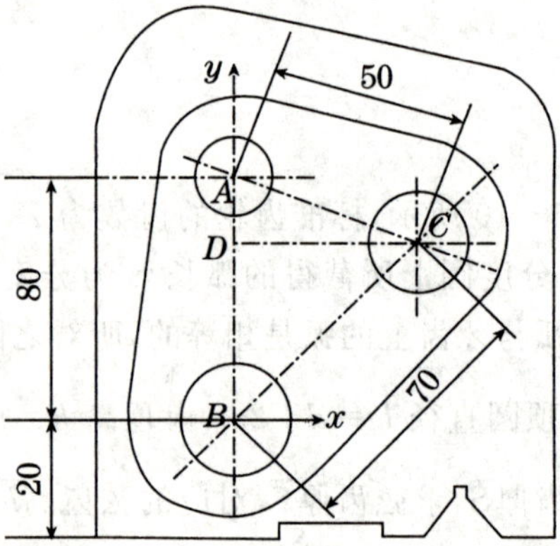


图 5－11

解：设 $CD=x,BD=y$

则 $AD=BA-y$

在 Rt△$ACD$ 中：

$AC^2=(80-y)^2+x^2$ ………………(1)

在 Rt△$BCD$ 中：

$BC^2=y^2+x^2$ ……………………(2)

(2)－(1)得：

$BC^2-AC^2=y^2-(80-y)^2$

$70^2-50^2=y^2-6400+160y-y^2$

$\therefore 160y=8800$

$y=55$

将 $y=55$ 代入(2)求得 $x=\sqrt{1875}\approx 43.30$

$CD=43.30, BD=55$

**【例 12】** 图 5－12 所示为用三爪定心卡盘装夹正方形的示意图，其中一个爪装在带有槽宽为 $S$ 的 V 形块上，该卡爪径向方向退后 $n$ 个平面螺距(平面螺纹的螺距为 $p$)，求 V 形块尺寸 $h$.

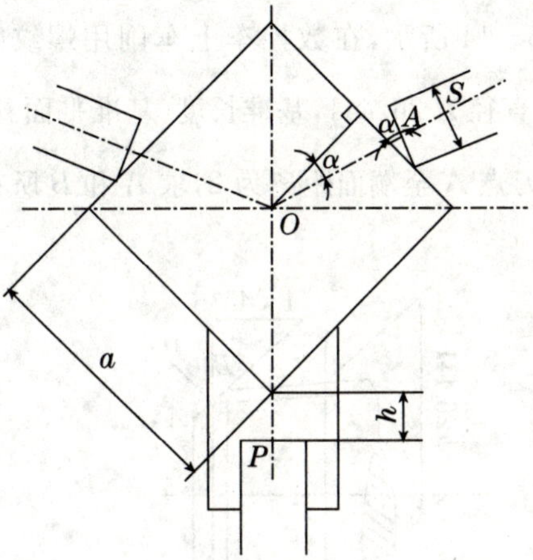


图 5－12

解：由图可知：$\alpha=15°$

$$OP=\frac{\sqrt{2}}{2}a+h$$

$$OA=\frac{\frac{a}{2}}{\cos 15°}+\frac{S}{2}\tan 15°$$

$$OP-pn=OA$$

$$\therefore \frac{\sqrt{2}}{2}a+h-pn$$

$$=\frac{\frac{a}{2}}{\cos 15°}+\frac{S}{2}\tan 15°$$

$$h=\frac{\frac{a}{2}}{\cos 15°}-\frac{\sqrt{2}}{2}a+\frac{S}{2}\tan 15°+pn$$

$$=-0.189a+0.134S+pn$$

【例 13】 如图 5—13 所示，在数控车床上用圆棒料车锥面时，每进一刀 $a_p$ 背吃刀量时，轴向进给 $s$，已知圆锥大小端直径分别为 $D$ 和 $d$，长度为 $L$，求 $s$ 与 $a_p$，$D$，$d$，$L$ 的关系式。

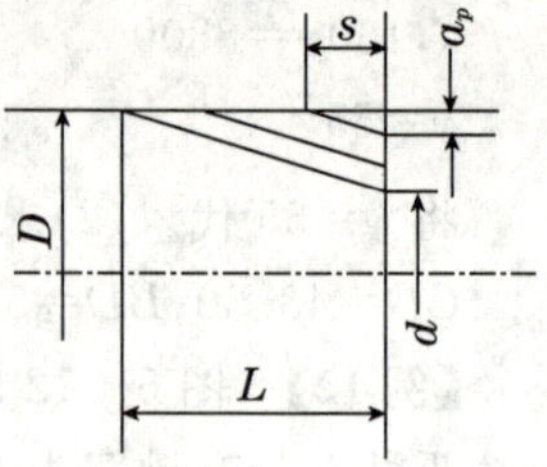


图 5—13

解：$\frac{a_p}{s}=\frac{D-d}{2L}$

$\therefore s=\frac{2La_p}{D-d}$

【例 14】 如图 5—14 所示，在数控车上车削用螺纹密封的圆锥外螺纹 $R\frac{3}{4}$ 时，其基准平面直径为 26.441，基准长度(基准平面到端面的距离)为 9.5，倒角为 1×45°，起刀点 $A$ 至端面距离为 2，求 $A$ 和 $B$ 所在圆的直径。(螺纹锥度为 1∶16)

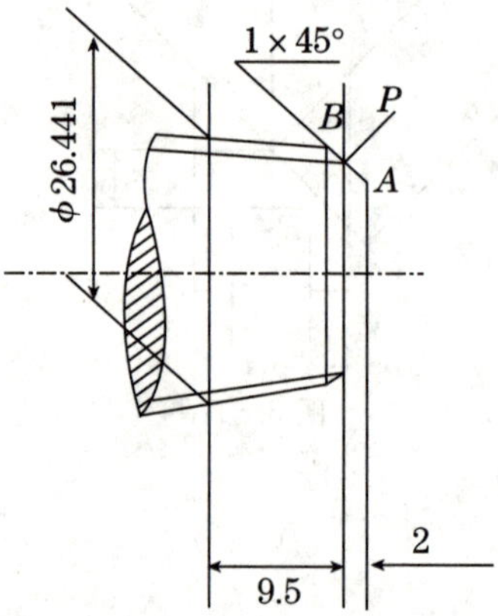


图 5—14

解：设点 $A$ 和点 $B$ 所在圆的直径分别为 $d_A$ 和 $d_B$，则 $\frac{26.441-d_B}{9.5-1}=\frac{1}{16}$

$d_B=26.441-\frac{8.5}{16}$

$=25.91$

$\frac{d_B-d_A}{2}=(1+2)\tan45°$

$\frac{25.91-d_A}{2}=3\times1$

$d_A=19.91$

【例 15】 在数控车床上车台阶轴时，若刀尖低于主轴中心时，是否影响其台阶轴的直径差？

已知:要车削的台阶轴直径分别为 $D$ 和 $d$,在直径为 $d$ 的横断面上刀尖的位置如侧视图(图 5－15)所示,低于主轴中心线 $h$ 值,此时实际所车之直径为 $2r_1$,设 $d_1=2r_1$

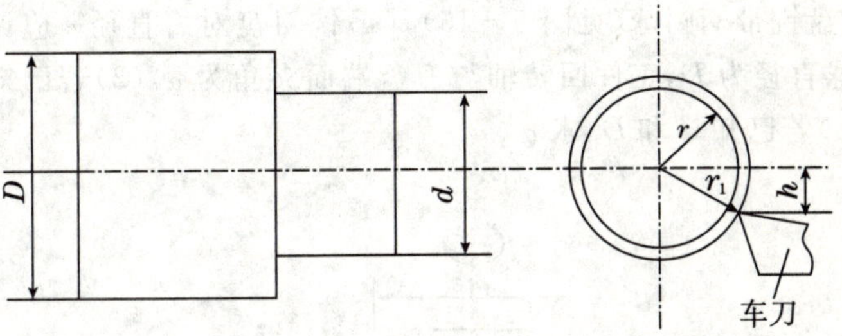


图 5－15

$$r_1=\sqrt{r^2-h^2}=\sqrt{\left(\frac{d}{2}\right)^2+h^2}$$

$$d_1=\sqrt{d^2+4h^2}$$

$$=d\sqrt{1+\frac{4h^2}{d^2}}$$

$$\approx d\left(1+\frac{2h^2}{d^2}\right)$$

(注:$\because 4h^2\ll d^2$)

$$\therefore\sqrt{1+\frac{4h^2}{d^2}}\approx 1+\frac{2h^2}{d^2}$$

同理可得在直径为 $D$ 的实际车削直径 $D_1\approx D\left(1+\frac{2h^2}{d^2}\right)$

此时台阶的直径差 $D_1-d_1=D+\left(1+\frac{2h^2}{d^2}\right)-d\left(1+\frac{2h^2}{d^2}\right)$

$$=(D-d)-2h^2\left(\frac{1}{d}\right)-\frac{1}{D}$$

结论:在数控车床上车台阶轴时,刀尖低于(或高于)主轴中心,则车出台阶的直径差比设定的要小,小的数值近似于 $2h^2\left(\frac{1}{d}-\frac{1}{D}\right)$。

# 习题五

1. 用铣刀盘铣带柄圆球(见图 5—16),(1)铣刀盘对刀直径 $e$ 应调整多大?(已知球直径为 $D$,工件回转轴与刀盘端面夹角为 $\alpha$)(2)若已知 $d$ 和 $L$,求 $\alpha$.(3)若已知 $d$ 和 $D$,求 $\alpha$.

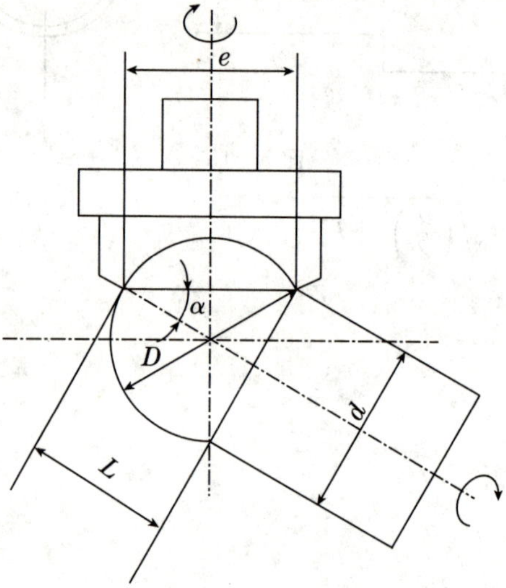


图 5—16

2. 用铣刀铣轴上的键槽时(见图 5—17),轴的直径为 $D$,键槽宽度为 $B$,测量深度为 $h$,求切削深度 $y$.
3. 钻沉孔时,刀具的行程应为多大?(已知沉孔直径为 $D$,底孔直径为 $d$,刀具顶角为 $\alpha$)

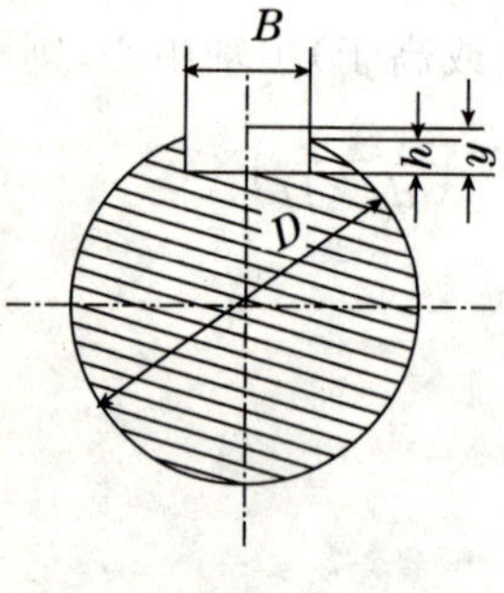


图 5—17

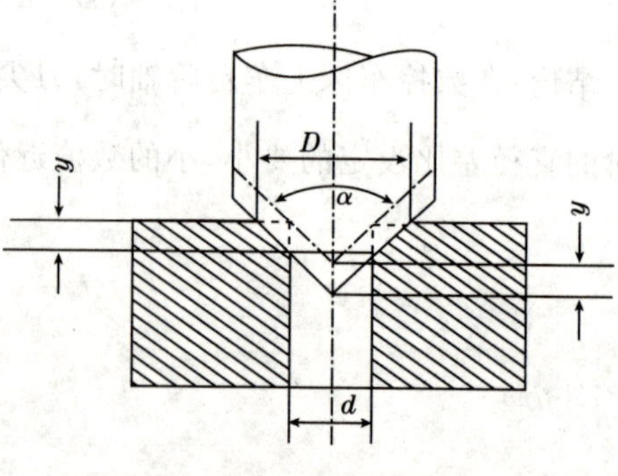


图 5—18

4. 在圆柱体直径为 $D$ 的表面上铣一浅的螺旋槽，其螺旋角为 $\beta$(见图 5－19)，求导程 $S$.

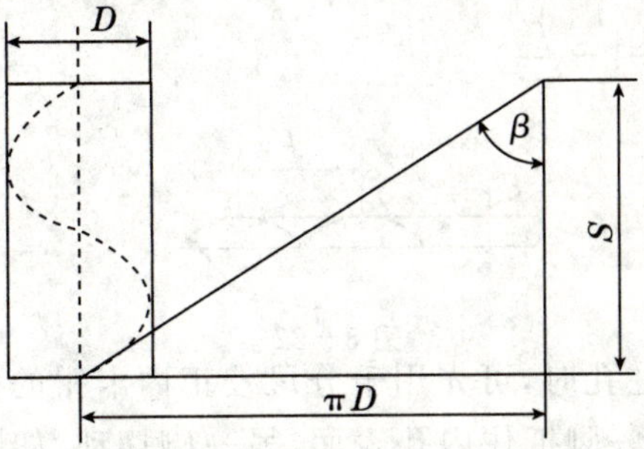


图 5－19

5. 有的螺纹车削后需镀一层金属用作防锈，如镀铜、镀铬、镀锌等，这就要求车削后的螺纹中径要小于规定值，若镀层厚为 $B$，螺纹牙型角为 $\alpha$，(见图 5－20)那么中径的减少量 $\Delta$ 为多少？

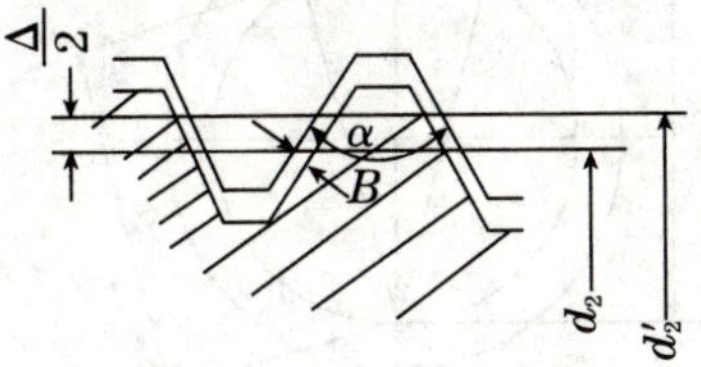


图 5－20

6. 图 5－21 所示为 1730 多刀半自动车床主轴前支承示意图，靠调整垫的厚度调整主轴与轴瓦的配合间隙，设当 $H=10$ 时，轴瓦与主轴的径向间隙为 0(无间隙)，要想获得径向间隙为 0.04，调整垫的厚度应为多少？(已知主轴与轴瓦配合面的锥度为 1∶20)

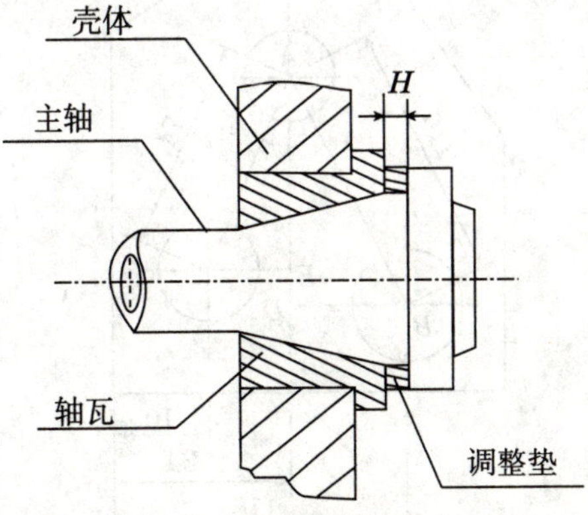


图 5－21

7. 车削时，车刀的刀尖圆弧半径 $r$(mm)和进刀量 $f$(mm/r)的大小直接影响表面的粗糙度 $R_Z$(单位为 $\mu$)，(见图 5－22)已知 $r,f$，求 $R_Z$.

(提示：$\sqrt{1-\frac{f^2}{4r^2}}\approx 1-\frac{f^2}{8r^2}$)

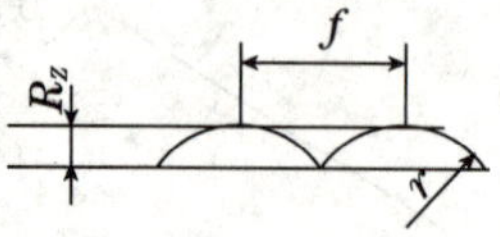


图 5－22

8. 用内卡钳测量圆柱孔时，可先用千分尺校正内卡钳的张开尺寸，然后将内卡钳放在孔中，一脚抵住内孔表面，另一脚摆动，如图 5－23 所示，设摆动量为 $L$，内卡钳张开尺寸为 $d$，那么孔的实际尺寸 $D$ 为多大？假如卡钳的张开尺寸 $d=50$，摆动量 $L=6$，求 $D$.

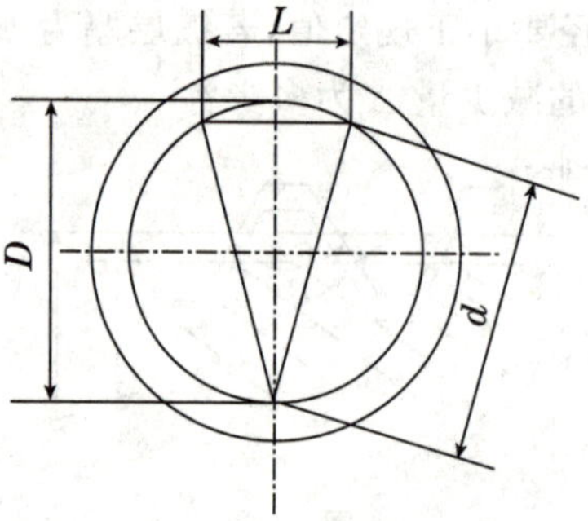


图 5－23

9. 如图 5－24 所示，此小型箱体工件安装在花盘上加工，先钻镗好 $C$ 孔，然后移动工件加工 $A$、$B$ 两孔，请计算加工 $A$、$B$ 孔的水平移动和垂直移动尺寸。

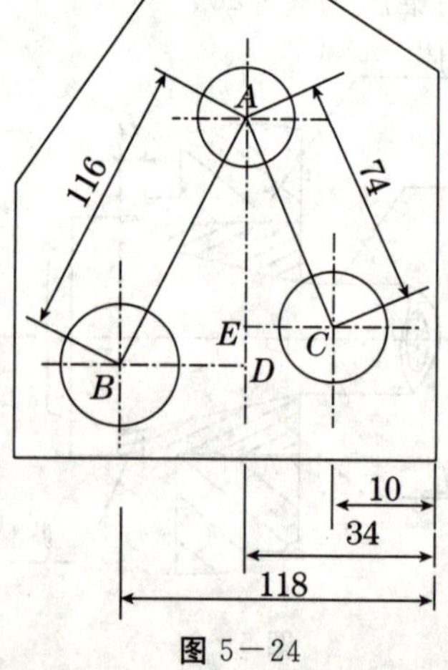


图 5－24

10. 如图 5－25 所示，链条节距为 $P$，链轮齿数为 $Z$，求链轮分度圆直径 $d$.

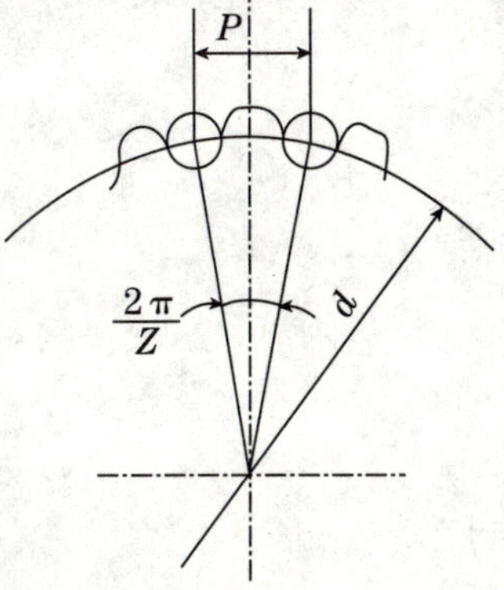


图 5－25

11. 用手动进给车削圆球时，可把坯料车成台阶形，如图 5－26，然后将球体以外多余的几个角车去，成形修光即可。台阶宽度 $b$ 可以由自己分挡并与直径相对应。假设球的直径为 $D$，台阶端面到球心距离为 $b$，则 $d=\sqrt{D^2-4b^2}$，求图示的 3 个台阶的直径 $d$ 值。

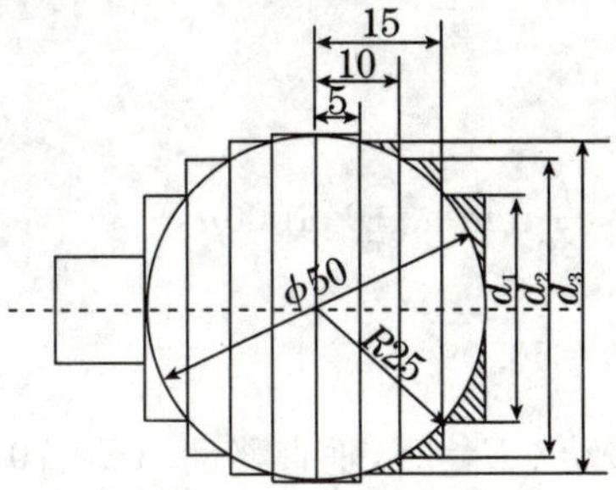


图 5－26

# 参考答案

1. (1)$e=D\cos\alpha$

(2)$\alpha=\arctan\dfrac{d}{2L}$

(3)$\alpha=\dfrac{1}{2}\arcsin\dfrac{d}{D}$

2. $y=h+a$

$a=\dfrac{D}{2}-\sqrt{\left(\dfrac{D}{2}\right)^2-\left(\dfrac{B}{2}\right)^2}$

3. $y=\dfrac{D-d}{2\tan\dfrac{\alpha}{2}}$

4. $S=\dfrac{\pi d}{\tan\beta}$

5. $\triangle=\dfrac{2B}{\sin\dfrac{\alpha}{2}}$

6. 10.8

7. $R_Z=r-r\sqrt{1-\dfrac{f^2}{4r^2}}\approx\dfrac{f^2}{8r}\text{mm}=\dfrac{f^2}{8r}\times1000\mu$

8. $D=d\sqrt{\dfrac{4d^2}{4d^2-L^2}}$，$D=50.09$

9. 加工 $A$ 孔时，水平移动 $CE=24$，垂直移动 $AE=70$

加工 $B$ 孔时，由 $A$ 孔水平移动 $DB=84$，垂直移动 $AD=80$

10. $d=\dfrac{p}{\sin\dfrac{\pi}{Z}}$

11.

| $b$ | 5 | 10 | 15 |
|---|---|---|---|
| $d$ | 48.99 | 45.93 | 40.00 |

# §5.5　解斜三角形及其应用

**1. 正弦定理**

在任意三角形中，各边与它所对角的正弦之比相等，并且都等于三角形外接圆的直径。即：$\frac{a}{\sin A}=\frac{b}{\sin B}=\frac{c}{\sin C}=2R$

证明：如图 5－26 所示，过 $B$ 点作外接圆之直径 $BA'$，连接 $A'C$，则$\angle BA'C=\angle A$，

$\angle BCA'=90°$

$\therefore \sin A'=\frac{a}{2R}$

$\therefore \frac{a}{\sin A}=2R$

同理$\frac{b}{\sin B}=2R$，$\frac{c}{\sin C}=2R$

$\therefore \frac{a}{\sin A}=\frac{b}{\sin B}=\frac{c}{\sin C}=2R$

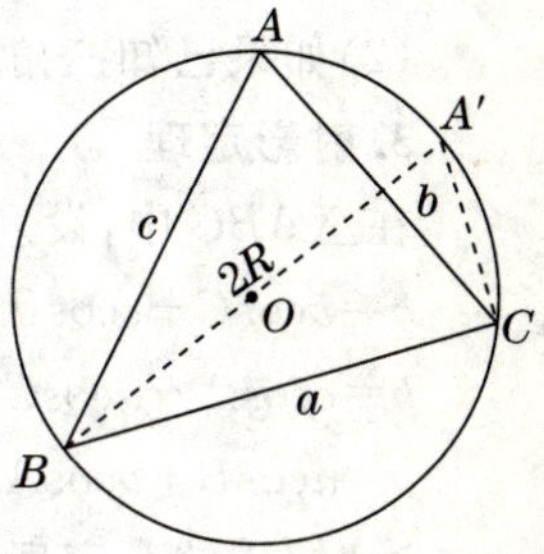


图 5－27

正弦定理揭示了三角形中各个角与对应边的关系，利用正弦定理求三角形未知元素，主要有两种情形：

(1)如果已知其任意两个角和一条边，就可以计算出其他元素。

(2)如果已知其任意两条边和一条边的对角，就可以计算出其他元素。

**2. 余弦定理**

在任意三角形中，任何一边的平方等于其他两边的平方和，减去这两边与它们夹角的余弦的乘积的 2 倍，即：

$a^2=b^2+c^2-2bc\cos A$

$b^2=a^2+c^2-2ac\cos B$

$c^2=a^2+b^2-2ab\cos C$

证明：如图 5－27 所示，作 $CD\perp AB$，令 $CD=h$，

在$\triangle BCD$ 中，$a^2=h^2+BD^2$……………………(1)

在$\triangle ACD$ 中，$h^2=b^2-(b\cos A)^2$…………………(2)

$AD=b\cos A$

$BD=c-AD=c-b\cos A$………………………(3)

将(2)、(3)代入(1)

$a^2=b^2-(b\cos A)^2+(c-b\cos A)^2$

$=b^2-b^2\cos^2A+c^2-2bc\cos A+b^2\cos^2A$

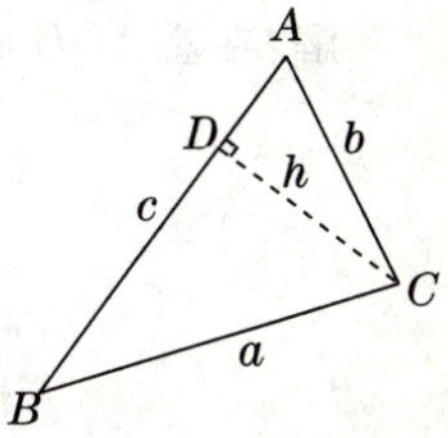


图 5－28

$=b^2+c^2-2bc\cos A$

同理：$c^2=a^2+b^2-2ab\cos C$

$b^2=a^2+c^2-2ac\cos B$

余弦定理揭示的是三角形两边及其夹角和另一边的关系，利用余弦定理求三角形的未知元素，主要有以下两种情形：

(1)如果已知三角形的两边及其夹角(或其中一角)就可计算出其他元素。

(2)如果已知三角形的三条边，就可以计算出其他元素。

**3. 射影定理**

在$\triangle ABC$中，设$\angle A$、$\angle B$、$\angle C$的对边分别为$a$、$b$、$c$，则

$a=b\cos C+c\cos B$

$b=c\cos A+a\cos C$

$c=a\cos B+b\cos A$

有时，用这个定理解题非常方便。

**4. 常用三角形面积公式**

在$\triangle ABC$中，设$\angle A$、$\angle B$、$\angle C$的对边分别为$a$、$b$、$c$；$a$、$b$、$c$边上的高分别为$h_a$、$h_b$、$h_c$；$s=\dfrac{a+b+c}{2}$(半周长)；$S_{\triangle ABC}$为三角形面积。则

$$S_{\triangle ABC}=\frac{1}{2}ah_a=\frac{1}{2}bh_b=\frac{1}{2}ch_c$$

$$S_{\triangle ABC}=\frac{1}{2}ab\sin C=\frac{1}{2}bc\sin A=\frac{1}{2}ca\sin B$$

$$S_{\triangle ABC}=\sqrt{s(s-a)(s-b)(s-c)}\text{(海伦公式)}$$

**【例 1】** 车削如图 5－29 所示的球头，求$d$,$h$.

解：在$\triangle AOB$中，$\dfrac{AO}{\sin\angle ABO}=\dfrac{BO}{\sin\angle BAO}$

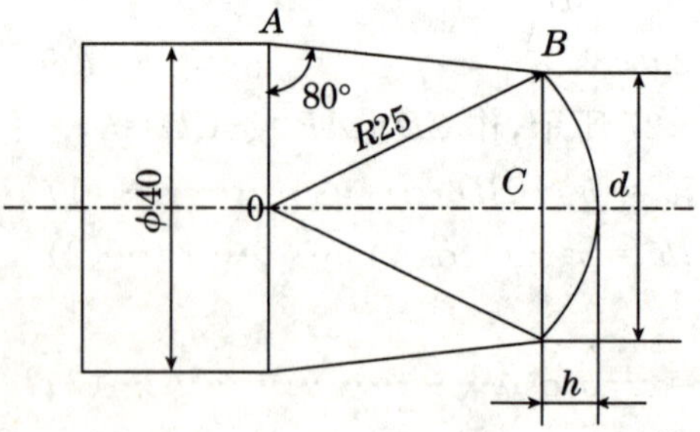


图 5－29

$$\frac{20}{\sin\angle ABO}=\frac{25}{\sin 80^\circ}$$

$\therefore \sin\angle ABO=\frac{20\sin 80^\circ}{25}=0.7878$

$\angle ABO=51.98^\circ$

$\angle AOB=180^\circ-80^\circ-51.98^\circ=48.02^\circ$

$\therefore \angle BOC=90^\circ-48.02^\circ=41.98^\circ$

$d=2\times OB\sin\angle BOC=2\times 25\times \sin 41.98^\circ=33.44$

$h=OB-OC=25-25\times\cos 41.98^\circ=6.42$

**【例 2】** 如图 5－30 所示，在箱体上镗孔 $A$、$B$、$C$，先镗 $C$ 孔，而后按坐标尺寸(30,57.66)镗 $A$ 孔，求 $B$ 孔的坐标尺寸。

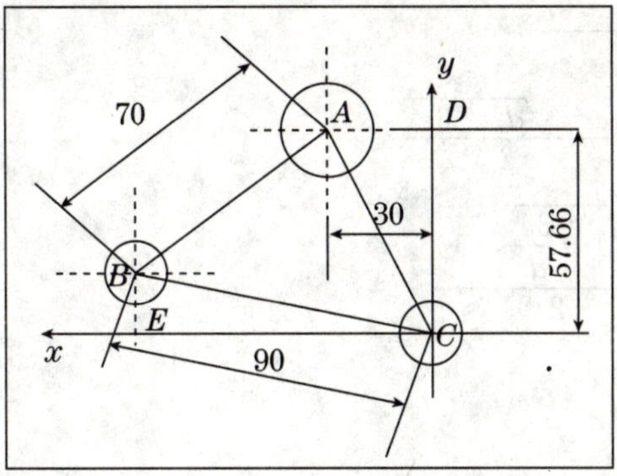


图 5－30

解：$AC=\sqrt{CD^2+AD^2}=\sqrt{30^2+57.66^2}=65$

$\cos\angle ACB=\frac{AC^2+BC^2-AB^2}{2AC\times BC}=\frac{65^2+90^2-70^2}{2\times 65\times 90}=0.6346$

$\therefore \angle ACB=50.6^\circ$

$\sin\angle ACD=\frac{AD}{AC}=\frac{30}{65}=0.4615$

$\therefore \angle ACD=27.49^\circ$

$\therefore \angle BCE=90^\circ-\angle ACD-\angle ACB$

$=90^\circ-27.49^\circ-50.6^\circ=11.91^\circ$

$BE=BC\sin\angle BCE=90\times\sin 11.91^\circ=18.57$

$CE=BC\cos\angle BCE=90\times\cos 11.91^\circ=88.06$

$B$ 孔的坐标为(88.06,18.57)。

**【例 3】** 如图 5－31 所示，用三爪卡盘车偏心件时，将一个爪垫一垫块，欲车偏心为 $e$ 的外圆，被夹持部分的直径为 $d$，问垫块厚度 $h$ 为多大？

解：车床回转中心为 $O$，被夹持后圆的中心为 $O_1$，$OO_1=e$，$OB=\frac{d}{2}+h-e$

令 $OB=x$，则 $OA=OB=x$，连接 $AO_1$，

在 $\triangle AOO_1$ 中：$OA=x$，$OO_1=e$，

$O_1A=\frac{d}{2}$，$\angle AOO_1=60°$

$\therefore (\frac{d}{2})^2=x^2+e^2-2xe\cos 60°$

$=x^2+e^2-2xe$

$x=\frac{e\pm\sqrt{d^2-3e^2}}{2}$（$\because d$ 比 $e$ 大，$\therefore$ 负号舍去）

$\therefore x=\frac{e+\sqrt{d^2-3e^2}}{2}$

即 $\frac{d}{2}+h-e=\frac{e+\sqrt{d^2-3e^2}}{2}$

$h=\frac{3}{2}e+\frac{d(\sqrt{1-\frac{3e^2}{d^2}}-1)}{2}$

$\approx 1.5e(1-\frac{e}{2d})$

$\approx 1.5e$

（注：$\sqrt{1-\frac{3e^2}{d^2}}\approx 1-\frac{3e^2}{2d^2}$）

$\therefore h\approx 1.5e$

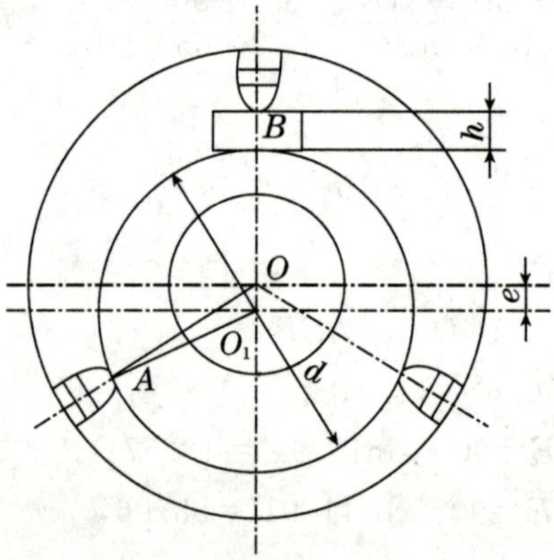


图 5－31

即垫块的厚度应为偏心距的 1.5 倍，或

用 $1.5e(1-\frac{e}{2d})$计算。($\frac{e}{2d}$的值很小)

注：(1)用本方法车偏心适用于小偏心($e\leqslant 6$)。

(2)用本方法车偏心后需修正，修正量 $\Delta h=\pm 1.5\Delta e$($\Delta e$ 为偏心误差)，偏心距比要求大时取负号。

本题也可用正弦定理解。

**【例 4】** 如图 5－32 所示为不带圆弧的车刀车外圆的示意图，已知进刀量为 $f$(mm/r)，主偏角为 $\varphi_1$，副偏角为 $\varphi_2$，求残留高度 $R_Z$.

解：工件每转一转，刀具移动 $f$ mm，(从 $A$ 移向 $B$ 点)，这样就残留为$\triangle ABC$

$$\frac{BC}{\sin\varphi_1}=\frac{f}{sin[180°-(\varphi_1+\varphi_2)]}$$

$$=\frac{f}{\sin(\varphi_1+\varphi_2)}$$

$$\therefore BC=\frac{f\sin\varphi_1}{\sin(\varphi_1+\varphi_2)}$$

$$R_Z=BC\sin\varphi_2=\frac{f\sin\varphi_1\sin\varphi_2}{\sin(\varphi_1+\varphi_2)}(\text{mm})$$

$$=\frac{1000f\sin\varphi_1\sin\varphi_2}{\sin(\varphi_1+\varphi_2)}(\mu)$$

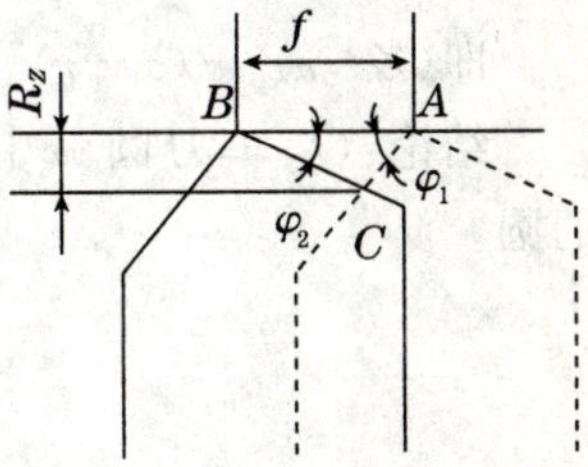


图 5－32

**【例 5】** 图 5－33 所示为在数控车床上车削球面的示意图，工件绕 $Z$ 轴回转，车刀沿工件圆弧从 $Z$ 轴向 $x$ 轴方向移动，圆弧的半径为 $R$，车刀的切削刃为以 $O_1$ 点为圆心，$r$ 为半径的圆弧。其假想刀尖 $P$ 点是在与半径为 $r$ 的圆的两条切线的交点上，且这两条切线分别平行于 $x$ 轴与 $Z$ 轴。如果按假想刀尖 $P$ 沿工件圆弧 $AB$ 移动，那么车刀圆弧中心 $O_1$ 点的轨迹如何？

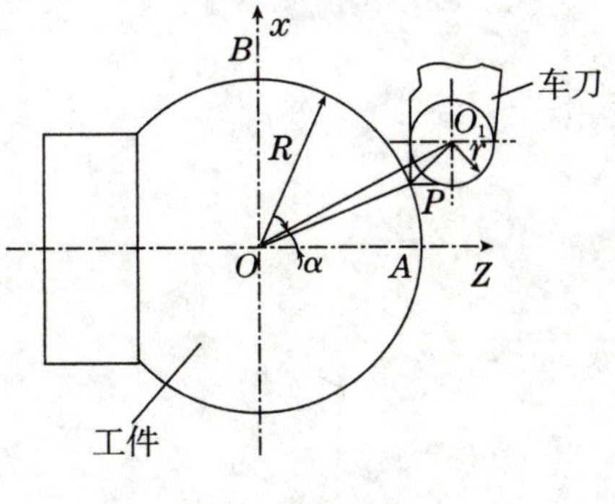


图 5－33

解：设车刀假想刀尖从 $A$ 点走过$\overset{\frown}{AP}$，$\overset{\frown}{AP}$所对圆心角为 $\alpha$

则 $O_1$ 点的 $Z$ 坐标 $Z=op\cos\alpha+r$

$$=R\cos\alpha+r \quad \cdots\cdots(1)$$

$O_1$ 点的 $X$ 坐标 $X=op\sin\alpha+r$

$$=R\sin\alpha+r \quad \cdots\cdots(2)$$

由(1)得 $Z-r=R\cos\alpha$ $\cdots\cdots(3)$

由(2)得 $X-r=R\sin\alpha$ $\cdots\cdots(4)$

$(3)^2+(4)^2$：$(Z-r)^2+(X-r)^2$

$=R^2\cos^2\alpha+R^2\sin^2\alpha$

$=R^2(\cos^2\alpha+\sin^2\alpha)$

$=R^2$

即 $(Z-r)^2+(x-r)^2=R^2$

结论：$O_1$ 车刀圆弧中心点的轨迹为以 $(r,r)$ 点为圆心，以 $R$ 为半径的圆。

# 习题六

1. 如图 5－34 所示，已知 3 孔中心 $A$、$B$、$C$，$AB=70$，$BC=55$，$\angle ACB=30°$，求 $AC$.

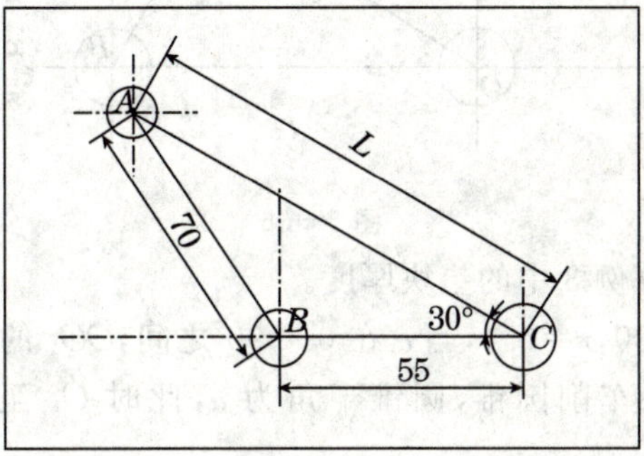


图 5－34

2. 用三爪卡盘车偏心轴，已知工件被夹持部分的直径 $d=60$，被车削部分与被夹持部分的偏心距 $e=5$，那么，在其中的一个爪上应垫多厚的垫块？若按计算的垫块厚度车出的偏心为 5.5，那么，垫块应修正为多厚？

3. 用三爪卡盘装夹工件车削大偏心轴时，可将其中两个爪垫等厚垫块，如图 5－35 所示，若要车出偏心距为 $e$ 的偏心件，垫块厚 $h$ 应为多少？（被夹持部分直径为 $d$）

提示：$\sqrt{1+\frac{3e^2}{(d+3e)^2}}\approx 1+\frac{3e^2}{2(d+3e)^2}$

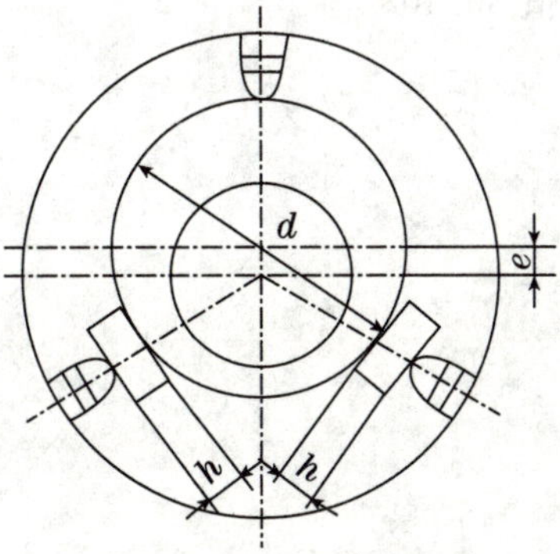


图 5－35

4. 如图 5－36 所示，已知 3 孔中心分别为 $A$、$O$、$B$，中心距 $AO=300$，$OB=400$，$AB=200$，镗孔时需计算各孔坐标值，求 $A$ 孔中心的坐标。

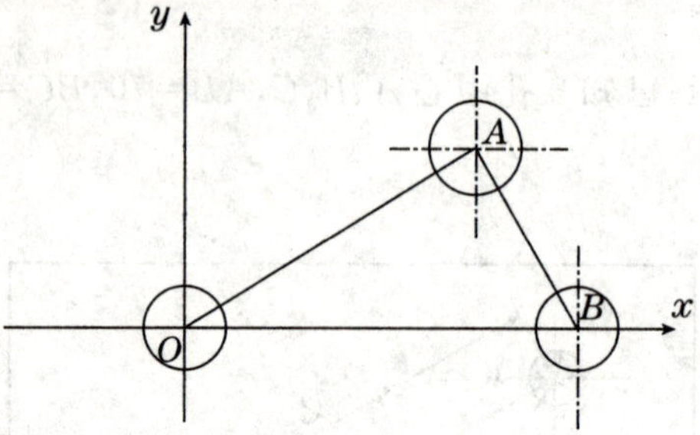


图 5－36

5. 用其他方法计算例 3 中的垫块厚度。
6. 例 5 中，若 $R=30$，$r=0.4$，当 $\alpha$ 在 0°～90°之间，$OO_1$ 的最大值和最小值。
7. 在例 5 中，如果车削圆锥，圆锥半角为 $\alpha$，此时 $O_1$ 至圆锥面的距离为多少？

# 参考答案

1. 112
2. 7.5，6.75
3. $\frac{\sqrt{d^2+6ed+12e^2}-d}{2}\approx\frac{3e}{2}(1+\frac{e}{2d+6e})$
4. $A(262.5,145.2)$
5. 可以用正弦定理或用解直角三角形方法解出
6. 最大值 30.566，最小值 30.403
7. $\sqrt{2}r\sin(45°+\alpha)$

# §5.6　有关圆中线段和三角形的计算

**1. 有关定理与推论**

(1)圆周角定理：一条圆弧所对的圆周角等于它所对圆心角的一半，也可以说，圆周角的度数等于它所对弧的度数的一半。

推论：①同弧或等弧所对的圆周角相等。

②同圆或等圆中，相等的圆周角所对的弧也相等。

③半圆或直径所对的圆周角是直角；$90°$的圆周角所对的弦是直径。

(2)切线的性质：

①圆的切线垂直于过切点的半径。

②经过圆心且垂直于切线的直线必通过切点。

③经过切点且垂直于切线的直线必通过圆心。

(3)切线长定理：

①从圆外的一点引圆的两条切线，它们的切线长相等，这点和圆心的连线平分两条切线的夹角。

②$AP=BP, AC=BC, PO\perp AB$,

$OA\perp PA, OB\perp PB$

③$PA^2=PB^2=PO\times PC=PD\times PE$

$AC^2=BC^2=PC\times OC=DC\times EC$

$OA^2=OB^2=OC\times OP$

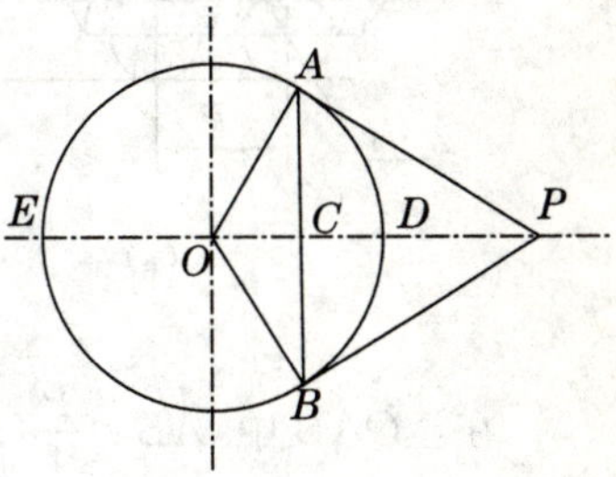


图 5－37

(4)圆内两条弦 $AB$、$CD$ 相交于 $E$，则 $AE\times BE=CE\times DE$(见图 5－38(a))

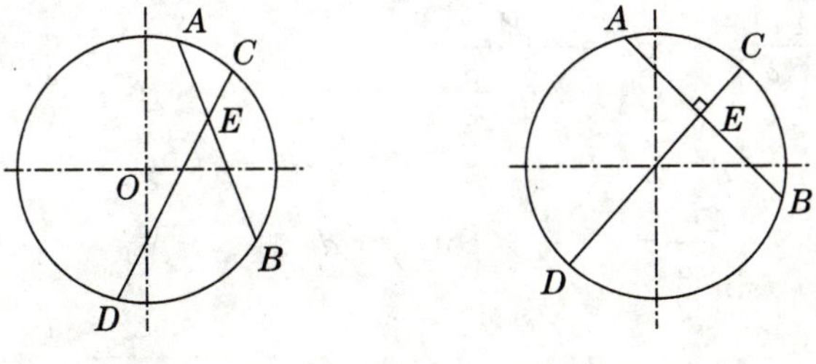


(a)　　(b)

图 5－38

推论：垂直于弦的直径平分弦，弦之半是直径被分的两段长的比例中项。

$AE^2=BE^2=CE\times ED$(见图 5－38(b))

**2. 应用:工厂中涉及圆的计算问题很多,以下举例说明**

**【例 1】** 三针法测量螺纹中径。螺纹中径是保证螺纹旋合的重要尺寸,但是中径无法直接测量,其中三针法是一种较为精确的间接测量中径的方法,就是用三根圆柱放在图示的 3 个螺纹槽中,通过测得 $M$ 值,而计算出中径 $d_2$。为了更好地测量,三根圆柱与牙侧面相切点在中径圆柱上,这时圆柱的直径为最佳直径 $d_0$(见图 5－39)。求最佳直径 $d_0$ 及测量尺寸 $M$.

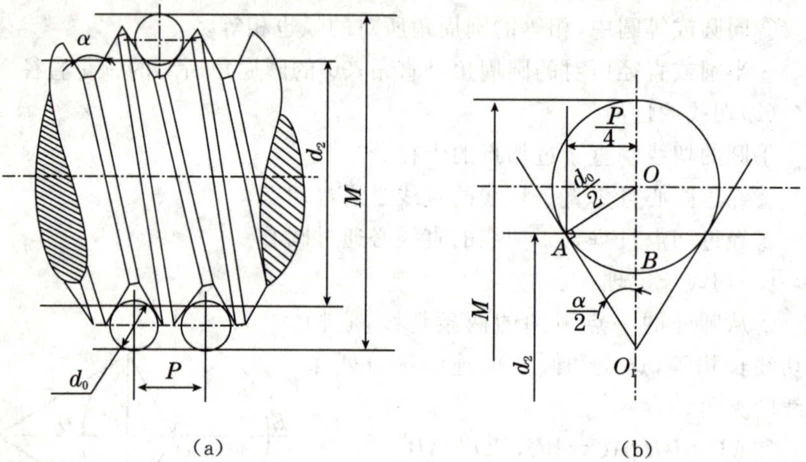


图 5－39

在△$OAB$ 中,$AB=\frac{P}{4}$($P$ 为螺距,中径处牙槽与牙厚相等,$AB$ 为牙槽宽之半)

$\angle OAB=\frac{\alpha}{2}$

$$\therefore \frac{d_0}{2}=\frac{\frac{P}{4}}{\cos\frac{\alpha}{2}} \qquad d_0=\frac{P}{2\cos\frac{\alpha}{2}}$$

$$M=d_2+2\times\frac{\frac{d_0}{2}}{\sin\frac{\alpha}{2}}-2\times\frac{P}{4}\times\cot\frac{\alpha}{2}+d_0$$

$$=d_2+d_0(1+\frac{1}{\sin\frac{\alpha}{2}})-\frac{P}{2}\cot\frac{\alpha}{2}$$

$$d_2=M-d_0(1+\frac{1}{\sin\frac{\alpha}{2}})+\frac{P}{2}\cot\frac{\alpha}{2}$$

$\alpha$叫螺纹的牙型角，标准的牙型角有29°，30°，33°，40°，45°，55°，60°。普通三角螺纹牙型角为60°，梯形螺纹牙型角为30°，锯齿形螺纹的牙型角为33°或45°两种，蜗杆齿轮的压力角为20°或14.5°，英制三角螺纹的牙型角为55°，英制梯形螺纹的牙型角为29°。

**【例2】** 图5－40为三节球形手柄示意图，所标尺寸如图所示，其余尺寸在车削时由车工师傅计算。求：(1)$O_2B_2$，$O_1B_1$(2)$OB$，$AB$(3)$OB_0$，$A_0B_0$.

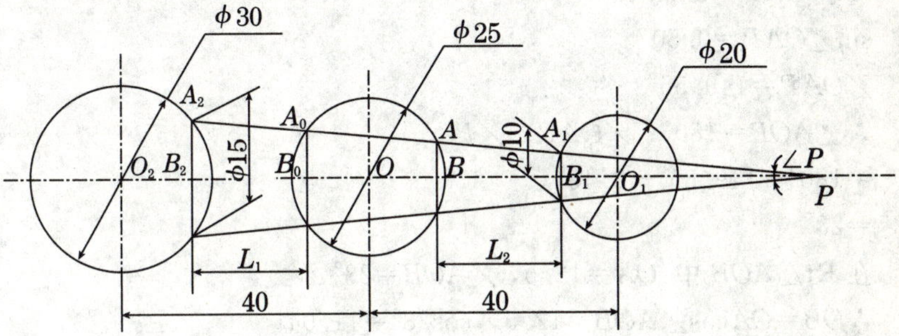


图5－40

解：(1)$O_2B_2=\sqrt{(O_2A_2)^2-(A_2B_2)^2}=\sqrt{15^2-7.5^2}$

$=12.99$

$O_1B_1=\sqrt{(O_1A_1)^2-(A_1B_1)^2}=\sqrt{10^2-5^2}$

$=8.66$

(2)设锥体锥部的斜角为$\frac{\alpha}{2}$

则$\tan\frac{\alpha}{2}=\frac{A_2B_2-A_1B_1}{B_2B_1}$

$=\frac{7.5-5}{(40-12.99)+(40-8.66)}$

$=0.0428$

$\frac{\alpha}{2}=2.45°$

$\angle P=2.45°$

在$\mathrm{Rt}\triangle A_1B_1P$中$A_1B_1=5$，$\angle P=2.45°$

$\therefore PB_1=A_1B_1\cot\angle P$

$=5\times\cot 2.45°$

$=116.86$

在$\triangle AOP$中：$OA=12.5$

$OP=PB_1-O_1B_1+OO_1$

$=116.86-8.66+40$

$=148.2$

$\angle P=2.45°$

$$\frac{OP}{\sin\angle OAP}=\frac{OA}{\sin\angle P}$$

$$\frac{148.2}{\sin\angle OAP}=\frac{12.5}{\sin 2.45°}$$

$\sin\angle OAP=0.507$

$\angle OAP=149.55°$

$\therefore \angle AOP=180°-\angle OAP-\angle P$

$=180°-149.55°-2.45°$

$=28°$

在 Rt$\triangle AOB$ 中：$OA=12.5$，$\angle AOB=28°$

$\therefore OB=OA\cos\angle AOB=12.5\times\cos 28°=11.04$

$B=OA\sin\angle AOB=12.5\times\sin 28°=5.87$

在 Rt$\triangle A_0OB_0$ 中：$OA_0=12.5$

$\angle A_0OB_0=\angle OA_0P+\angle P=\angle A_0AO+\angle P=(180°-\angle OAP)+\angle P$

$=(180°-149.55°)+2.45°$

$=32.9°$

$\therefore OB_0=OA_0\cos\angle A_0OB_0=12.5\times\cos 32.9°=10.50$

$A_0B_0=OA_0\sin\angle A_0OB_0=12.5\times\sin 32.9°=6.99$

**【例 3】** 如图 5－41 所示，件 3 可沿件 1 相配合的燕尾导轨滑动，件 2 为调整滑动间隙的斜铁。件 1 设计尺寸为 $B$，此尺寸无法测量(因在加工中要有空刀槽)，而用两等径圆柱放入燕尾中测量 $M$ 值，燕尾槽件 3 也用同样的方法测量 $M_1$ 值，已知：设计尺寸 $B$，燕尾槽角为 $\alpha$，燕尾槽深度为 $H$，量棒直径为 $d_0$，斜铁水平宽为 $b$.

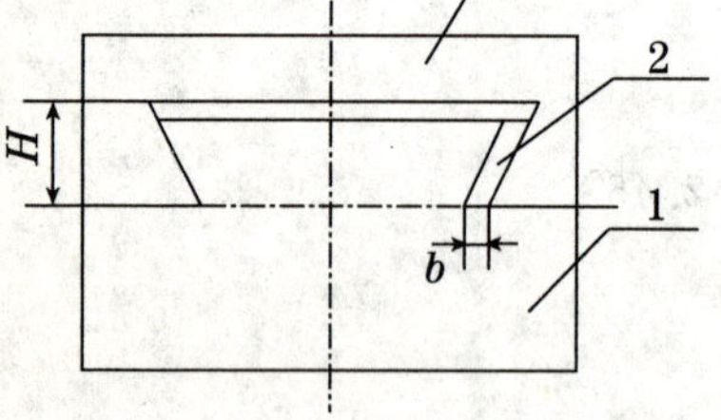


(a)

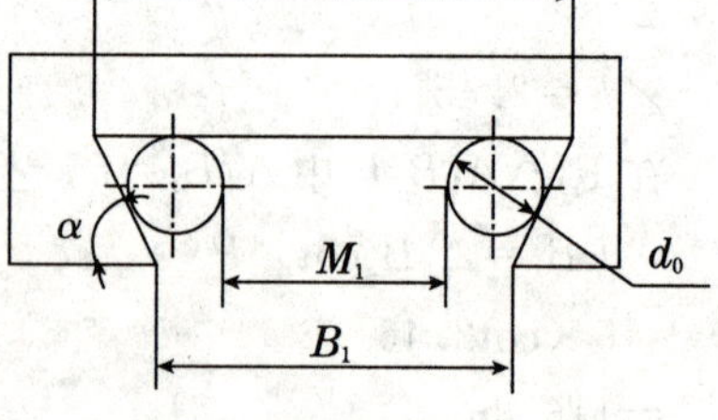


(b)

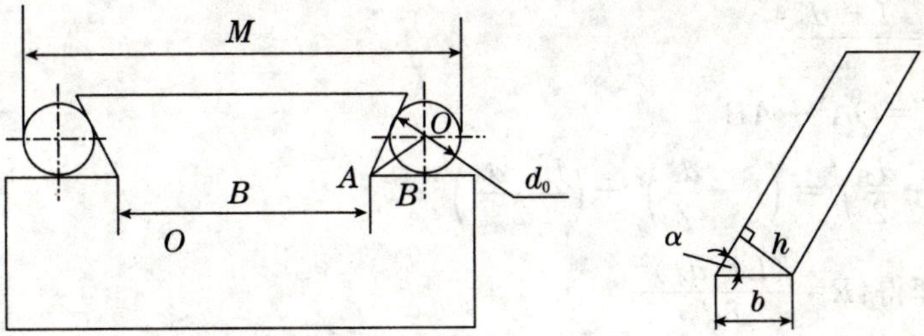


(c)　　　　　　　　(d)

图 5－41

求：(1)M(2)$M_1$(3)斜铁在此端面的厚度 h.

解：(1)在 Rt△$OAB$ 中，$OB=\frac{d_0}{2}$，$\angle OAB=\frac{\alpha}{2}$

$\therefore AB=OB\cot\frac{\alpha}{2}=\frac{1}{2}d_0\cot\frac{\alpha}{2}$

$M=B+d_0+d_0\cot\frac{\alpha}{2}$

(2)$B_1=B+b$

$A=B_1+2H\cot\alpha=B+b+2H\cot\alpha$

$M_1=A-d_0\cot\frac{\alpha}{2}-d_0$

$=B+b+2H\cot\alpha-d_0(1+\cot\frac{\alpha}{2})$

(3)$h=b\sin\alpha$

**【例 4】**　一弓形零件，要测出它的半径 $R$，将弓形件和两直径为 $d_0$ 的量棒互相贴紧于平板上，测出 $L$ 值，即可计算出弓形件的半径 $R$，已知 $d_0=12$，$L=102$ 见图 5－42，求 $R$.

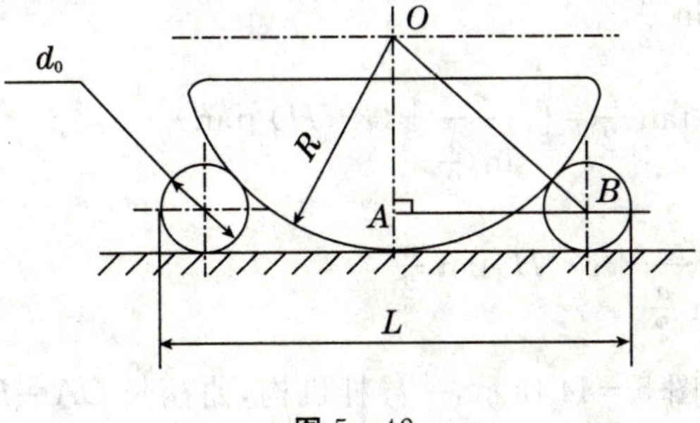


图 5－42

解：在 Rt△$OAB$ 中，

$OB=R+\frac{d_0}{2}$；$OA=R-\frac{d_0}{2}$

$AB=\frac{L-d_0}{2}$

$OB^2=OA^2+AB^2$

$\left(R+\frac{d_0}{2}\right)^2=\left(R-\frac{d_0}{2}\right)^2+\left(\frac{L-d_0}{2}\right)^2$

整理得：$R=\frac{(L-d_0)^2}{8d_0}$

$\therefore R=\frac{(102-12)^2}{8\times12}=84.375$

**【例 5】** V 形铁槽宽为 $D$，槽角为 $\alpha$，现放入一半径为 $r$ 的圆柱体于槽内，测得 $H$ 值见图 5-43。若已知 $\alpha,r,H$，求 $D$.

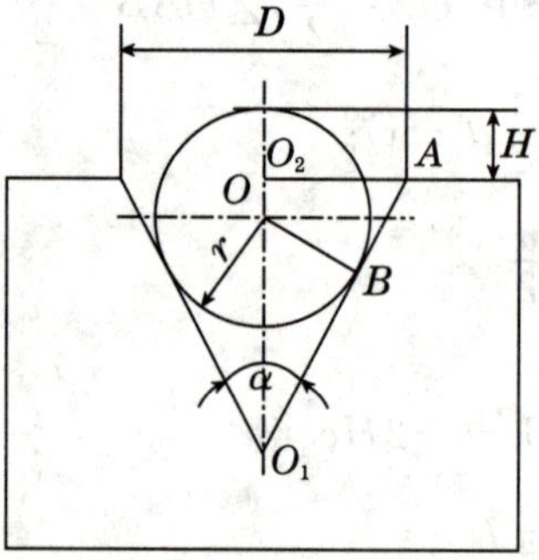


图 5-43

解：$O_1O_2=O_1O+(r-H)$

在 Rt△$O_1OB$ 中：$O_1O=\frac{OB}{\sin\frac{\alpha}{2}}=\frac{r}{\sin\frac{\alpha}{2}}$

$\therefore O_1O_2=\frac{r}{\sin\frac{\alpha}{2}}+(r-H)$

$O_2A=O_1O_2\tan\frac{\alpha}{2}=[\frac{r}{\sin\frac{\alpha}{2}}+(r-H)]\tan\frac{\alpha}{2}$

$\therefore D=2(\frac{r}{\sin\frac{\alpha}{2}}+r-H)\tan\frac{\alpha}{2}$

**【例 6】** 如图 5-44 所示，一导杆机构，曲柄长 $OA=R$，曲柄回转中心 $O$ 于导杆回转中心 $O_1$ 距离 $OO_1=a$。

求(1)曲柄转过 $\theta$ 后，导杆转过的角度 $\varphi$；

(2)$\varphi$ 的最大值为多少？

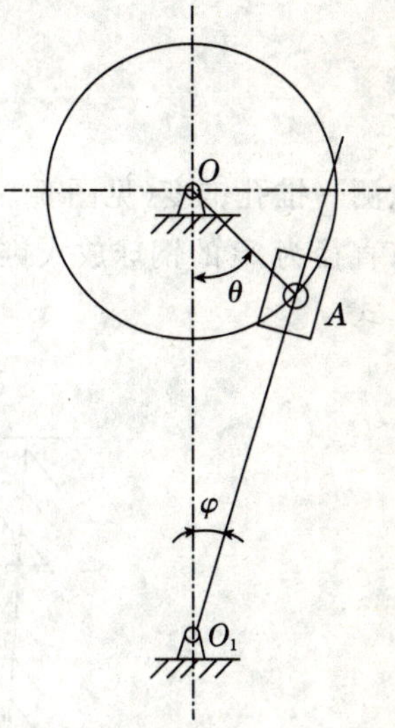

图 5－44

解：(1)在$\triangle OAO_1$ 中：

$OA=R, OO_1=a, \angle AOO_1=\theta$

$\therefore \dfrac{a}{\sin(\theta+\varphi)}=\dfrac{R}{\sin\varphi}$

$\dfrac{a}{R}=\dfrac{\sin(\theta+\varphi)}{\sin\varphi}$

$=\dfrac{\sin\theta\cos\varphi+\cos\theta\sin\varphi}{\sin\varphi}$

$=\sin\theta\cot\varphi+\cos\theta$

$\cot\varphi=\dfrac{\dfrac{a}{R}-\cos\theta}{\sin\theta}$

$\tan\varphi=\dfrac{\sin\theta}{\dfrac{a}{R}-\cos\theta}$

$\varphi=\arctan\dfrac{\sin\theta}{\dfrac{a}{R}-\cos\theta}$

(2)当 $OA\perp O_1A$ 时，$\varphi$ 最大

此时 $\sin\varphi=\dfrac{R}{a}$

$\therefore \varphi=\arcsin\dfrac{R}{a}$

# 习题七

1. 欲测一锥孔锥度(见图 5－45),将直径为 $d$ 的钢球放入锥孔中测出 $h_1$,再将直径为 $D$ 的钢球放入锥孔中测出 $h_2$,即可算出该孔的锥度 $C$,请列出算式.

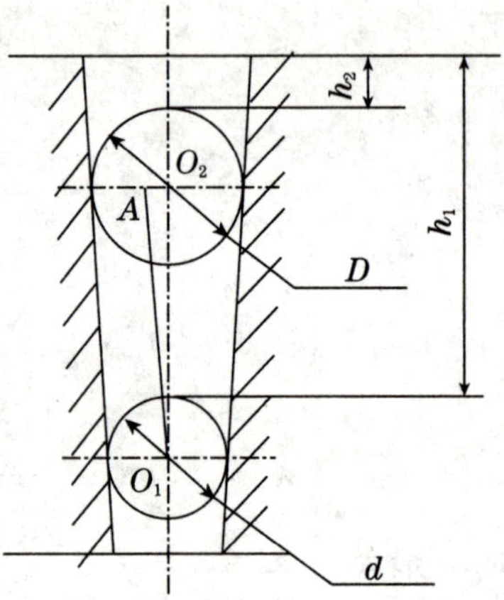


图 5－45

2. 用两个滚子测量内圆弧半径,已知滚子直径为 $d$,滚子最高点至圆弧最低点距离为 $H$,求内圆弧半径 $R$.

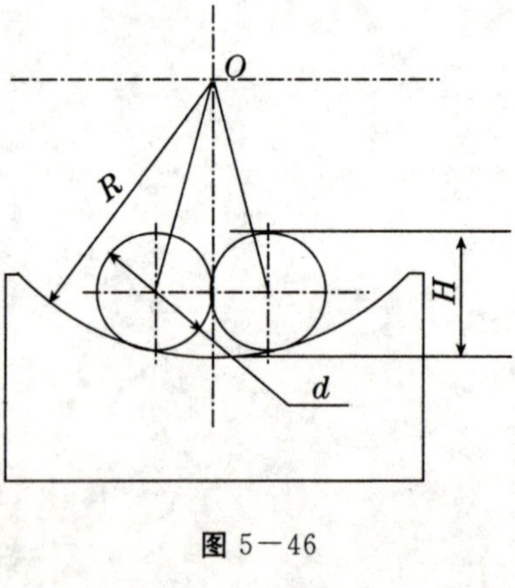


图 5－46

3. 如图 5－47 所示，请根据弦长和弦高求内外圆弧半径。

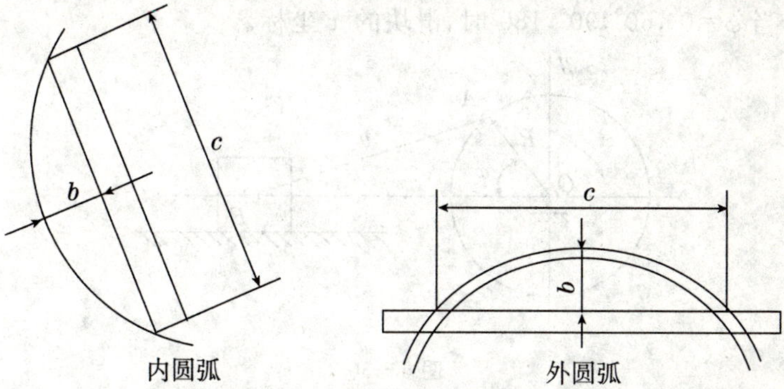


图 5－47

4. 如图 5－48 所示，为了测量孔径 $D$，将孔中放入两钢球，钢球直径分别为 $d_1$、$d_2$（$d_1+d_2>D$），钢球最高点与顶面的距离分别为 $h_1$，$h_2$。已知 $d_1$，$d_2$，$h_1$，$h_2$，求 $D$.

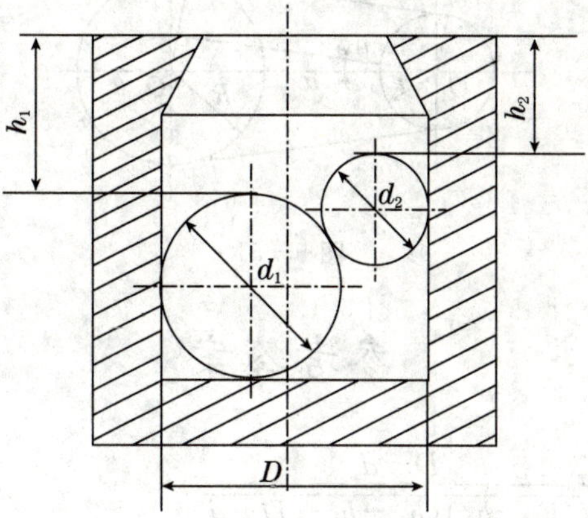


图 5－48

5. 一齿条（见图 5－49），模数 $m=3$，齿形角 $\alpha=20°$，分度线设计尺寸为 22，如果分度线上的齿槽与齿厚相等，量棒直径为 $d_0=6$，求 $M$.

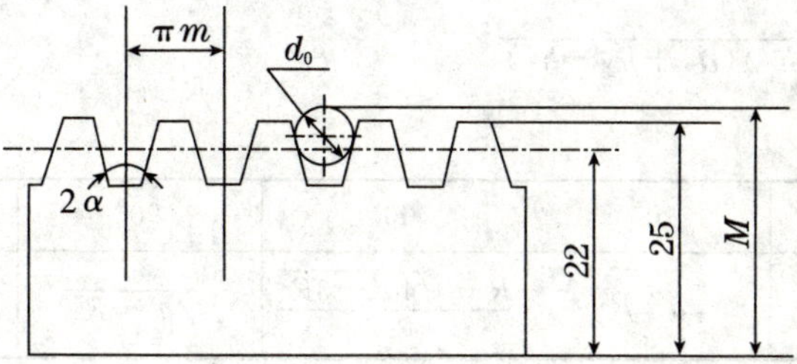


图 5－49

6. 一曲柄连杆机构(见图 5—50),曲柄长 $R$,连杆长 $a$,求当曲柄逆时针转过 $\varphi$ 角,当 $\varphi=0°,60°,90°,180°$ 时,滑块的 $x$ 坐标。

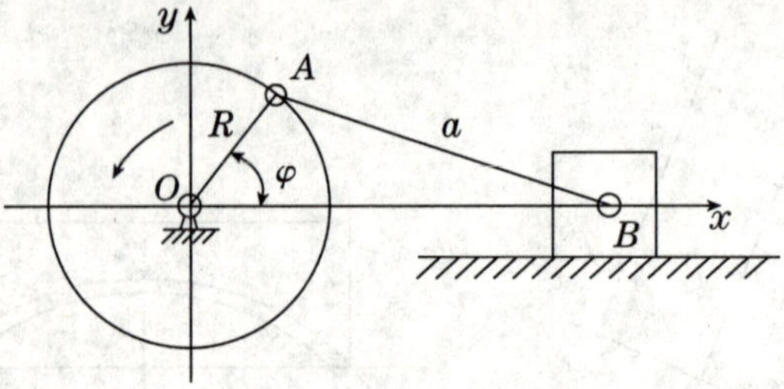


图 5—50

7. 已知两带轮中心分别为 $O_1$、$O_2$,(见图 5—51)且 $O_1O_2=a$,半径分别为 $r$、$R$,求皮带长度。(注:当 $\theta$ 很小时,$\sin\theta\approx\theta$,$\cos\theta\approx1-\frac{1}{2}\sin^2\theta$)

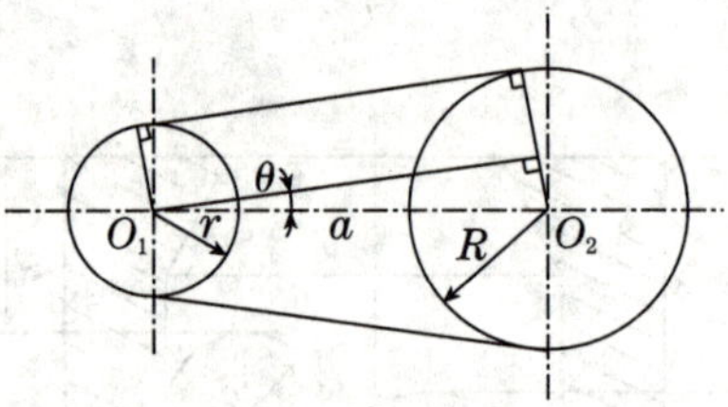


图 5—51

# 参考答案

1. $C=2\tan\frac{\alpha}{2}=\frac{D-d}{\sqrt{(h_1-h_2)(h_1-h_2-D+d)}}$

2. $R=\frac{d^2}{8(H-d)}+\frac{H}{2}$

3. $r=\frac{4b^2+c^2}{8b}$

4. $\sqrt{(d_1+h_1-h_2)(d_2+h_2-h_1)}$

5. 27.30

6.

| 角度 $\varphi$ | $0°$ | $60°$ | $90°$ | $180°$ |
|---|---|---|---|---|
| 坐标 $x$ | $a+R$ | $\frac{R+\sqrt{4a^2-3R^2}}{2}$ | $\sqrt{a^2-R^2}$ | $a-R$ |

7. $L\approx\pi(R+r)+2a+\frac{(R-r)^2}{a}$

# 第六章　平面解析几何及其应用

在工厂中，图纸就是工程的语言，如何用代数的方法解决几何图形问题，这就是解析几何所要研究的问题。

## §6.1　直线与方程

**1. 直线方程的概念**

在直角坐标系中的一条直线和一个关于 $x$、$y$ 的方程，如果直线上的点的坐标都是方程的解，反过来，以方程的解为坐标点都是直线上的点，那么这个方程叫做直线的方程，这条直线叫做方程的直线。

例如：已知直线方程为 $y=2x+7$，这个方程所有解的点都在直线上。反之，在直线上的所有点都满足方程的解。该直线的图形如图 6－1 所示。

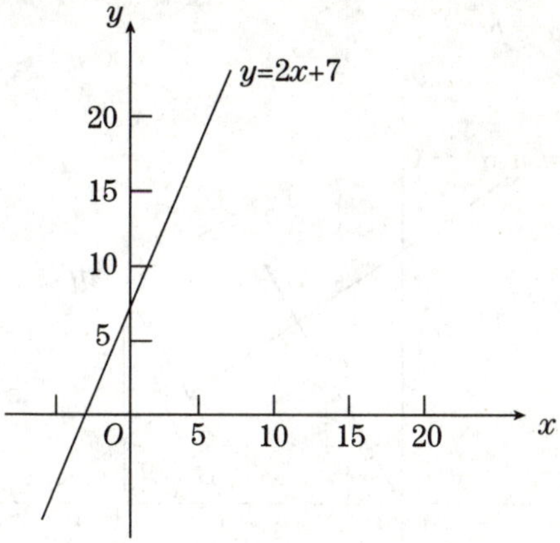


**图** 6－1

当 $x=0$ 时，$y=7$，该点的坐标为(0,7)

当 $y=0$ 时，$x=-3.5$，该点的坐标为(－3.5,0)

**2. 直线方程的几种形式**

平面内，可根据各种不同的已知条件确定直线的不同表达式，列表如下：

| 名称 | 已知条件 | 方　　程 | 说　　明 |
|---|---|---|---|
| 点斜式 | 点 $P(x_0,y_0)$<br>斜率 $k$ | $y-y_0=k(x-x_0)$ | 不包括 $y$ 轴和<br>平行 $y$ 轴的直线 |
| 斜截式 | 斜率 $k$ 纵截距 $b$ | $y=kx+b$ | （同上） |
| 两点式 | 点 $P_1(x_1,y_1)$<br>点 $P_2(x_2,y_2)$ | $\frac{y-y_1}{y_2-y_1}=\frac{x-x_1}{x_2-x_1}$ | （同上） |
| 截距式 | 横截距 $a$<br>纵截距 $b$ | $\frac{x}{a}+\frac{y}{b}=1$ | 不包括过原点的直线，不包括平行于坐标轴的直线 |
| 一般式 |  | $Ax+By+C=0$ | $A$、$B$ 不同时为 0 |
| 法线式 |  | $x\cos\alpha+y\sin\alpha-p=0$ |  |

**3. 点线距离**

（1）如图 6－2 所示，点 $(x_0,y_0)$ 到直线 $x\cos\alpha+y\sin\alpha-p=0$ 的距离为 $d=|x_0\cos\alpha+y_0\sin\alpha-p|$

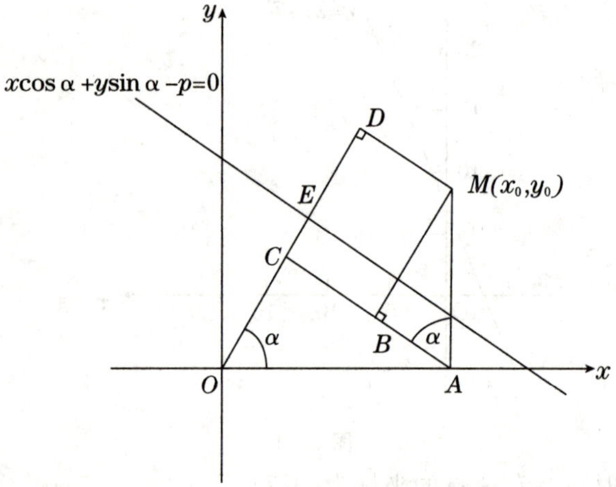


图 6－2

证明：设点 $M(x_0,y_0)$，则 $x_0\cos\alpha=OA\cos\alpha=OC$，$y_0\sin\alpha=MA\sin\alpha=MB=DC$

而 $M$ 到直线距离为 $DE$.

$DE=OC+CD-OE$

$=|x_0\cos\alpha+y_0\sin\alpha-p|$

用同样的方法可证明 $M$ 点在直线的左下方,上式也成立。

(2)点$(x_0,y_0)$到直线 $Ax+By+C=0$ 的距离为

$$d=\frac{1}{\sqrt{A^2+B^2}}\ |Ax_0+By_0+C|$$

证明:令$\frac{A}{\sqrt{A^2+B^2}}=\cos\alpha,\frac{B}{\sqrt{A^2+B^2}}=\sin\alpha,\frac{C}{\sqrt{A^2+B^2}}=-p$

$$Ax+By+C=0$$

$$\frac{A}{\sqrt{A^2+B^2}}x+\frac{B}{\sqrt{A^2+B^2}}y+\frac{C}{\sqrt{A^2+B^2}}=0$$

$\therefore M(x_0,y_0)$到直线的距离为

$$d=\frac{1}{\sqrt{A^2+B^2}}\ |Ax_0+By_0+C|$$

**【例 1】** 求原点到直线$\frac{x}{a}+\frac{y}{b}=1$ 的距离。

解:$\because \frac{x}{a}+\frac{y}{b}=1$

$\therefore bx+ay-ab=0$

$$\therefore d=\frac{|bx_0+ay_0-ab|}{\sqrt{a^2+b^2}}=\frac{|b\times 0+a\times 0-ab|}{\sqrt{a^2+b^2}}=\frac{|ab|}{\sqrt{a^2+b^2}}$$

**【例 2】** 如图 6－3 所示,一箱体 3 个孔 $A$、$B$、$C$ 中心的坐标分别为 $A(50,150)$,$B(300,80)$,$C(120,310)$求:$A$ 孔中心至 $B$、$C$ 孔中心连线的距离。

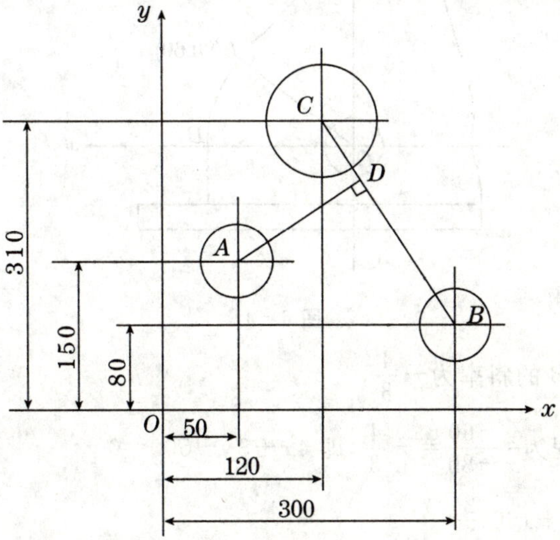


图 6－3

解：B、C 孔中心连线的直线方程为

$$\frac{y-310}{80-310}=\frac{x-120}{300-120}$$

$$23x+18y-8340=0$$

$\because A(50,150)$

$$\therefore d=\frac{|23\times50+18\times150-8340|}{\sqrt{23^2+18^2}}=152.84$$

**2. 两条直线的平行与垂直**

设两条直线 $l_1$ 和 $l_2$ 的倾斜角为 $\alpha_1$ 和 $\alpha_2$，斜率为 $k_1$ 和 $k_2$，纵截距 $b_1$ 和 $b_2$，它们的方程为：

$l_1: y=k_1x+b_1$；$l_2: y=k_2x+b_2$

若 $l_1 /\!/ l_2$，则 $k_1=k_2$，$\alpha_1=\alpha_2$；反之亦然；

若 $l_1 \perp l_2$，则 $k_1k_2=-1$；反之亦然。

**【例 3】** 图 6－4 所示为一零件箱体的一部分，直线 CB 与弧 BD 相切于 B，与 y 轴相交于 C，求 OC.

解：直线 OB 的斜率 $k_1=\frac{60}{80}=\frac{3}{4}$

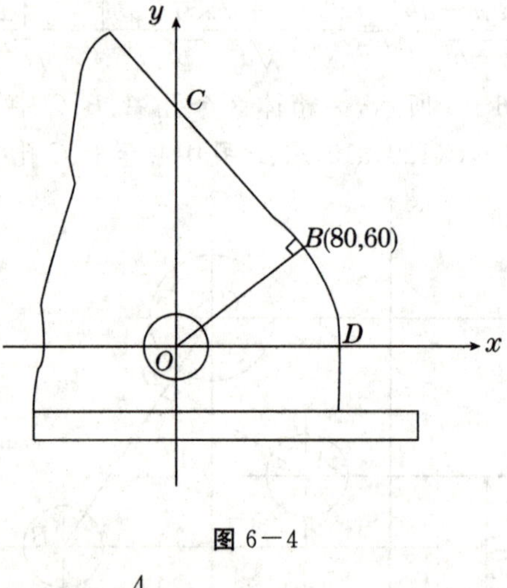


图 6－4

$\therefore$ 直线 CB 的斜率为 $-\frac{4}{3}$，

CB 的方程为 $\frac{y-60}{x-80}=-\frac{4}{3}$，即 $4x+3y-500=0$

$$y=-\frac{4}{3}x+166\frac{2}{3}$$

$$\therefore OC=166\frac{2}{3}$$

**【例 4】** 承例 3，若已知 $OC=200$，$OB=50$，求 $B$ 点的坐标。

解：设 $B$ 点的坐标为$(x_B,y_B)$

则线段 $OB$ 的斜率为$\frac{y_B}{x_B}$，

直线 $CB$ 的斜率为$\frac{OC-y_B}{0-x_B}=\frac{y_B-200}{x_B}$

$\because OB\perp CB$

$\therefore \frac{y_B}{x_B}=\frac{1}{\frac{y_B-200}{x_B}}=\frac{x_B}{y_B-200}$

$\therefore y_B^2+x_B^2=200y_B$

$\because x_B^2+y_B^2=OB^2=2500$

$\therefore 200y_B=2500$

$\therefore y_B=12.5$

$\therefore x_0=\sqrt{50^2-12.5^2}=48.41$

$\therefore B$ 点的坐标为$(48.41,12.5)$

# 习题八

1. 如图 6－5 所示，已知箱体上 3 孔 $A$、$B$、$O$ 分别为孔的中心，孔的中心坐标尺寸如图。求坐标原点 $O$ 到直线 $AB$ 的距离。

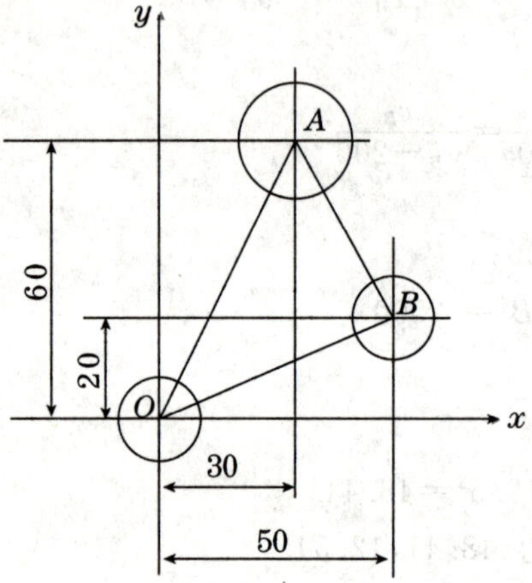


图 6－5

2. 如图 6－6 所示，零件在数控车床上车削，需计算出圆锥的母线与球面相切的切点坐标 $(z_0, x_0)$，也就是基点坐标，请计算。

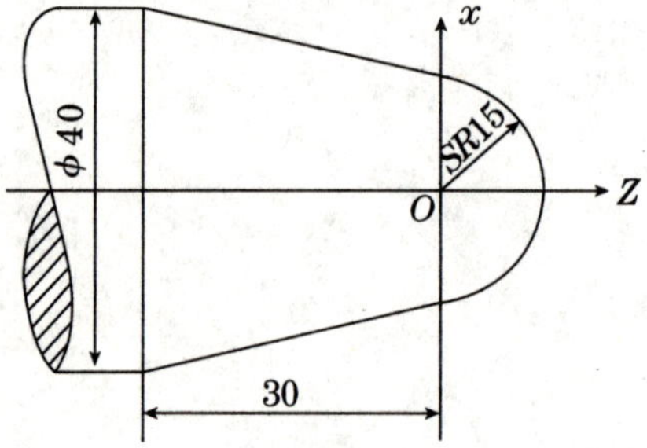


图 6－6

# 参考答案

1. 53.67

2. $z_0 = 2.37$，$x_0 = 29.62$（直径）

# §6.2　二次曲线及其应用

**1. 圆**

(1)圆的定义

在平面内,到一个定点的距离等于定长的点的轨迹称为圆。定点称为圆心,定长称为半径。

(2)圆的标准方程

以点$(a,b)$为圆心,$r$为半径的圆的方程为

$(x-a)^2+(y-b)^2=r^2$(由两点距离公式很容易得到此公式)

这个方程为圆的标准方程。

(3)圆的一般方程

将圆的标准方程$(x-a)^2+(y-b)^2=r^2$展开并移项,

得 $x^2+y^2-2ax-2by+(a^2+b^2-r^2)=0$

令 $D=-2a, E=-2b, F=a^2+b^2-r^2$

得 $x^2+y^2+Dx+Ey+F=0$

这就是圆的一般方程。

(4)过圆$x^2+y^2=R^2$上的一点$(x_1,y_1)$的切线方程为$x_1x+y_1y=R^2$(见图6—7)

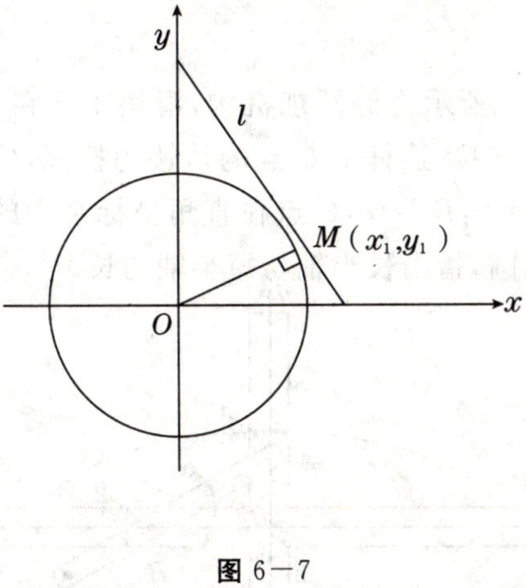


图 6—7

证明:连切点$M$与圆心$O$,则$OM\perp l$

$$\therefore \frac{y-y_1}{x-x_1}=-\frac{1}{\frac{y_1}{y_2}}=-\frac{x_1}{y_1}$$

$\therefore x_1x+y_1y=x_1^2+y_1^2=R^2$

即 $x_1x+y_1y=R^2$

**2. 椭圆方程**

(1)定义:在平面内,到两个定点的距离之和等于定长的点的轨迹称为椭圆,这两个定点称为椭圆的焦点,两个焦点之间的距离称为焦距。

(2)椭圆方程(见图 6—8)

由定义:$|MF_1|+|MF_2|=2a$

$\sqrt{(x+c)^2+y^2}+\sqrt{(x-c)^2+y^2}=2a$

整理得:$\dfrac{x^2}{a^2}+\dfrac{y^2}{b^2}=1$

其中:$a^2+b^2=c^2$

若长半轴在 $y$ 轴上,

则椭圆方程为$\dfrac{x^2}{b^2}+\dfrac{y^2}{a^2}=1$

如果椭圆的中心在点$(h,k)$上,则椭圆的方程为

$$\frac{(x-h)^2}{a^2}+\frac{(y-k)^2}{b^2}=1$$

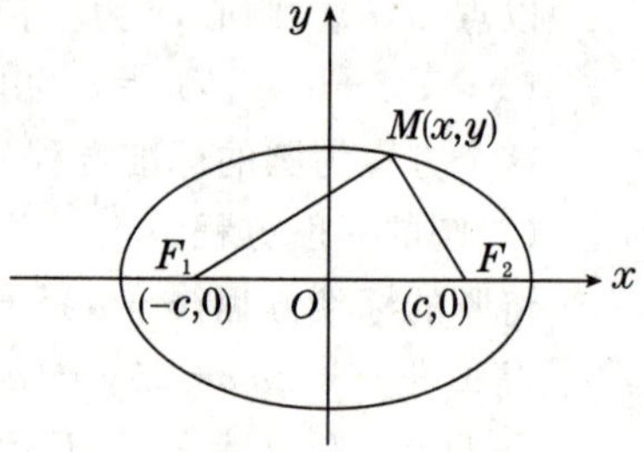


图 6—8

过椭圆上的点$(x_1,y_1)$的切线方程为

$$\frac{x_1x}{a^2}+\frac{y_1y}{b^2}=1$$

**【例 1】** 图 6—9 所示为椭圆规机构,滑块 1、2 在十字滑槽中滑动,并用铰链 $A$、$B$ 与件 3 连接,连杆上 $C$ 点的轨迹为椭圆($C$ 点在连杆上的位置可以调节)。令 $AB=a$,$BC=b$,$C$ 点在直角坐标系中的位置为 $x$,$y$。试证明:$C$ 点的轨迹为椭圆,指出长半轴与短半轴的长。

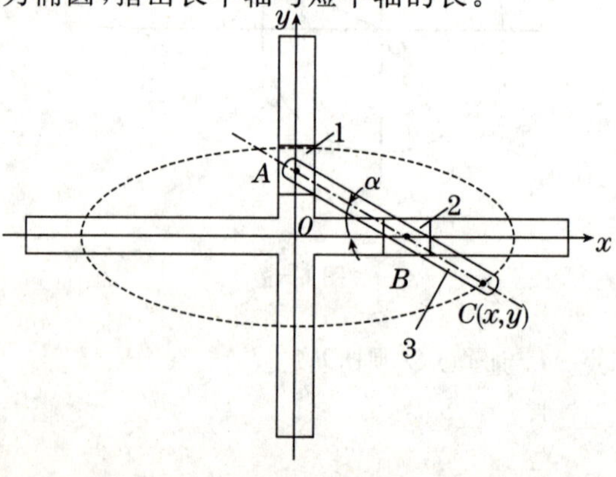


图 6—9

证明:连杆与 $x$ 轴夹角为 $\alpha$

$x=(AB+BC)\cos\alpha=(a+b)\cos\alpha\cdots\cdots(1)$

$y=b\sin\alpha\cdots\cdots(2)$

由(1)(2)得

$$\frac{x^2}{(a+b)^2}=\cos^2\alpha$$

$$\frac{y^2}{b^2}=\sin^2\alpha$$

$$\therefore \frac{x^2}{(a+b)^2}+\frac{y^2}{b^2}=\cos^2\alpha+\sin^2\alpha=1$$

即 $\frac{x^2}{(a+b)^2}+\frac{y^2}{b^2}=1$

长半轴为 $a+b$,短半轴长为 $b$.

**【例 2】** 一椭圆的方程为 $\frac{x^2}{2^2}+\frac{y^2}{1.5^2}=1$,以点 $P(4,0)$ 作椭圆的切线,求切点 $M(x_1,y_1)$ 的坐标.

解:切点 $M(x_1,y_1)$ 的切线方程为

$\frac{x_1x}{2^2}+\frac{y_1y}{1.5^2}=1\cdots\cdots(1)$

又 $P$ 点 $(4,0)$ 在切线上

$\therefore \frac{4x_1}{2^2}+0=1$

$\therefore x_1=1$

将 $x_1=1$ 代入(1)

得 $\frac{1}{4}+\frac{y_1^2}{1.5^2}=1$

$y_1=\pm\frac{3\sqrt{3}}{4}$

$\therefore$ 切点 $M$ 的坐标为 $(1,\pm\frac{3\sqrt{3}}{4})$

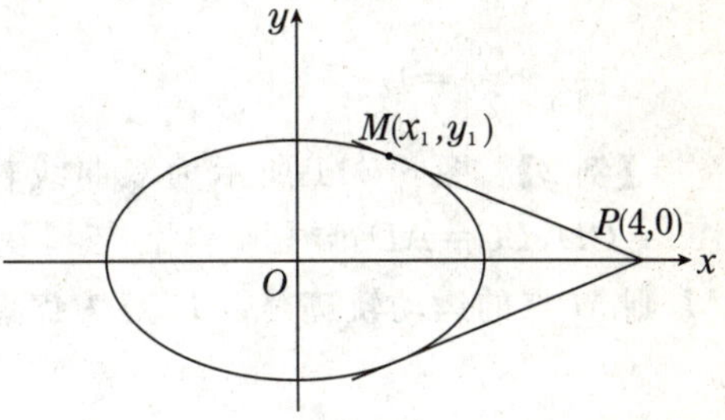


图 6－10

**3. 双曲线的标准方程**

(1)双曲线的定义

在平面内,两定点间距离之差的绝对值等于定长的点的轨迹称为双曲线。两个定点称为双曲线的焦点,两个焦点之间的距离称为焦距。

(2)双曲线的标准方程

若两个定点 $F_1(-c,0)$,$F_2(c,0)$,动点 $M(x,y)$

有$|MF_1|-|MF_2|=\pm 2a$

$\sqrt{(x+c)^2+y^2}-\sqrt{(x-c)^2+y^2}=\pm 2a$

整理后：$\dfrac{x^2}{a^2}-\dfrac{y^2}{c^2-a^2}=1$

$\dfrac{x^2}{a^2}-\dfrac{y^2}{b^2}=1$　　（其中 $b^2=c^2-a^2$）

若双曲线的焦点在 $y$ 轴上，两焦点的坐标分别为 $F_1(0,-c)$，$F_2(0,c)$，动点 $M(x,y)$，则双曲线的方程为

$\dfrac{y^2}{a^2}-\dfrac{x^2}{b^2}=1$　　（其中 $b^2=c^2-a^2$）

**【例 1】** 已知双曲线的两个焦点为 $F_1(-8,0)$，$F_2(8,0)$，双曲线上的点到两焦点的距离的差的平方为 160，求双曲线的方程.

解：焦点在 $x$ 轴上，所以双曲线方程为

$\dfrac{x^2}{a^2}-\dfrac{y^2}{b^2}=1$

$\because (2a)^2=160$

$\therefore a^2=40$　　$b^2=c^2-a^2=8^2-40=24$

$\therefore \dfrac{x^2}{40}-\dfrac{y^2}{24}=1$

**【例 2】** 图 6－11 所示为双曲线轨迹机构。四杆机构 $ABCD$ 的杆长 $AB=CD$，$BC=AD$，导杆 3、4 各与滑块 2、1 组成移动副，滑块 1、2 铰接于 $M$，则 $M$ 点的运动轨迹是以 $D$ 点为焦点的双曲线。

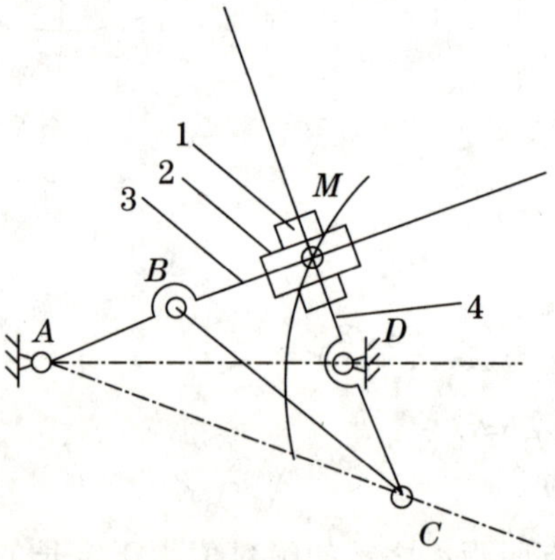


**图 6－11**

证明：连接 $AC$，在$\triangle ABC$ 和$\triangle CDA$ 中

$\because AB=CD$，$BC=AD$，$AC=AC$

$\therefore \triangle ABC \cong \triangle CDA$

$\therefore \angle BAC = \angle DCA, MA = MC$

$\therefore MA - MD = MC - MD = CD$ （$CD$ 为常数）

即 $M$ 点到两定点 $A$，$D$ 的距离差为一常数，所以 $M$ 点轨迹为双曲线。

**4. 抛物线的标准方程**

(1)定义：在平面内，到一个定点和定直线距离相等的点的轨迹称为抛物线。定点称为抛物线的焦点，定直线称为抛物线的准线。

(2)抛物线的标准方程

若设焦点到准线的距离为 $p$，可建立如图 6－12 所示的坐标系。

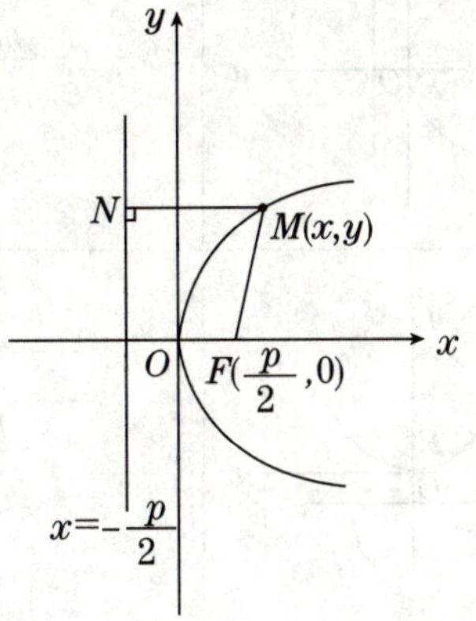


图 6－12

由定义：$MN = MF$

$MN = x + \frac{p}{2}$

$MF = \sqrt{\left(x - \frac{p}{2}\right)^2 + y^2}$

$\therefore x + \frac{p}{2} = \sqrt{\left(x - \frac{p}{2}\right)^2 + y^2}$

整理：$y^2 = 2px\,(p > 0)$

这个方程称为抛物线的标准方程，它的焦点为 $F(\frac{p}{2}, 0)$，准线方程为 $x = -\frac{p}{2}$。由于 $x=0$ 时，$y=0$，即抛物线过原点。

在建立抛物线标准方程时，如果选用的坐标系不同，则得到的标准方程也不同，所以抛物线的标准方程有以下 4 种形式，这 4 种形式的标准方程、焦点坐标、准线方程，对应的图形如下表：

| 方　　程 | 图　　形 | 焦点坐标 | 准线方程 |
|---|---|---|---|
| $y^2=2px(p>0)$ | 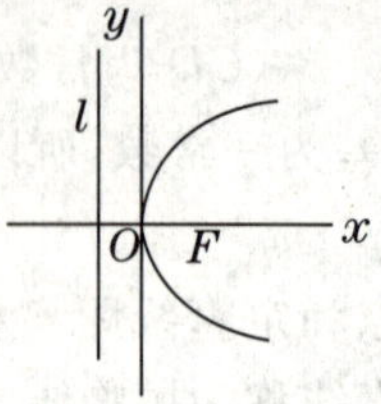 | $(\frac{p}{2},0)$ | $x=-\frac{p}{2}$ |
| $y^2=-2px(p>0)$ | 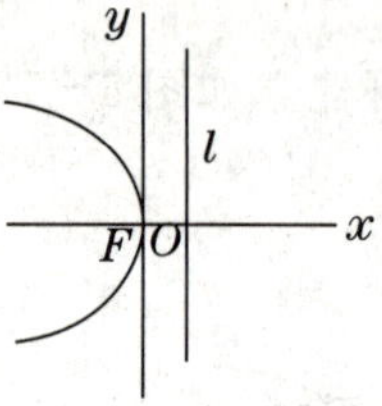 | $(-\frac{p}{2},0)$ | $x=\frac{p}{2}$ |
| $x^2=2py(p>0)$ | 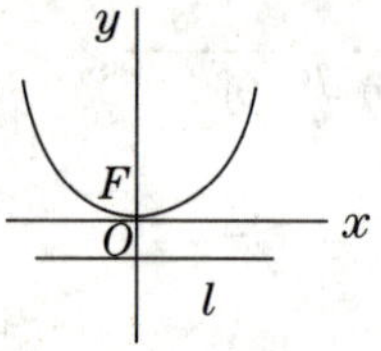 | $(0,\frac{p}{2})$ | $y=-\frac{p}{2}$ |
| $x^2=-2py(p>0)$ | 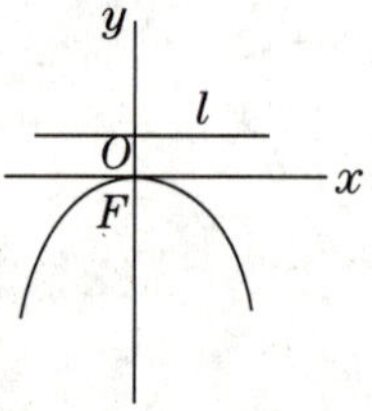 | $(0,-\frac{p}{2})$ | $y=\frac{p}{2}$ |

$y=ax^2+bx+c$($a,b,c$ 为常数)也是抛物线方程，这里不予讨论。

**【例 1】** 求抛物线 $y^2=2x$ 与圆 $x^2+y^2=3$ 的交点坐标。

解：$\begin{cases} y^2=2x \\ x^2+y^2=3 \end{cases}$

解得 $x=1$

代入方程求得 $y=\pm\sqrt{2}$

∴交点坐标为$(1,\pm\sqrt{2})$

**【例 2】** 图 6－13 所示为抛物线轨迹机构，带有直角导槽的构件 $LOM$ 作主动件转动，带动滑块 1、5 分别在导槽 3,4 中移动，1、2 两滑块铰接点 $M$，其运动轨迹为抛物线，其方程为 $y^2=2px$，式中 $2p$ 为垂直导轨 $LN$ 距坐

标原点 $O$ 的距离，滑块 5、6 铰接于 $L$，滑块 6 与 7 固定，5、6 分别在垂直导槽和直角导槽中移动，试证明 $M$ 点轨迹方程为 $y^2=2px$.

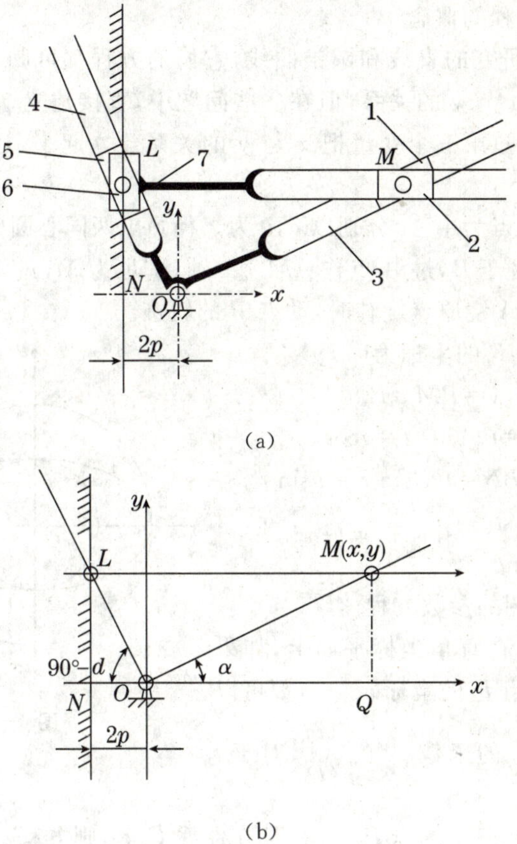


图 6－13

证明：设动点 $M$ 的坐标为 $M(x,y)$，$OM$ 与 $X$ 轴夹角为 $\alpha$，从(b)图可看出

$$y=LN$$
$$=2p\tan(90°-\alpha)$$
$$=2p\cot\alpha$$
$$\therefore \cot\alpha=\frac{y}{2p}$$
$$x=MQ\cot\alpha$$
$$=LN\cot\alpha$$
$$=2p\cot^2\alpha$$
$$=2p\left(\frac{y}{2p}\right)^2$$

$\therefore y^2=2px$

**5. 参数方程**

(1)参数方程的概念

本节之前研究的直线和圆锥曲线，它们的方程都可归结为 $F(x,y)=0$，直接建立起 $x$ 与 $y$ 的关系，但在一些问题中，直接建立 $x$ 与 $y$ 的关系比较困难，往往通过第三个变量把 $x$ 与 $y$ 的关系建立起来，这第三个变量称为参数。

例如：以原点为中心，分别以 $a,b$ 为半径画出两同心圆($a>b$)，设大圆半径 $OA$ 交小圆于 $B$，过 $A$ 点作 $AM\perp x$ 轴，垂足为 $M$，过 $B$ 作 $BP\perp AM$，垂足为 $P$，求 $OA$ 绕原点旋转时，动点 $P$ 的轨迹。

解：设动点 $P$ 的坐标为$(x,y)$

则 $x=OM, y=PM=BN$

$\therefore x=OM=OA\cos t=a\cos t$

$Y=PM=BN=OB\sin t=b\sin t$

即$\begin{cases} x=a\cos t \\ y=b\sin t \end{cases}$　其图形为椭圆

这就是椭圆的参数方程。

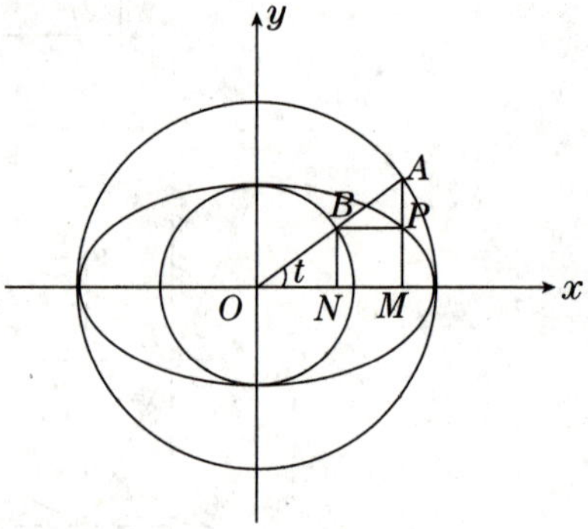

图 6－14

一般地说，在直角坐标平面上，如果曲线 $C$ 上任一点 $P$ 的坐标$(x,y)$，都可以为第三个变量 $t$ 的函数$\begin{cases} x=f(t) \\ y=g(t) \end{cases}$，对于 $t$ 的每一个允许所确定的点 $P(x,y)$都在曲线 $C$ 上，则方程$\begin{cases} x=f(t) \\ y=g(t) \end{cases}$是曲线 $C$ 的参数方程，变量 $t$ 称为参数。

参数方程可以转化为普通方程，普通方程也可以转化为参数方程。

(2)渐开线的参数方程

取一条没有收缩性的绳子，绕在半径为 $r$ 的圆周上，在绳子的外端拴一支笔，用笔轻轻地拉紧绳子并重叠，逐渐展开，使绳子拉出的部分在每时刻都与圆相切，这样笔尖在圆所在的平面上画出的曲线就是该圆的渐开线。

一般地说，设直线与圆相切，当直线沿圆周作无滑动的滚动时，动直线上的一个定点的轨迹称为圆的渐开线，动直线称为渐开线的发生线，定圆称为渐开线的基圆。

如图 6－15 所示，设 $A$ 为基圆上渐开线的起点，以基圆的圆心为原点，连接 $OA$ 的直线为 $x$ 轴，建立直角坐标系。设基圆的半径 $OB=r_0$，$P(x,y)$

为渐开线上的任一点，$PB$ 是基圆的切线，取 $OA$ 为始边，$OB$ 为终边的锐角 $\angle AOB=t$ 为参数，得 $PB=AB=r_0t$.

过 $B$ 作 $BC\perp x$ 轴，垂足为 $C$，过 $P$ 分别作 $PM\perp x$ 轴，$PN\perp BC$，垂足分别为 $M,N$.

则 $\angle NBP=t$

$x=OC+CM=OC+PN$

$=OB\cos t+PB\sin t$

$=r_0\cos t+r_0t\sin t$

$=r_0(\cos t+t\sin t)$

$y=PM=BC-NB$

$=OB\sin t-PB\cos t$

$=r_0\sin t-r_0t\cos t$

$=r_0(\sin t-t\cos t)$

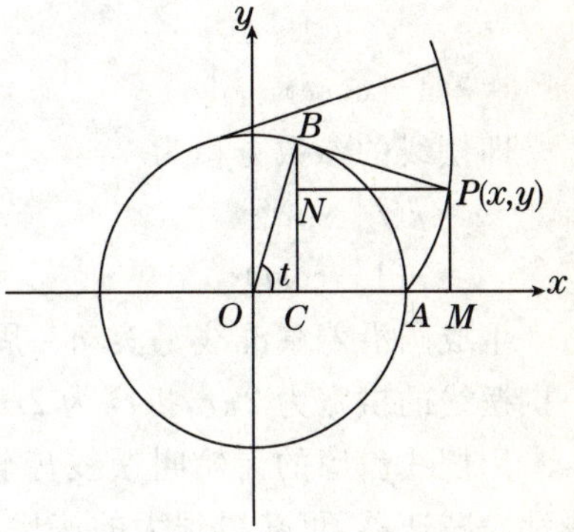

图 6－15

即圆的渐开线参数方程为

$$\begin{cases}x=r_0(\cos t+t\sin t)\\ y=r_0(\sin t-t\cos t)\end{cases}$$

在齿轮传动中，齿轮齿廓曲线大多采取渐开线齿廓，它具有传动速比恒定、强度高、制造装配方便的优点。

(3)摆线及其参数方程

设直线与圆相切，当圆沿直线做纯滚动时，动圆圆上的一个定点的轨迹称为摆线，动圆称为摆线的生成圆，直线称为摆线的基准线。

如图 6－16 所示，设摆线的基准线与生成圆相切的初始点在原点 $O$ 上，基准线为 $x$ 轴，生成圆的滚动方向为 $x$ 轴的正向，建立坐标系，设生成圆半径为 $r$，$P(x,y)$ 为摆线上的任一点，生成圆的圆心移至 $B$ 点，与 $x$ 轴相切于点 $A$，取 $\angle PBA=t$，则 $OA=P'A=rt$，过 $P$ 分别作 $PD\perp x$ 轴，$PC\perp AB$，垂足分别为 $D$、$C$，则

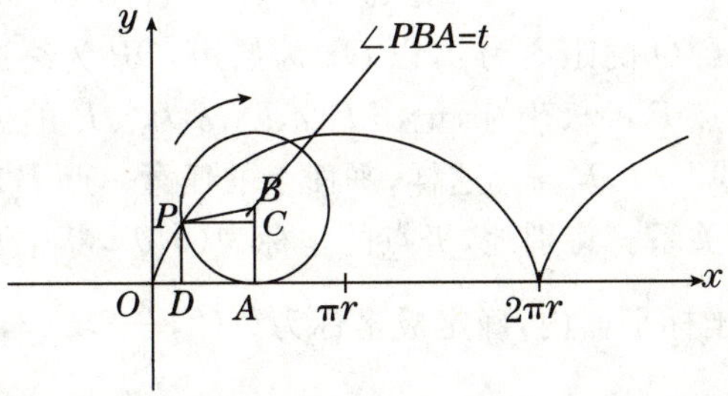

图 6－16

$x=OB=OA-DA=OA-PC$

$=rt-r\sin t$

$=r(t-\sin t)$

$y=DP=AC=AB-BC$

$=r-r\cos t$

$=r(1-\cos t)$

即摆线的参数方程为

$$\begin{cases}x=r(t-\sin t)\\y=r(1-\cos t)\end{cases}$$

生成圆沿着基准线每滚动一周所得到的摆线称为摆线的一拱，显然每一拱摆线的拱宽为 $2\pi r$，拱高为 $2r$。

用摆线齿廓的齿轮叫摆线齿轮，主要用于钟表工业，在工厂中常用摆线针轮减速器，可获得很大的速比和转矩。

**6. 极坐标**

(1)极坐标的概念

在直角坐标系中，是用两个距离来确定点的位置的，这种坐标系很重要，但它不是确定点的唯一方法，还有一种称为极坐标确定点的位置的方法。

如图 6－17 所示，在平面内取一点 $O$，由 $O$ 引射线，再选定长度单位和角的正方向，这样在平面内就建立了极坐标系，点 $O$ 称为极点，射线 $Ox$ 称为极轴。在极坐标平面内任取一点 $P$，$P$ 的位置可用线段 $OP$ 的长度和以 $Ox$ 为始边，$OP$ 为终边的角度确定。

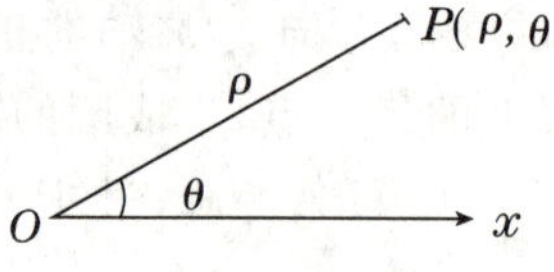


图 6－17

设点 $P$ 到极点 $O$ 的距离为 $\rho$，以 $Ox$ 为始边，$OP$ 为终边的角度为 $\theta$，则有序数对 $(\rho,\theta)$ 为点 $P$ 的极坐标，记作 $P(\rho,\theta)$，$\rho$ 为点 $P$ 的极径，$\theta$ 为点 $P$ 的极角。规定 $\rho\geqslant 0$，$-\pi\leqslant\theta\leqslant\pi$。这样，平面上的任意一点 $P$ 就与它的极坐标 $(\rho,\theta)$ 呈一一对应关系。特别地，极点的坐标为 $(0,\theta)$，其中 $\theta$ 为任意角度。

**【例】** 在极坐标平面内，确定极坐标为 $A(2,\frac{\pi}{4})$，$B(3,\frac{2\pi}{3})$，$C(4,\pi)$，$D(6,-\frac{\pi}{4})$ 的点。

解:各点位置如图 6—18 所示。

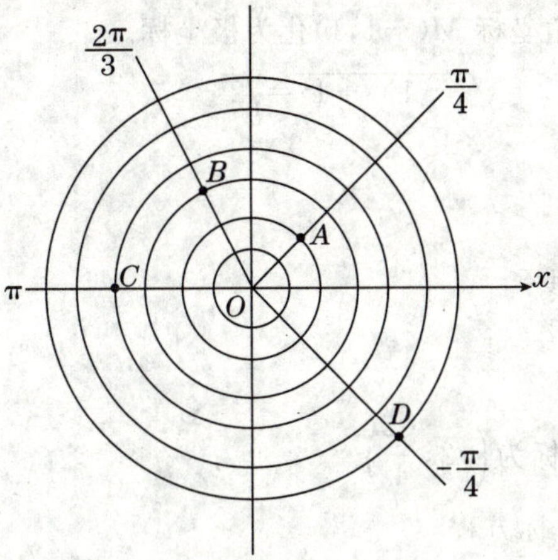


图 6—18

(2)极坐标与直角坐标的互化

平面内同一个点可以用直角坐标表示,也可用极坐标来表示,它们相互可以转化。设平面内有一直角坐标系,如果原点 $O$ 为极点,$x$ 轴为极轴,则得到极坐标系。

此时,平面上任一点 $P$ 的直角坐标为 $P(x,y)$,极坐标为 $P(\rho,\theta)$(见图 6—19),可得

$$\begin{cases} x=\rho\cos\theta \\ y=\rho\sin\theta \end{cases} \cdots\cdots\cdots\cdots\cdots\cdots\cdots\cdots ①$$

由①得 $\begin{cases} \rho=\sqrt{x^2+y^2} \\ \tan\theta=\dfrac{y}{x} \end{cases} \cdots\cdots\cdots\cdots ②$

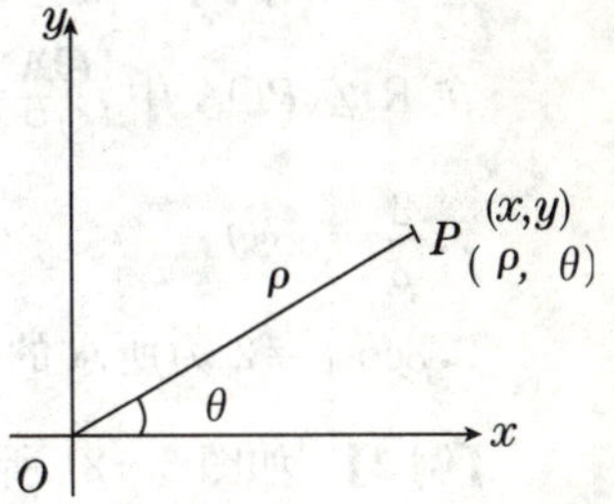


图 6—19

利用①可将极坐标轴化为直角坐标,利用②可将直角坐标转化为极坐标。利用 $\tan\theta$ 求 $\theta$ 时要根据 $P(x,y)$ 所在的象限来确定 $\theta$ 所在象限,特别是当 $x=0$ 时,$\tan\theta$ 不存在,这时若 $y>0$,则 $\theta=\frac{\pi}{2}$,若 $y<0$,则 $\theta=-\frac{\pi}{2}$。

**【例 1】** 将极坐标 $P(2,\frac{5\pi}{6})$转化为直角坐标。

解:$x=\rho\cos\theta=2\cos\frac{5\pi}{6}=2\times(-\frac{\sqrt{3}}{2})=-\sqrt{3}$

$y=\rho\sin\theta=2\sin\frac{5\pi}{6}=2\times\frac{1}{2}=1$

$\therefore P$ 点的直角坐标为$(-\sqrt{3},1)$

**【例 2】** 把直角坐标 $M(-1,1)$化为极坐标。

解:$\rho=\sqrt{x^2+y^2}=\sqrt{(-1)^2+1^2}=\sqrt{2}$

$\tan\theta=\dfrac{y}{x}=-1$

$\because x<0\ ,y>1$

$\therefore\theta$ 在第二象限

$\therefore\theta=\dfrac{3\pi}{4}$

$\therefore M$ 点的极坐标为$\left(\sqrt{2},\dfrac{3\pi}{4}\right)$

(3)曲线的极坐标方程

在直角坐标平面上,曲线可用关于 $x,y$ 的方程 $F(x,y)=0$ 表示,同样曲线方程也可用关于 $\rho,\theta$ 的关系方程,$G(\rho,\theta)=0$ 表示,即为曲线的极坐标方程。

**【例 1】** 如图 6-20 所示,求过点 $A(2,0)$且垂直于极轴的直线的极坐标方程。

解:直线为 $l$,在 $l$ 上任取一点 $P(\rho,\theta)$,

连 $OP$,则 $OP=\rho$,$\angle POA=\theta$

在 $\mathrm{Rt}\triangle POA$ 中,$\dfrac{OA}{OP}=\cos\theta$

$\therefore\dfrac{2}{\rho}=\cos\theta$

$\therefore\rho\cos\theta=2$ 为所求的极坐标方程。

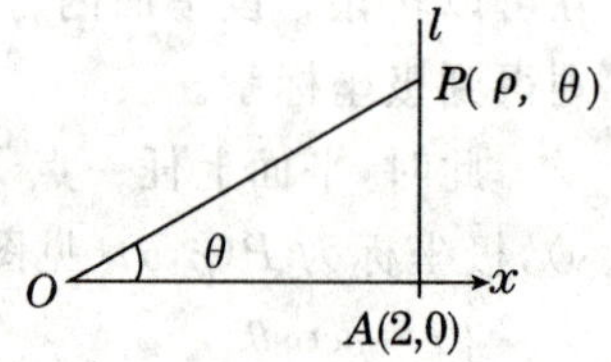


图 6-20

**【例 2】** 如图 6-21 所示,求圆心在 $C(r,\dfrac{\pi}{2})$,半径为 $r$ 的圆的极坐标方程。

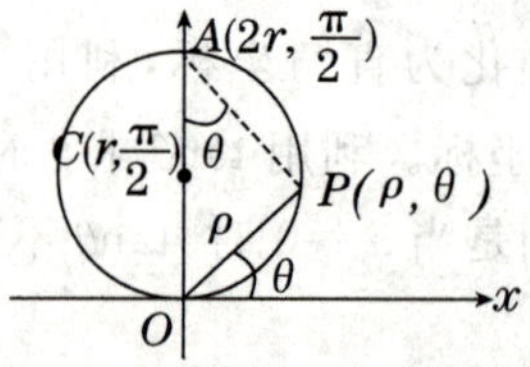


图 6-21

解:连接 $PA$,在圆上任取一点 $P(\rho,\theta)$

则$\angle POx=\theta$,$\angle PAO=\theta$

$\therefore OP=AO\sin\theta=2r\sin\theta$

即 $\rho=2r\sin\theta$

$\therefore$半径为 $r$ 的圆的极坐标方程为 $\rho=2r\sin\theta$

(4)几种常用曲线的极坐标方程

①圆的极坐标方程(在特殊条件下)

过原点,半径为 $r$ 的极坐标方程(见图 6－22(a))

$\rho=r$

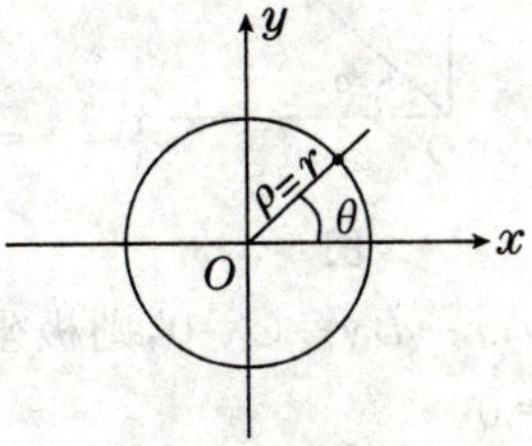


(a)

图 6－22

圆心在$(\frac{a}{2},0)$,半径为$\frac{a}{2}$的极坐标方程(见图 6－22(b))

$\rho=a\cos\theta$

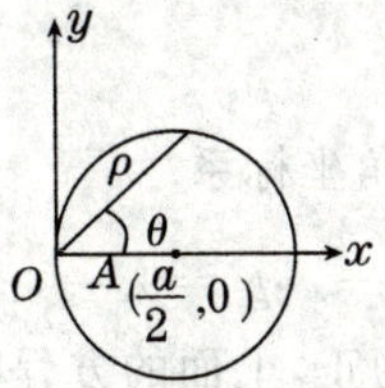


(b)

图 6－22

圆心在$(0,\frac{a}{2})$,半径为$\frac{a}{2}$的极坐标方程(见图 6－22(c))

$\rho=a\sin\theta$

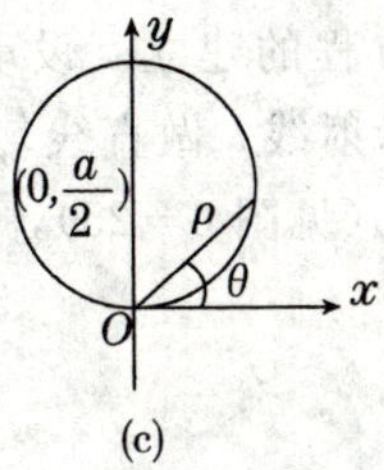


(c)

图 6－22

②直线的极坐标方程

过极点的直线(见图 6－23)

$\theta=\alpha$

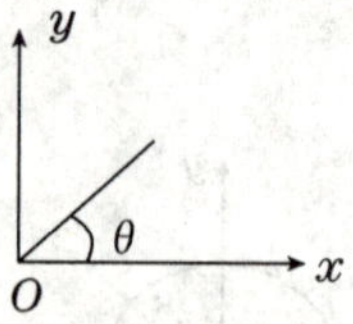


图 6－23

直线直角坐标方程为 $Ax=By=C=0$,则极坐标方程为

$\rho(A\cos\theta+B\sin\theta)+C=0$

③圆锥曲线的极坐标方程(见图 6－24)

$$\rho=\frac{ep}{1-e\cos\theta}$$

当 $e<1$ 时为椭圆

当 $e>1$ 时为双曲线

当 $e=1$ 时为抛物线

现证明如下：

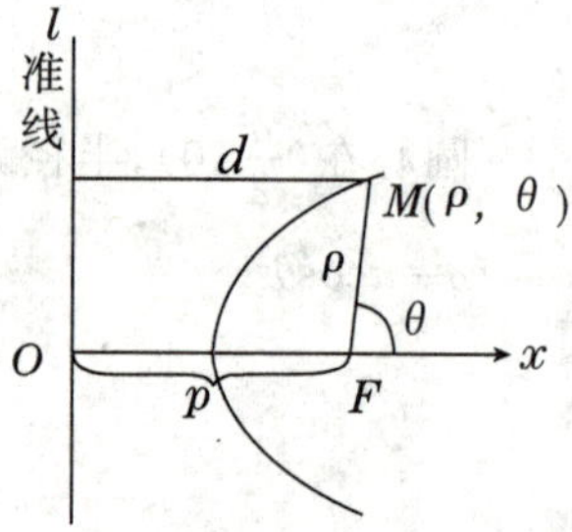


图 6－24

将 $\rho=\dfrac{ep}{1-e\cos\theta}$ 转化为直角坐标系

得 $(1-e^2)x^2+y^2-2e^2px-c^2p^2=0$

当 $e<1$ 时,$x^2$ 前的系数为正,上面的方程就成椭圆方程;

当 $e>1$ 时,$x^2$ 前的系数为负,上面的方程就成双曲线方程;

当 $e=1$ 时,$x^2$ 前的系数为 0,方程变为 $y^2=2px$,即抛物线方程。

④等速螺线

设一动点沿着一条射线做等速运动,同时这条射线又绕它的端点做等角速度旋转运动,这个动点的轨迹就称为等速螺线(或阿基米德螺线)。

下面作等速螺线极坐标方程的建立。设动点 $P(\rho,\theta)$ 在射线 $l$ 上的初始位置为 $P_0(\rho_0,0)$,动点 $p$ 沿射线 $l$ 做直线匀速运动,速度为 $v$,射线 $l$ 绕点 $O$ 做旋转运动的角速度为 $\omega$(见图 6－25),则得

$$\begin{cases}\rho=\rho_0+vt\\ \theta=\omega t\end{cases}$$

$$t=\frac{\rho-\rho_0}{v}$$

$$t=\frac{\theta}{\omega}$$

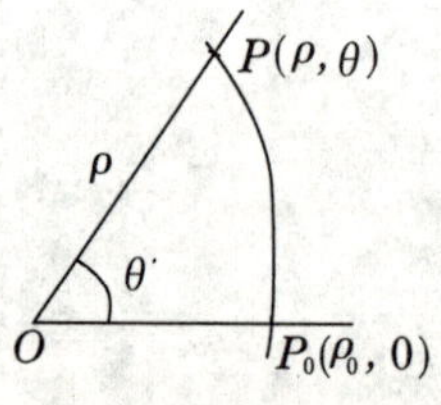


图 6－25

$\therefore \frac{\rho-\rho_0}{v}=\frac{\theta}{\omega}$

$\therefore \rho=\rho_0+\frac{v}{\omega}\theta$

令$\frac{v}{\omega}=a$

上式就写成 $\rho=\rho_0+a\theta$

这就是等速螺线的极坐标方程。

等速螺线在机械中的应用很广，例如用等速螺线制作进给凸轮的工作进给曲线，实现匀速进刀。车床夹具三爪卡盘实现三爪等进，等退就是用等速螺线。

⑤渐开线

如图 6－26 所示，$A$ 为渐开线在基圆上的起点，$K$ 为渐开线上的任一点，它的向径用 $r_i$ 来表示，渐开线 $AK$ 段的展角用 $\theta_i$ 表示，$BK$ 为发生线且与基圆相切于 $B$，$\angle BOK$ 为 $K$ 点的压力角，用 $\alpha_i$ 表示。

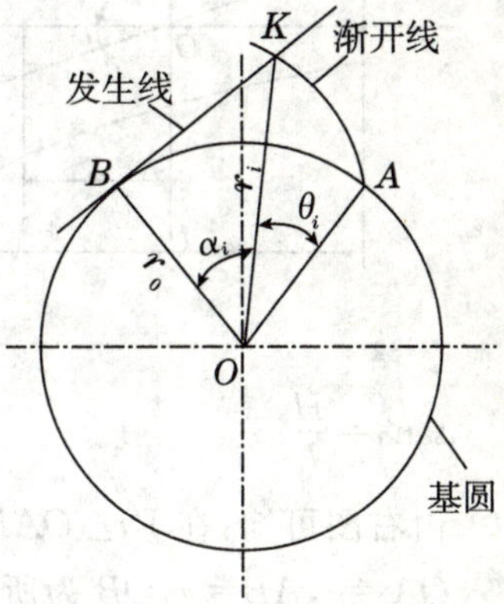


图 6－26

在 Rt△$BOK$ 中，

$OK=\frac{OB}{\cos\alpha_i}$即

$\because AB=BK=OB\tan\alpha_i=r_0\tan\alpha_i$

而 $AB=r_0(\alpha_i+\theta_i)$

$\therefore r_0\tan\alpha_i=r_0(\alpha_i+\theta_i)$

$\therefore \theta_i=\tan\alpha_i-\alpha_i$

$\theta_i$ 是 $\alpha_i$ 的函数。

也就是展开角 $\theta_i$ 是压力角 $\alpha_i$ 的渐开线函数。

工程上用 $\mathrm{inv}\alpha_i$ 表示 $\theta_i$，即

$\theta_i=\mathrm{inv}\alpha_i=\tan\alpha_i-\alpha_i$

综上所述，可得渐开线极坐标的参数方程为

$$\begin{cases} r_i=\dfrac{r_0}{\cos\alpha_i} \\ \mathrm{inv}\alpha_i=\theta_i=\tan\alpha_i-\alpha_i \end{cases}$$

在已知压力角 $\alpha_i$ 后，利用上式可以计算出渐开线函数值，为了方便，已作成表，从表可查出 $\mathrm{inv}\alpha_i$ 的值。

渐开线极坐标的参数方程是渐开线齿轮啮合计算的基础，需要记忆并理解其含义。

# §6.3 曲线方程综合应用举例

解析几何是用计算的方法解决几何图形问题，在工厂里得到广泛的应用，现举例说明。

**1. 关于几何形体的加工和分析**

**【例 1】** 在车床上用主轴顶尖和尾座顶尖为基准顶着工件加工外圆时，如果因尾座底面与机床尾座导轨因摩擦而使尾座顶尖低于主轴顶尖，设低于量为 $H$，加工外圆长度为 $l$，那么加工的外圆表面是什么形状的表面？

解：如图 6－27 所示，刀具沿 $x$ 轴方向进给，假设刀具在 $O$ 点处与两顶尖连线等高，水平方向举例为 $a$，在离 $O$ 点的 $x$ 处刀尖高度与两顶尖连线高度差 $h$，则 $h=x\tan\alpha$，

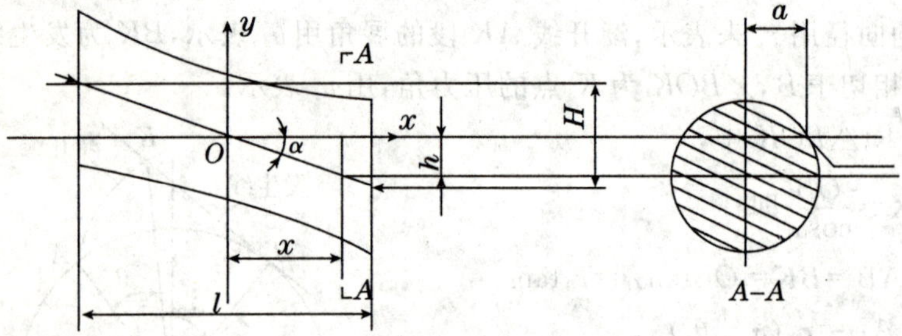


图 6－27

$$\tan\alpha=\frac{H}{l}$$

由右图可知：在 Rt△$OAB$ 中，

$OA=a$，$AB=h$，$OB$ 为所车零件图的半径，设为 $y$

$$OB^2=OA^2+AB^2$$

$$y^2=a^2+h^2$$

$$=a^2+x^2\tan^2\alpha$$

$$=a^2+x^2\left(\frac{H}{l}\right)^2$$

整理得：$\dfrac{y^2}{a^2}-\dfrac{x^2}{\left(\dfrac{al}{H}\right)^2}=1$ 为双曲线方程。

结论：用两顶尖夹紧方式车削外圆，如果两顶尖不等高，那么车出的表面呈双曲线形。也就是说，如果刀尖的运动轨迹与工件的回转轴线不平行，空间交叉，那么车出的零件表面呈双曲线形。

【例 2】　利用例 1 的结论，可以在车床上车出双曲线表面。工件夹在卡盘上，在斜滑板上安装一车刀，但车刀刀尖必须向下安装，如图 6－28 所示。斜滑板转动 $\alpha$ 角，车削时，手动斜滑板进给，车刀从 $B$ 点移向 $A$ 点，车削开始时，切削深度较小，随着刀具向 $A$ 点移动，切削深度增加，$C$ 点时最深，过 $C$ 点后又逐渐减少，从而车出双曲线表面，已知两端面半径为 $R$，长度为 $2l$，中间处半径与两端半径差为 $h$，求斜滑板应扳动的角度 $\alpha$.

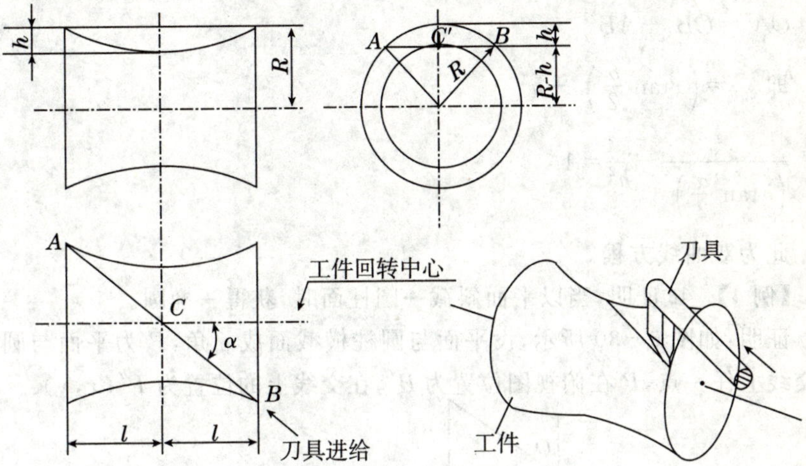


图 6－28

解：$\tan\alpha=\dfrac{C'B}{l}=\dfrac{\sqrt{R_2-(R-h)^2}}{l}=\dfrac{\sqrt{2Rh-h^2}}{l}$

式中 $\alpha$ ——斜滑板转动角度

$R$——工件大端半径

$h$ ——大端半径与喉半径差

$l$ ——喉处与大端轴向距离

换句话说，只要使刀架斜滑板扳动 $\alpha=\arctan\dfrac{\sqrt{2Rh-h^2}}{l}$ 角度就会车出大端与喉半径差为 $h$ 的双曲线表面。双曲线表面还可以在数控车床上通过宏程序加工。

【例 3】　车圆锥表面时，如果车刀刀尖与工件回转中心不等高，车出的表面不是锥面，而是双曲线表面，请说明原因。

解：用斜滑板扳角度车圆锥，若圆锥角为 $\alpha$，则斜滑板扳 $\dfrac{\alpha}{2}$ 角，假设刀尖比工件中心低 $h$ 值，以锥顶点为原点建立直角坐标系，在 $x$ 处取断面，则 $OB=x\tan\dfrac{\alpha}{2}$，在 Rt△$OAB$ 中，

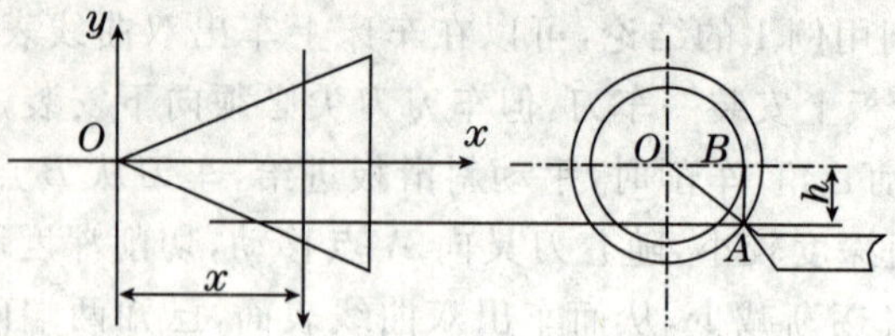


图 6—29

$$OA^2 = OB^2 + AB^2$$

即 $y^2 = \left(x\tan\frac{\alpha}{2}\right)^2 + h^2$

$$\frac{y^2}{\left(h\tan\frac{\alpha}{2}\right)^2} - \frac{x^2}{h^2} = 1$$

此为双曲线方程。

**【例 4】** 试证明，当以平面斜截一圆柱面时，获得一椭圆。

证明：如图 6—30 所示，设平面与圆柱横截面成 $\alpha$ 角，$P$ 为平面与圆柱面交线上任一点，$P$ 在俯视图位置为 $P'$，在交线上的位置为 $P''(x,y)$.

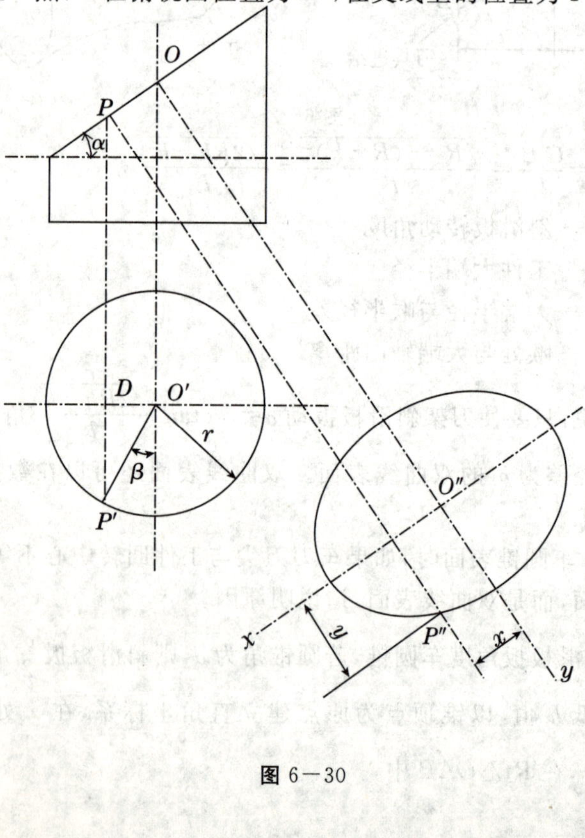


图 6—30

由投影关系可知：

$x=OP=\dfrac{r\sin\beta}{\cos\alpha}$……………(1)

$y=r\cos\beta$………………… (2)

$\therefore \dfrac{x}{\dfrac{r}{\cos\alpha}}=\sin\beta$…………… (3)

$\dfrac{y}{r}=\cos\beta$………………… (4)

$(3)^2+(4)^2$：

$$\frac{x^2}{\left(\dfrac{r}{\cos\alpha}\right)^2}+\frac{y^2}{r^2}=\sin^2\beta+\cos^2\beta=1$$

$$\therefore \frac{x^2}{\left(\dfrac{r}{\cos\alpha}\right)^2}+\frac{y^2}{r^2}=1$$

即得到以$\dfrac{r}{\cos\alpha}$为长半轴，$r$为短半轴的椭圆。

**【例 5】** 试证明，若柱体的斜截面是一个圆，那么这柱体沿轴线方向的投影是个椭圆。

证明：如图 6－31 所示，设斜截面的圆半径为 $R$，$P$ 为圆上的任一点，在俯视图投影为 $P''(x,y)$。由投影关系得：

$x=O'P'\cos\alpha=OP\sin\beta\cos\alpha$

$=R\sin\beta\cos\alpha$ ……………………………………………… (1)

$y=OP\cos\beta=R\cos\beta$ …………………………………… (2)

由(1)得：$\dfrac{x}{R\cos\alpha}=\sin\beta$ ………………………………… (3)

由(2)得：$\dfrac{y}{R}=\cos\beta$ …………………………………… (4)

$(3)^2+(4)^2$：

$\dfrac{x^2}{(R\cos\alpha)^2}+\dfrac{y^2}{R^2}$

$=\sin^2\beta+\cos^2\alpha$

$=1$

即$\dfrac{x^2}{(R\cos\alpha)^2}+\dfrac{y^2}{R^2}=1$

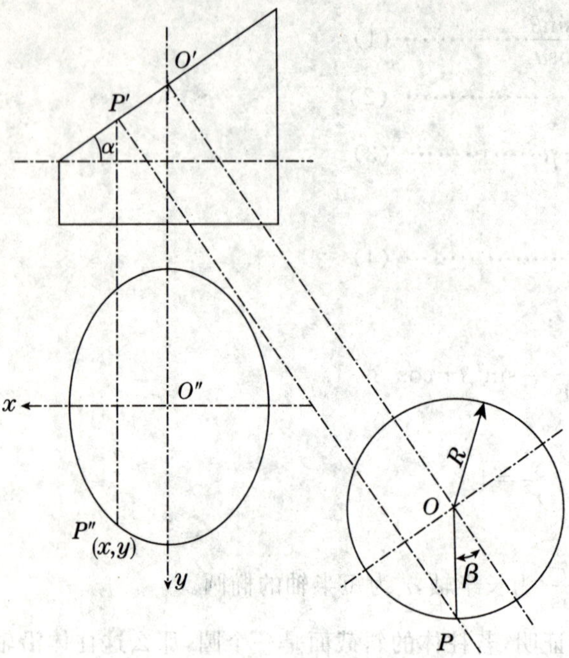


图 6—31

为长轴在 $y$ 轴上，长半径为 $R$，短轴在 $x$ 轴上，短半径为 $R\cos\alpha$ 的椭圆。

用铣床（或在车床上）加工椭圆就是利用本题的结论。

**【例 6】** 镗削椭圆孔。

如图 6—32 所示，镗削椭圆孔可在立式铣床上或装立铣头的卧式铣床上进行，镗削时，镗刀刀尖运动轨迹是一个圆，当立铣头转过一个 $\alpha$ 角后，其在工作台面上的投影是一个椭圆。

刀杆安装在铣床主轴锥孔中，铣刀头转过一个角度 $\alpha$，主轴旋转，利用工作台升降进给就能镗出椭圆孔。若长轴直径要求为 $D_1$，短轴直径要求为 $D_2$，那么铣头应扳动角度 $\alpha$ 及刀尖回转直径 $D_1$ 为多少？

解：$\dfrac{D_1}{2}\cos\alpha=\dfrac{D_2}{2}$

$\therefore \cos\alpha=\dfrac{D_2}{D_1}$

$\alpha=\arccos\dfrac{D_2}{D_1}$

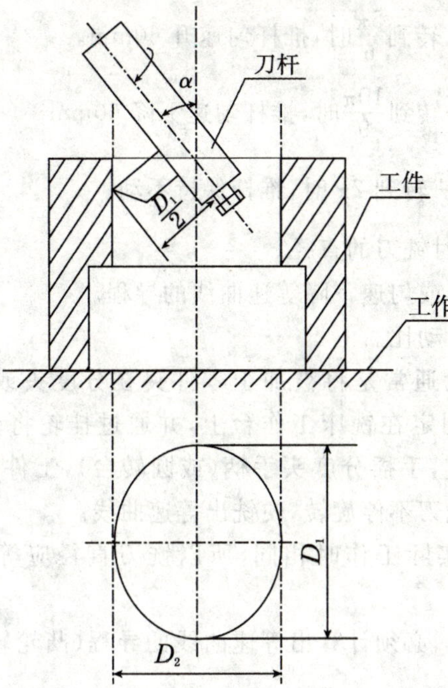


图 6－32

刀尖回转的圆的直径为 $D_1$，以 $\frac{D_1}{2}$ 调整刀尖到主轴中心的距离铣刀头扳动 $\alpha$ 角就可镗出椭圆孔。椭圆的孔或外圆的加工还可以用数控铣、加工中心、数控线切割加工。

**【例 7】** 等速圆盘凸轮的铣削。

如图 6－33 所示，凸轮的基圆半径 $R=60$，已知：

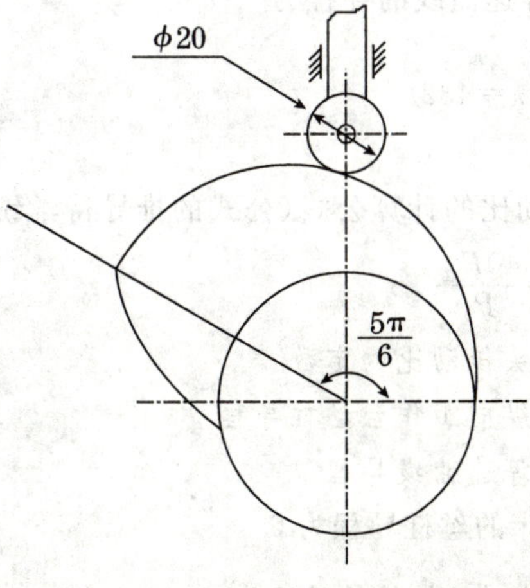


图 6－33

(1)当转角 $\theta$ 从 $O$ 转到 $\frac{5\pi}{6}$ 时,推杆匀速升 60mm。

(2)当转角 $\theta$ 从 $\frac{5\pi}{6}$ 转到 $\frac{10\pi}{9}$ 时,推杆匀速下降 60mm。

(3)当转角 $\theta$ 从 $\frac{10\pi}{9}$ 转到 $2\pi$ 时,推杆保持不动。

求:(1)铣削凸轮时铣刀的直径。

(2)推杆匀速上升或匀速下降等速曲线的导程。

(3)铣削时挂轮传动比。

解:铣削圆盘凸轮通常是将被加工零件夹在分度头或圆转台的主轴上,分度头或圆转台固定在铣床工作台上,并通过挂轮将分度头(或圆转台)组成封闭的传动链,手摇分度头手柄(或圆转台),工件转一转,工作台行走一个凸轮导程,铣刀不停旋转,便铣出等速曲线。

(1)为了与凸轮实际工作时相同,所以铣刀直径应等于从动件滚子直径。

(2)在计算挂轮时,必须计算出等速曲线的导程(凸轮转一周时从动件移动的距离)。

依题意:

从 $0\sim\frac{5\pi}{6}$ 时的等速曲线导程为

$$P_1=\frac{60}{\frac{5\pi}{6}}\times 2\pi=144$$

从 $\frac{5\pi}{6}\sim\frac{10\pi}{9}$ 时的等速曲线的导程为

$$P_2=\frac{60}{\frac{10\pi}{9}-\frac{5\pi}{6}}\times 2\pi=432$$

(3) 根据挂轮传动比的计算公式(公式的推导待学铣工工艺时再讲),用分度头时传动比 $i=\frac{40P_{丝}}{P_h}$

式中40 ——分度头传动比的定数

$P_{丝}$——铣床纵向工作台丝杠导程

$P_h$——凸轮等速曲线导程

假设我们所用铣床的丝杠导程为 6

则铣 $0\sim\frac{5\pi}{6}$ 段凸轮时的挂轮传动比为

$i=\frac{40\times 6}{144}=\frac{5}{3}$

铣$\frac{5\pi}{6}\sim\frac{10\pi}{9}$段凸轮时的挂轮传动比为

$i=\frac{40\times 6}{432}=\frac{5}{9}$

在铣$\frac{10\pi}{9}\sim 2\pi$段时，工作台不动，不需挂轮。这种曲线较简单的加工方法是用数控铣床，加工中心，数控线切割加工。

**2. 关于零件几何要素尺寸的计算**

**【例 1】** 已知，某零件六孔在 $\phi100\pm0.05$ 的圆周上均匀分布，要保证相邻孔间的圆周均布公差为 0.06，求 60°角的公差。

解：以 $\phi100\pm0.05$ 的中心为极点，$Ox$ 轴为极轴，极角的计算公式为 $\theta=\frac{l}{R}$

其中：$l$ 为相邻圆圆心间的弧长

$R$ 为孔所在圆的直径

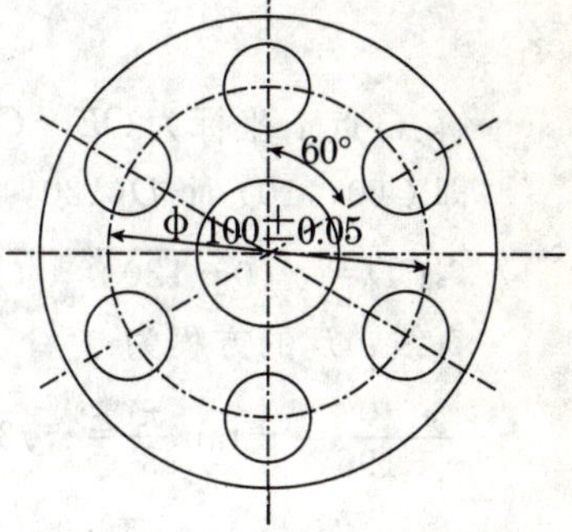


图 6－34

则 $\theta_{man}=\frac{l_{man}}{R_{min}}$　$\theta_{min}=\frac{l_{min}}{R_{man}}$

$\therefore \Delta\theta=\theta_{man}-\theta_{min}=\frac{l_{man}}{R_{min}}-\frac{l_{min}}{R_{man}}$

$\because l_{man}=l+\delta_l$，$l_{min}=l-\delta_l$

$R_{man}=R+\delta_R$，$R_{min}=R-\delta_R$

$\therefore \Delta\theta=\frac{l_{man}}{R_{min}}-\frac{l_{min}}{R_{man}}$

$=\frac{l+\delta_l}{R-\delta_R}-\frac{l-\delta_l}{R+\delta_R}$

$\doteq\frac{2R(\delta_l+\theta\delta_R)}{R^2-(\delta_R)^2}$

$\because (\delta_R)^2$ 很小，可忽略

$\therefore \Delta\theta=\frac{2(\delta_l+\theta\delta_R)}{R}=\pm\frac{\delta_l+\theta\delta_R}{R}$

即已知：$\delta_l=\pm\frac{0.06}{2}=\pm0.03$

$\delta_R=\pm\frac{0.05}{2}=\pm0.025$

$\therefore \Delta\theta=\pm\frac{\delta_l+\theta\delta_R}{R}=\pm\frac{0.03+\frac{\pi}{3}\times0.025}{50}=\pm0.0011$

$\therefore 60°$角的公差$\pm 0.0011$

$(0.0011 = 0.063° = 3'47'')$

**【例 2】** 如图 6－35 所示的零件，求两孔 $C$ 和 $D$ 的中心距，并求 $D$ 孔中心到 $AB$ 的距离。

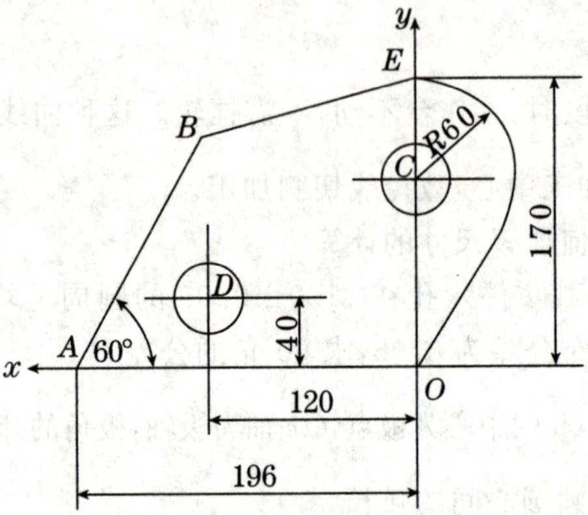


图 6－35

解：$C$ 点 $y$ 坐标为 $OE - CE = 170 - 60 = 110$

即 $C(0,110)$ 而 $D(120,40)$

$\therefore CD = \sqrt{(0-120)^2 + (110-40)^2} = 138.92$

直线 $AB$ 的方程为

$$\frac{y-0}{x-196} = -\tan\frac{\pi}{3} = -\sqrt{3}$$

$$y = -\sqrt{3}x + 196\sqrt{3}$$

即$\sqrt{3}x + y - 196\sqrt{3} = 0$

点 $D(120,40)$ 到直线 $AB$ 的距离为

$$d = \frac{\left|\sqrt{3}\times 120 + 1\times 40 - 196\sqrt{3}\right|}{\sqrt{\sqrt{3}^2 + 1}} = 45.82$$

**【例 3】** 如图 6－36 所示，已知一标准齿轮，齿数为 $Z=20$，模数 $m=3$，分度圆上的压力角为 $\alpha_1 = 20°$，求基圆直径 $d_0$ 及顶圆处渐开线的压力角 $\alpha_{顶}$.

解：标准齿轮的分度圆直径

$$d_f = mZ = 3\times 20 = 60$$

标准齿轮的顶圆直径

$$d_{顶} = mZ + 2m = 60 + 2\times 3 = 66$$

（以上两公式在讲齿轮时会详细介绍）

图示中 $A$ 点为渐开线与分度圆的交点

$\therefore OA=\frac{1}{2}d_f=\frac{1}{2}\times 60=30$

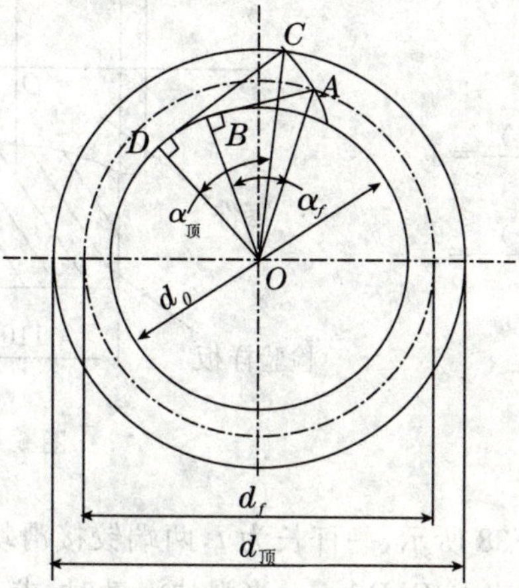


图 6－36

$BA$ 为渐开线的发生线

在 $Rt\triangle OBA$ 中：$OA=30$，$\angle AOB=\alpha_f=20°$

$\therefore OB=OA\cos\angle AOB=30\cos 20°=28.19$

$\therefore d_0=2OB=2\times 28.19=56.38$

在 $Rt\triangle ODC$ 中：

$OC=\frac{1}{2}d_{顶}=\frac{1}{2}\times 66=33$

$OD=\frac{1}{2}d_0=\frac{1}{2}\times 56.38=28.19$

$\cos\alpha_{顶}=\frac{OD}{OC}=\frac{28.19}{33}=0.8542$

$\therefore \alpha_{顶}=31.32°$

**3. 求轨迹方程**

**【例 1】** 如图 6－37 所示，一零件中间部分为双曲线表面，现需作一检验样板检查零件是否合格，为了加工检验样板，需确定样板曲线方程，请列出此方程。

解：建立直角坐标系 $xOy$，由于双曲线对称于 $x$ 轴，所以双曲线方程为

$\frac{y^2}{b^2}-\frac{x^2}{a^2}=1$

由给定尺寸可知：

当 $x=0$ 时，$y=\pm 30$

当 $x=\pm55$ 时，$y=\pm50$

代入方程：

$$\frac{(\pm30)^2}{b^2}-\frac{0^2}{a^2}=1$$

$\therefore b=(\pm30)^2$

$$\frac{(\pm50)^2}{b^2}-\frac{(\pm55)^2}{a^2}=1$$

$$\frac{(\pm50)^2}{30^2}-\frac{(\pm55)^2}{a^2}=1$$

$\therefore a^2=41.25^2$

∴双曲线方程为

$$\frac{y^2}{30^2}-\frac{x^2}{41.25^2}=1$$

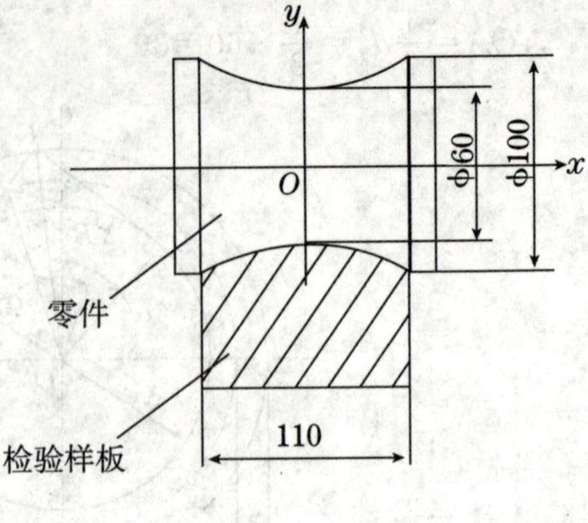

图 6－37

**【例 2】** 如图 6－38 所示，一杆长为 $l$，两端铰接滑块分别在互为垂直的滑槽中滑动，杆上有一定点 $P$，$PA=a$，当滑块滑动时，求 $P$ 点的轨迹方程。

解：设动点 $P$ 的坐标为 $(x,y)$

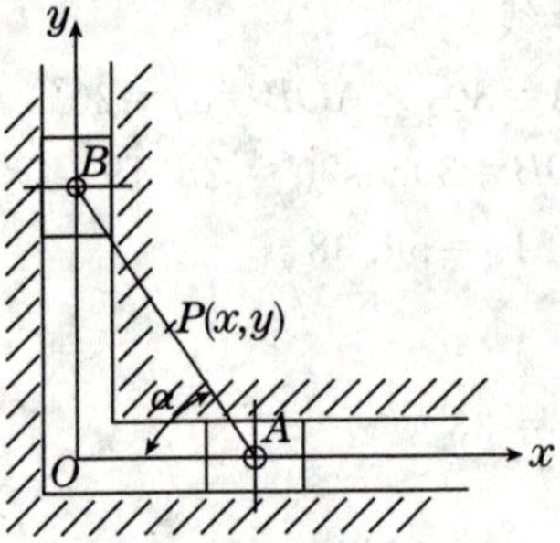

图 6－38

则 $x=AB\cos\alpha-PA\cos\alpha=(AB-PA)\cos\alpha$

$=(l-a)\cos\alpha$ ……………………………(1)

$y=AP\sin\alpha=a\sin\alpha$ ……………………………(2)

由(1)得：$\cos^2\alpha=\dfrac{x^2}{(l-a)^2}$ ……………………(3)

由(2)得：$\sin^2\alpha=\dfrac{y^2}{a^2}$ ……………………(4)

(3)＋(4)：$\dfrac{x^2}{(l-a)^2}+\dfrac{y^2}{a^2}=1$

上式为 $P$ 点轨迹方程，为一椭圆。

【例 3】 图 6－39 所示为行星轮椭圆机构，内齿轮 2 为固定齿轮，系杆 $OC$ 作主动件带动行星轮 1 在轮 2 内运动，轮 2 的节圆半径等于轮 1 上节圆半径，固定在行星轮 1 上的杆 $BM$ 随轮 1 一起运动，节圆外 $BM$ 上任一点 $M$ 的轨迹为一椭圆。

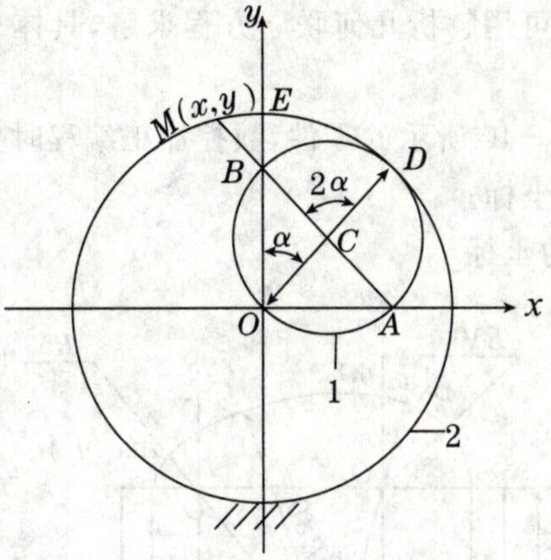


图 6－39

证明：设当$\angle DOE=0$ 时，$B$ 点与 $E$ 点重合，$M$ 点在 $y$ 轴上，$BM=a$，当 $OC$ 转过 $\alpha$ 角时，$M$ 点的坐标为$(x,y)$

由于 $CD=\frac{1}{2}OD$，设 $CD=r$，

则 $OD=2r$，$BD=DE$

$\therefore\angle BCD=2\alpha\ \therefore\angle OBC=2\alpha-\alpha=\alpha$

$\therefore\angle BAO=90°-\alpha$

$M$ 点的坐标：$x=OC\cos\angle BAO-CM\cos\angle BAO$

$=r\cos(90°-\alpha)-(r+a)\cos(90°-\alpha)$

$=-a\sin\alpha$……………………………………(1)

$y=AM\sin\angle BAO$

$=(2r+a)\cos\alpha$…………………………………(2)

由(1)得：$\sin^2\alpha=\frac{x^2}{a^2}$…………………………(3)

由(2)得：$\cos^2\alpha=\frac{y^2}{(2r+a)^2}$…………………(4)

(3)＋(4)得：

$$\frac{x^2}{a^2}+\frac{y^2}{(2r+a)^2}=1$$

$\therefore M$ 点的轨迹为长半轴为 $2r+a$，短半轴为 $a$ 的椭圆。

**4. 由直线和圆弧组成零件轮廓时的基点计算**

由直线和圆弧组成的零件轮廓，可以归纳为直线与直线相交，直线与圆弧相交或相切，圆弧与圆弧相交或相切，一直线与两圆弧相切等几种情况，这几种情况的交点或切点叫基点，计算的方法可利用几何元素间的三角函数关系求解，也可用解析几何联立方程求解，具体采用哪种方法，应具体分析，尽量简化。

**【例 1】** 如图 6－40 所示的零件，数控加工编程时要求求出：

(1) $R30$ 的圆心坐标；

(2) 切点 $A$，$B$ 的坐标.

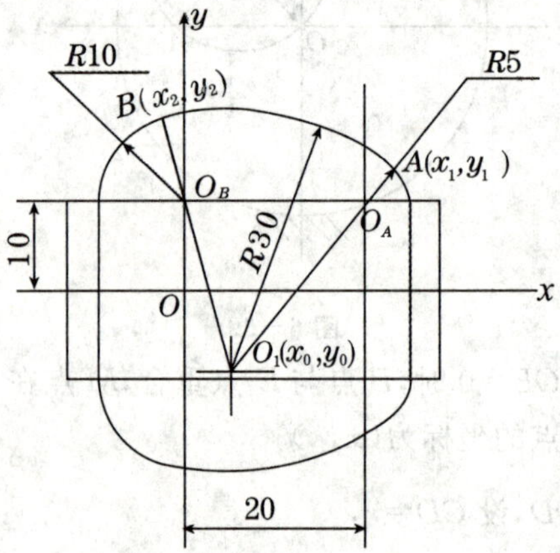


图 6－40

解：方法一：用几何三角函数方法求解

在$\triangle O_BO_1O_A$ 中：$O_BO_1=30-10=20$

$O_AO_1=30-5=25$

$O_BO_A=20$

$$\therefore \cos\angle O_AO_BO_1=\frac{O_BO_1^2+O_BO_A^2-O_AO_1^2}{2O_BO_1\times O_BO_A}$$

$$=\frac{20^2+20^2-25^2}{2\times 20\times 20}=0.21875$$

$\angle O_AO_BO_1=77.36°$

$\therefore x_0=O_BO_1\cos 77.36°=20\times\cos 77.36°=4.375$

$y_0=-(O_BO_1\sin 77.36°-10)$

$=-(20\sin 77.36°-10)$

$=-19.5156+10$

$\approx -9.516$

圆心 $O_1$ 坐标为(4.375,−9.516)

$x_2=-BO_B\cos 77.36°$

$=-10\times 0.21875$

$=-2.1875$

$y_2=BO_B\sin 77.36°+10$

$=10\times 0.97578+10$

$\approx 19.758$

$\therefore B(-2.1875,19.758)$

$\cos\angle O_BO_AO_1=\dfrac{O_BO_A^2+O_AO_1^2-O_BO_1^2}{2\times O_BO_A\times O_AO_1}$

$=\dfrac{20^2+25^2-20^2}{2\times 20\times 25}=0.625$

$\angle O_BO_AO_1=51.32°$

$\therefore x_1=O_BO_A+O_AA\cos\angle O_BO_AO_1$

$=20+5\times 0.625=23.125$

$y_1=10+O_AA\sin 51.32°=10+5\times 0.78=13.90$

$\therefore A(23.125,13.90)$

方法二:用解析几何方法

圆心 $O_1$ 在以 $O_A$ 为圆心,(30−5)为半径的圆上,又在以 $O_B$ 为圆心,(30−10)为半径的圆上,这两个圆的交点为 $O_1$ 点,列两圆的联立方程:

$$\begin{cases}(x-20)^2+(y-10)^2=(30-5)^2\\ x^2+(y-10)^2=(30-10)^2\end{cases}$$

解得:$\begin{cases}x=4.375\\ y=-9.516\end{cases}$,$\begin{cases}x=-4.375\\ y=20.016\end{cases}$　(舍去)

$\therefore O_1(4.375,-9.516)$

切点 $B$ 是过两点 $O_B$、$O_1$ 的直线和以 $O_B$ 为中心以 $R10$ 为半径的圆的交点,列联立方程:

$$\begin{cases}\dfrac{y-10}{x-0}=\dfrac{10+9.516}{0-4.375}=-4.4608\cdots\cdots(1)\\ (y-10)^2+x^2=10^2\cdots\cdots\cdots\cdots\cdots\cdots\quad(2)\end{cases}$$

解得:$\begin{cases}x=\pm 2.1875\\ y=19.758\end{cases}$(正值舍去)

$\therefore B(-2.1875,19.758)$

用同样的方法解得 $A(23.125,13.90)$

【例 2】 如图 6－41 所示的零件，求切点 $A$ 的坐标。

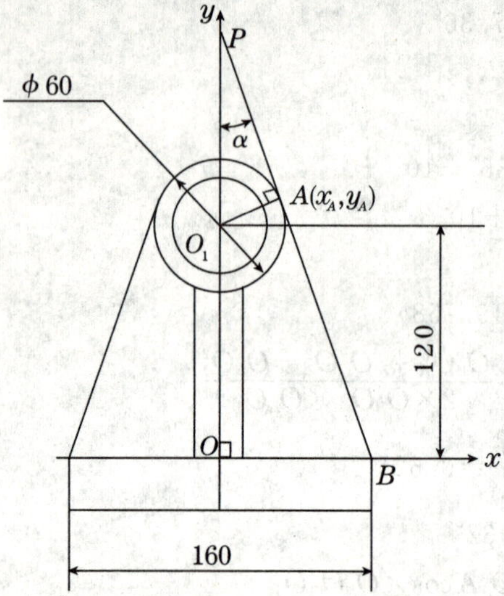


图 6－41

解：方法一：用几何三角函数方法解

$$\tan\alpha=\frac{\frac{160}{2}}{120+O_1P}=\frac{80}{120+\frac{O_1A}{\sin\alpha}}=\frac{80}{120+\frac{30}{\sin\alpha}}$$

$$\frac{\sin\alpha}{\cos\alpha}=\frac{8}{12+\frac{3}{\sin\alpha}}=\frac{8\sin\alpha}{12\sin\alpha+3}$$

$12\sin\alpha+3=8\cos\alpha$

$(12\sin\alpha+3)^2=64(1-\sin^2\alpha)$

$208\sin^2\alpha+72\sin\alpha-55=0$

解得：$\sin\alpha=0.37$

$\alpha=21.68°$

$\therefore x_A=O_1A\cos\alpha=30\cos21.68°=27.88$

$y_A=120+30\sin\alpha=120+30\times0.37=131.1$

即 $A(27.88,131.1)$

方法二：用平面解析几何方法

$A$ 点在以 $O_1B$ 为直径的圆和以 $O_1$ 为圆心，30 为半径的圆交点，联立方程：

$O_1B$ 为直径的圆的圆心 $O_2(x_2,y_2)$

$x_2=\dfrac{80-0}{2}=40$

$y_2=\dfrac{120-0}{2}=60$

$O_1B=\sqrt{O_1O^2+OB^2}=\sqrt{120^2+80^2}=\sqrt{20800}$

$$\begin{cases}(x-40)^2+(y-60)^2=\left(\dfrac{\sqrt{20800}}{2}\right)^2=5200\\(x-0)^2+(y-120)^2=30^2=900\end{cases}$$

解得：$y_A=131.1$　　$y_A=98.53$（舍去）

$x_A\approx27.88$

$\therefore A(27.88,131.1)$

一般来说，用解析几何方法计算比较麻烦，对待具体问题应采取具体方法解题。

**【例 3】** 在数控车床上要车削图示零件，已知尺寸如图 6－42 所示，在编程时，需求出 $R18$ 的圆弧圆心 $O_1$ 及 $R18$ 圆弧与 $R12.5$ 圆弧切点的坐标，请计算。

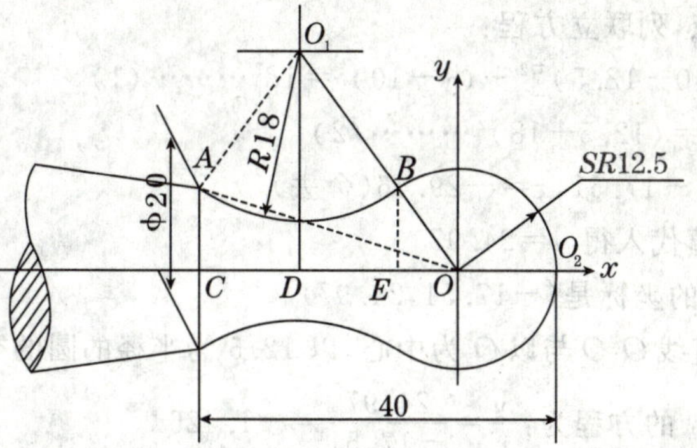


图 6－42

解：方法一：用几何三角函数方法求解

连 $AO$　$\because CO=40-12.5=27.5$

$AC=\dfrac{20}{2}=10$

$\therefore AO=\sqrt{AC^2+CO^2}=\sqrt{10^2+27.5^2}$

$=29.26$

$\tan\angle AOC=\dfrac{AC}{CO}=\dfrac{10}{27.5}=0.\dot{3}\dot{6}$

$\angle AOC=19.98°$

在$\triangle AOO_1$中，$\cos\angle AOO_1=\dfrac{AO^2+OO_1^2-AO_1^2}{2AO\times OO_1}$

$=\dfrac{29.26^2+(18+12.5)^2-18^2}{2\times 29.26\times(18+12.5)}=0.819$

$\therefore \angle AOO_1=34.98°$

$\therefore \angle DOO_1=\angle AOO_1+\angle AOC=34.98°+19.98°=54.96°$

$O_1D=OO_1\sin\angle DOO_1=(18+12.5)\sin 54.96°=24.97$

$OD=OO_1\cos\angle DOO_1=(18+12.5)\cos 54.96°=17.51$

$\therefore O_1$点的坐标是$(-17.51,24.97)$

$OE=OB\cos\angle BOE=12.5\cos 54.96°=7.18$

$BE=OB\sin\angle BOE=12.5\sin 54.96°=10.23$

$\therefore B$点的坐标为$(-7.18,10.23)$。

如图，以$O_2$为原点（数控车床零件原点往往设在端面上）则$O_1$坐标为$(-30.01,24.97)$，$B$坐标为$(-19.68,10.23)$。

方法二：用平面解析几何方法解

$O_1$点是以$A$点为圆心，18为半径的圆与以$O$点为圆心，$(12.5+18)$为半径的的交点，列联立方程：

$$\begin{cases}[x+(40-12.5)]^2+(y-10)^2=18^2\cdots\cdots\cdots(1)\\ x^2+y^2=(12.5+18)^2\cdots\cdots\cdots(2)\end{cases}$$

解得$x=-17.51$，$x=-29.46$（舍去）

将$x$的值代入得$y=24.97$

即$O_1$点的坐标是$(-17.51,24.97)$

$B$点是直线$O_1O$与以$O$为中心，以12.5为半径的圆的交点

直线$OO_1$的方程为：$\dfrac{y}{x}=\dfrac{24.97}{-17.51}=-1.426$

即$y=-1.426x$

联立方程：$\begin{cases}y=-1.426x\\ x^2+y^2=12.5^2\end{cases}$

解得：$x=-7.18$　　（$x=7.18$舍去）

$y=10.24$

即$B$点的坐标为$(-7.18,10.24)$

如果以端面与轴线交点$O_2$为原点，则$O_1$点的坐标为$(-30.01,24.97)$，切点$B$的坐标为$(-19.68,10.24)$。

**【例4】** 在数控车床上粗车椭圆回转体时，往往将椭圆曲线用圆弧代替，以得到近似椭圆回转体，然后应用宏程序进行椭圆回转体的精加工。

在制图课中，我们知道椭圆的近似画法，如图 6－43 所示，作互相垂直的直线 $AB$ 和 $CD$ 为椭圆的长短轴，以交点 $O$ 为圆心，$OA$ 为半径作弧交于短轴 $OC$ 的延长线于 $E$ 点，再以 $C$ 为圆心，$CE$ 为半径作圆弧与 $AC$ 连线交于 $F$ 点，作 $AF$ 的垂直平分线与 $OA$ 交于 $H$ 点，与 $OD$ 交于 $G$ 点，分别以 $OH$、$OG$ 的长度截取对称点为 $H'$、$G'$，以 $G$、$G'$为圆心，以 $GC$ 长为半径作两条弧，以 $H$、$H'$为圆心，$HA$ 长为半径作两条弧，以上四条弧相接（连接点为切点），即成为一完整的椭圆。

若已知长短半轴的长，就可计算出四条圆弧的半径及切点坐标。现推导如下：

已知：$OA=OB=a$（长半轴的长）

$OC=OD=b$（短半轴的长）

求：圆弧半径长 $GC$ 和 $HA$，圆弧在第一象限的切点坐标 $P(x_0,z_0)$.

解：$AC=\sqrt{a^2+b^2}$

$CF=a-b$

则 $AK=\dfrac{AC-CF}{2}$

$=\dfrac{\sqrt{a^2+b^2}-(a-b)}{2}$

$CK=\dfrac{AC-CF}{2}+CF$

$=\dfrac{AC+CF}{2}$

$=\dfrac{\sqrt{a^2+b^2}+(a-b)}{2}$

$GC=\dfrac{CK}{\sin\alpha}=\dfrac{CK}{\dfrac{b}{\sqrt{a^2+b^2}}}$

$=\dfrac{\sqrt{a^2+b^2}+(a-b)}{2}\times\dfrac{\sqrt{a^2+b^2}}{b}$

$=\dfrac{a^2+b^2+(a-b)\sqrt{a^2+b^2}}{2b}$

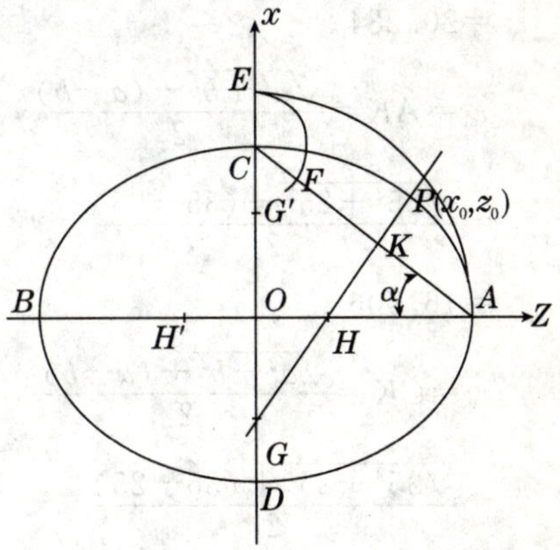


图 6－43

$HA=\dfrac{AK}{\sin\alpha}=\dfrac{AK}{\dfrac{a}{\sqrt{a^2+b^2}}}$

$=\dfrac{\sqrt{a^2+b^2}-(a-b)}{2}\times\dfrac{\sqrt{a^2+b^2}}{a}$

$$=\frac{a^2+b^2-(a-b)\sqrt{a^2+b^2}}{2a}$$

$$x_0=PH\cos\alpha=AK=\frac{\sqrt{a^2+b^2}-(a-b)}{2}$$

$$z_0=PG\sin\alpha=CK=\frac{\sqrt{a^2+b^2}+(a-b)}{2}$$

现举一实例说明其计算方法。

已知：长半轴长 $a=35$，短半轴长 $b=25$

求：圆弧半径 $R_1$，$R_2$，基点坐标 $(x_0, z_0)$

解：$R_2=GC=\dfrac{a^2+b^2+(a-b)\sqrt{a^2+b^2}}{2b}$

$$=\frac{35^2+25^2+(35-25)\sqrt{35^2+25^2}}{2\times25}$$

$$=45.602$$

$$R_1=HA=\frac{a^2+b^2-(a-b)\sqrt{a^2+b^2}}{2a}$$

$$=\frac{35^2+25^2-(35-25)\sqrt{35^2+25^2}}{2\times35}$$

$$=20.284$$

$$x_0=AK=\frac{\sqrt{a^2+b^2}-(a-b)}{2}$$

$$=\frac{\sqrt{35^2+25^2}-(35-25)}{2}$$

$$=16.506$$

$$z_0=CK=\frac{\sqrt{a^2+b^2}+(a-b)}{2}$$

$$=\frac{\sqrt{35^2+25^2}+(35-25)}{2}$$

$$=26.506$$

**5. 数控铣刀位点运动轨迹的计算**

在数控铣（或加工中心）上铣削凸、凹圆弧时，要用变量的方法计算出刀位点的运动轨迹。列出变量计算式后由数控系统自动计算结果，刀具按计算结果走刀，可分为以下几种情况：

**【例 1】** 见图 16－44，已知被加工凸圆弧半径为 $R$，铣刀半径为 $r$，角度变量 $\theta$，求：刀位点 $P$ 距已加工面距离 $\triangle X$，距上顶面距离 $\triangle Z$。

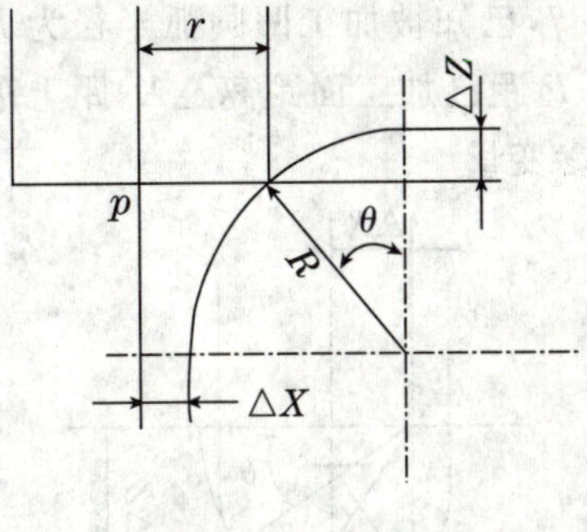


图 6－44

解：以角度变量 $\theta$ 为参变量

$\triangle X=r-(R-R\sin\theta)$

$=r-R(1-\sin\theta)$

$\triangle Z=R-R\cos\theta$

$=R(1-\cos\theta)$

**【例 2】** 见图 6－45，已知被加工凸圆弧半径为 $R$，球面铣刀半径为 $r$，角度变量为 $\theta$，求：刀位点 $P$ 距已加工表面距离$\triangle X$，距上顶面距离$\triangle Z$。

解：以角度变量 $\theta$ 为参变量

$\triangle X=(R+r)\sin\theta-R$

$\triangle Z=(R+r)-(R+r)\cos\theta$

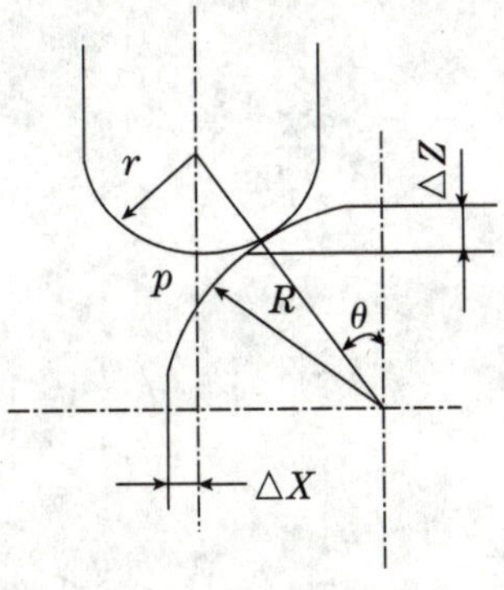


图 6－45

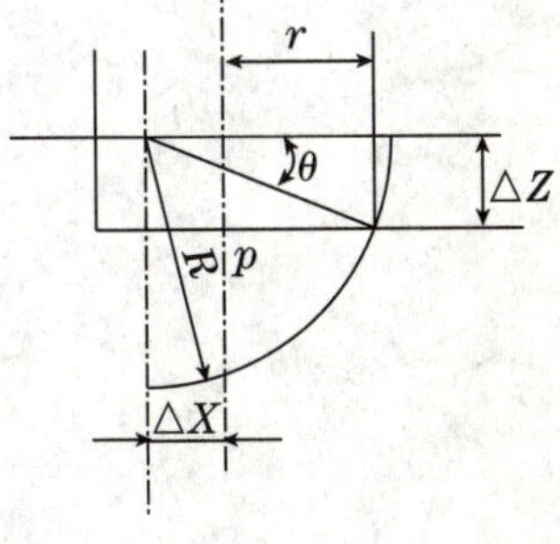


图 6－46

**【例 3】** 见图 6－46，已知被加工凹圆弧半径为 $R$，铣刀半径为 $r$，角度变量为 $\theta$，求：刀位点 $P$ 距已加工面距离$\triangle X$，距上顶面距离$\triangle Z$。

解：以角度变量 $\theta$ 为参变量

$\triangle X=R\cos\theta-r$

$\triangle Z=R\sin\theta$

**【例4】** 见图6－47,已知被加工凹圆弧半径为$R$,球铣刀半径为$r$,角度变量为$\theta$,求:刀位点$P$距已加工面距离$\triangle X$,距上顶面距离$\triangle Z$。

解:以角度量$\theta$为参变量

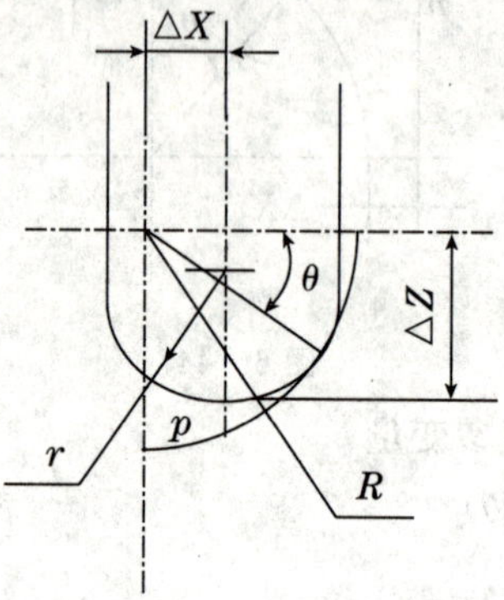


图6－47

$\triangle X=(R-r)\cos\theta$

$\triangle Z=R\sin\theta+r-r\sin\theta$

$=(R-r)\sin\theta+r$

# 习题九

1.(1)普通卧式车床(见图 6－48)的精度检验项目中其中一项是床头主轴和尾座两顶尖等高度允差为 0.04,并只允尾座高,为什么有这两点的要求?

(2)普通卧式车床(见图 6－48)的精度检验项目中其中一项是刀架移动对主轴轴线的平行度允差为 0.04,并只允许主轴右端高,为什么有这两点要求呢?

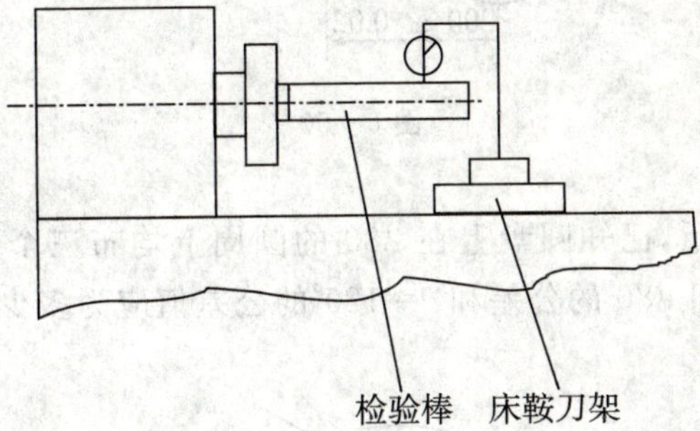


图 6－48

2.在立式铣床上要镗长轴为 60,短轴为 40 的椭圆孔,问立铣头应扳过多大的角度,刀头回转直径为多大?

3.椭圆孔也可以在车床上车削(见图 6－49),将工件固定在车床斜滑板上,并扳成一角度 $\alpha$,车刀刀杆装夹在主轴上,主轴回转,斜滑板移动就可镗出椭圆孔。现要求椭圆孔的长轴为 60,短轴为 48,那么应扳的角度 $\alpha$ 为多少?

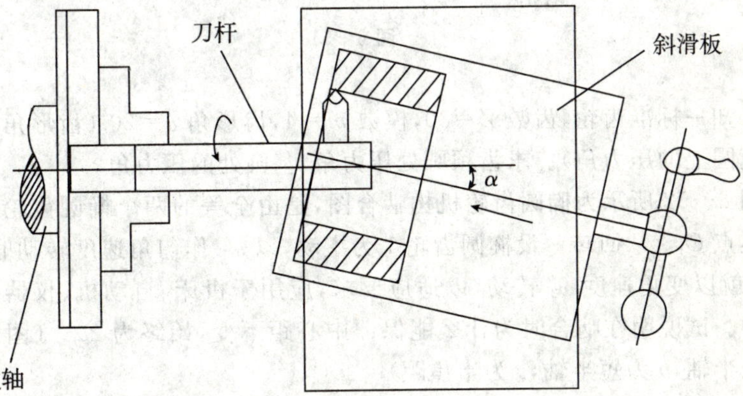


图 6－49

4. 已知：孔 $A$ 和孔 $B$ 的坐标如图 6－50 所示，求 $A$ 与 $B$ 孔中心距误差。

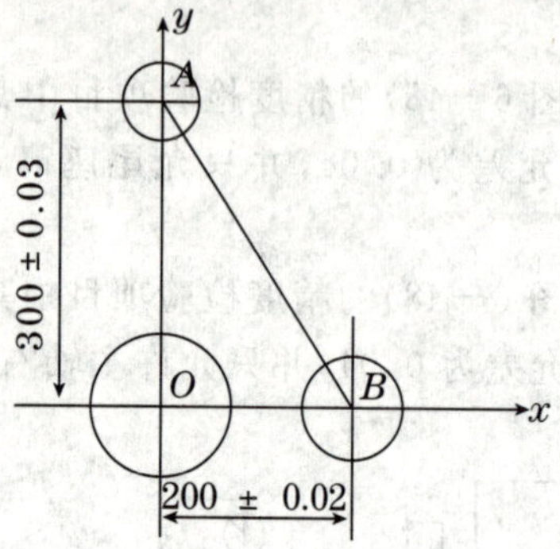


图 6－50

5. 如图 6－51 所示，已知圆盘上在 $\phi80$ 的圆周上均布三个孔，孔距 $C$ 的误差小于 0.05，问 $\phi80$ 的公差和 $\theta=120°$ 的公差值应为多少？

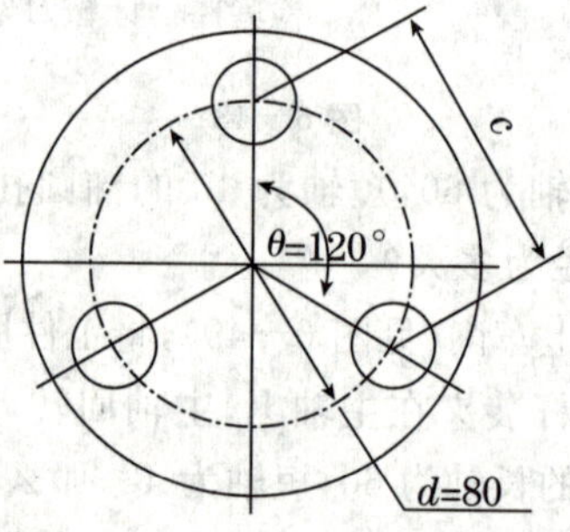


图 6－51

6. 已知一标准齿轮，齿数 $Z=30$，模数 $m=4$，齿形角 $\alpha=20°$（齿形角是指分度圆上的压力角）。求齿顶圆处压力角，基圆处的压力角。

7. 图 6－52 所示为椭圆齿轮机构啮合图，是由全等的两个椭圆齿轮分别绕焦点 $O_1$、$O_2$ 回转。设椭圆齿轮 1 为主动，以 $\omega_1$ 作匀角速度转动时，齿轮 2 就以变角速度 $\omega_2$ 转动，以适应要求，应用于机床、自动机、仪器等装置中。试说明在啮合时为什么能保证中心距不变，始终为 $2a$。（图中 $a$ 为长半轴，$b$ 为短半轴，$c$ 为半焦距）

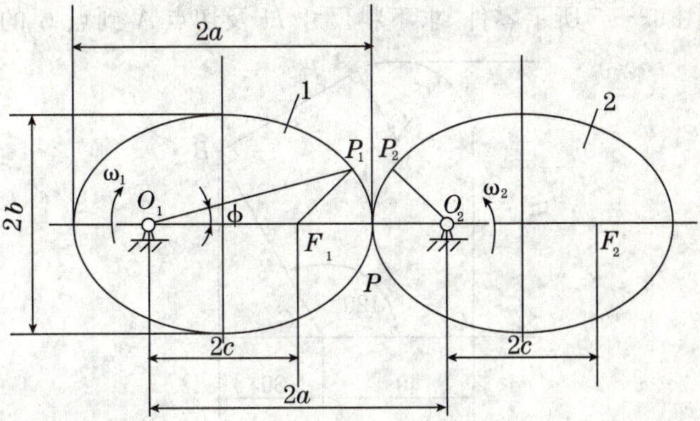


图 6－52

8. 如图 6－53 所示，已知等速圆盘凸轮，基圆半径 $R_0=60$，当 $\theta$ 从 0 转到 $\frac{2\pi}{3}$ 时，匀速上升 20，当 $\theta$ 从 $\frac{2\pi}{3}$ 转到 $\frac{5\pi}{6}$ 时，匀速下降 20，求上升及下降段的导程。

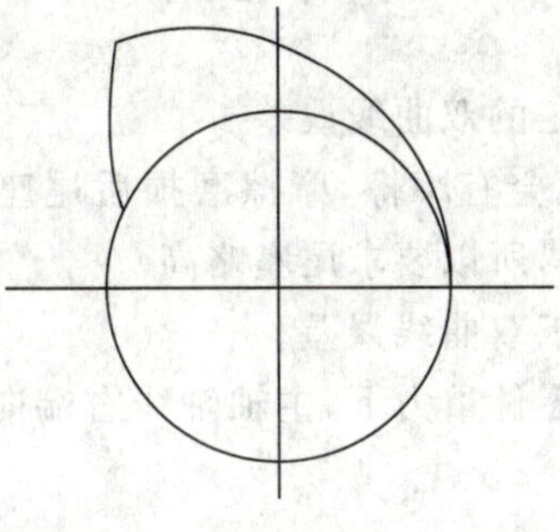

图 6－53

9. 已知如图（见图 6－54）的零件，求 $O_1$ 和切点 $A$ 的坐标。

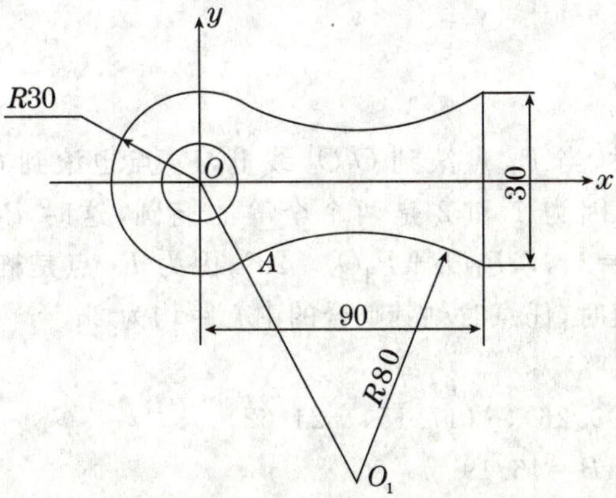


图 6－54

10. 已知如图 6－55 所示零件，求下料尺寸 $H$ 及切点 $A$ 到点 $B$ 的距离。

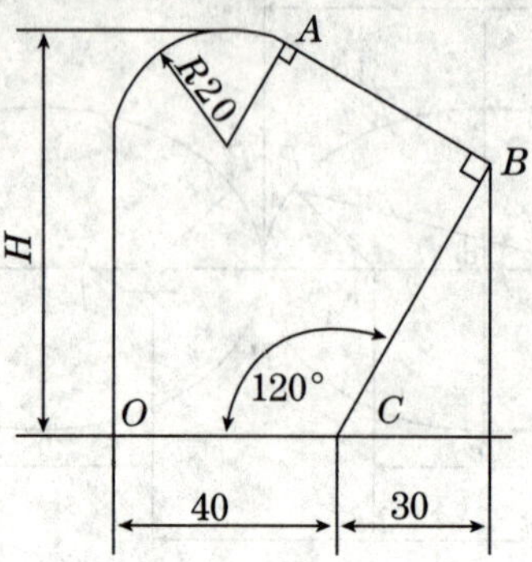


图 6－55

11. 已知：椭圆长半轴长 $a=40$，短半轴长 $b=30$，求用圆弧近似代替椭圆，求圆弧半径及在第一象限的切点坐标。

# 参考答案

1. (1)不等高会引起加工的双曲线误差。

因尾座经常移动导轨会有摩擦，摩擦磨损后尾座下降，另外主轴运转时会升温而使主轴升高，所以要求尾座略高。

(2)不平行会引起加工双曲线误差。

因主轴装夹零件，在零件重力下，主轴轴线右端向下，所以检测心棒右端要略高些。

2. 48.19°，60

3. 38.87°

4. 0.072

5. 0.029，2′10″

6. 28.24°，0°

7. 两椭圆对滚时，当 $P_1$ 点滚到 $O_1O_2$ 线上，$P_2$ 点也滚到 $O_1O_2$ 线上，这时 $P_1P'=P_2P'$，因为 1 和 2 是两个全等的椭圆，这时 $P_2O_2=P_1F_1$，而 $P_1O_1+P_1F_1=2a$，$\therefore P_1O_1+P_2O_2=2a$，因为 $P_1$ 点是椭圆上任意点，所以两椭圆对滚时，任意时刻其啮合的中心距均为 $2a$。

8. 60，240

9. $O_1(62.88,-90.26)$，$A(17.15,-24.62)$

10. $H=57.71$，$AB=46.19$

11. $R_2=50$，$R_1=25$，$x_0=20$，$z_0=30$

# 第七章　几何体的展开及落料

工厂中经常遇到钣金件或冷作件，它们通常由计算好的平面图形制作而成，如何根据需要制作的钣金件（或冷作件）的几何形状和尺寸确定坯料的形状和尺寸，是这一章要研究的内容。

要确定坯料的形状和尺寸有很多方法，本章主要介绍几种常见工件落料的数学方法，包括勾股定理，正、余弦定理，三角函数，相交弦定理等面积原理，弧、角互换关系等初等数学知识。同时，结合制图中的投影关系，表达图形的几何形状和尺寸，所以也是制图与数学相结合的一门课程。

## §7.1　圆锥的展开计算

本节介绍正圆锥、直角圆锥、斜圆锥的展开计算，在计算时为了方便，不考虑板料的厚度（以后的计算都不计厚度）。

**1. 正圆锥坯料计算：工厂常称圆台为圆锥，若已知：$D$，$d$，$h$，求侧面展开图形尺寸**（见图 7—1）

解：展开图形为扇形$\overset{\frown}{OAA'O}$与扇形$\overset{\frown}{OBB'O}$的差，即剖面部分。

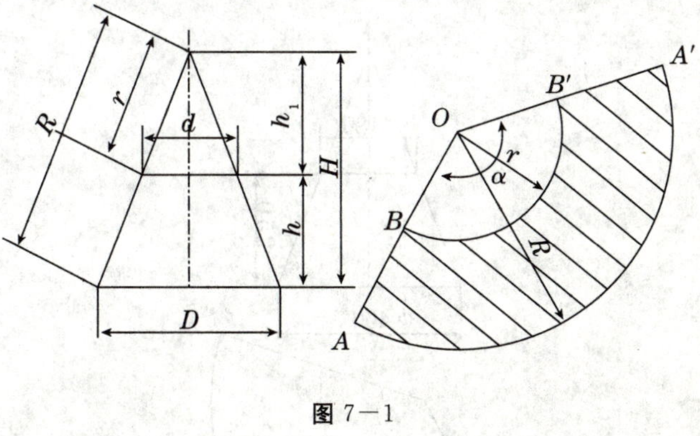


图 7—1

由图可知：

$$\frac{H}{h_1}=\frac{D}{d}$$

$$\frac{H}{H-h}=\frac{D}{d}$$

得整圆锥高 $H=\dfrac{Dh}{D-d}$

式中 $D$ ——大端直径

$d$ ——小端直径

$h$ ——高

$\therefore$ 整圆锥展开半径 $R=\sqrt{H^2+\left(\dfrac{D}{2}\right)^2}$ …(勾股定理)

上部圆锥展开半径 $r$

$\because \dfrac{r}{R}=\dfrac{H-h}{H}$

$\therefore r=\dfrac{(H-h)R}{H}$

展开料夹角 $\alpha=\dfrac{\pi D}{R}=\dfrac{180^\circ D}{R}$

展开料大端弧长 $L=\pi D$

展开料小端弧长 $l=\pi d$

展开料大端弦长 $a=AA'=2R\sin\dfrac{\alpha}{2}$

展开料小端弦长 $b=BB'=2r\sin\dfrac{\alpha}{2}$

**【例】** 已知:一圆锥 $D=400, d=180, h=250$.

求 $H, R, r, \alpha, a, b$.

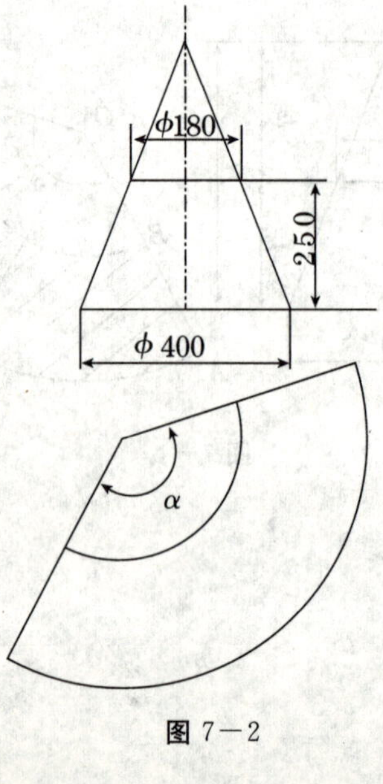


图 7—2

解：$H=\frac{Dh}{D-d}=\frac{400\times250}{400-180}=454.55$

$R=\sqrt{H^2+\left(\frac{D}{2}\right)^2}=\sqrt{454.55^2+\left(\frac{400}{2}\right)^2}$

$=496.6$

$r=\frac{(H-h)R}{H}=(454.55-250)\times496.6\div454.55=223.5$

$\alpha=\frac{\pi D}{R}=3.14\times400\div496.6=2.529=144.99°$

$a=2R\sin\frac{\alpha}{2}=2\times496.6\times\sin(144.99\div2)=947.21$

$b=2r\sin\frac{\alpha}{2}=2\times223.5\times\sin(144.99\div2)=426.3$

**2. 直角斜圆锥坯料计算**

已知：直角斜圆锥大端直径为 $D$，小端直径为 $d$，高度为 $h$.

求：(1)整斜圆锥高 $H$；

(2)上部斜锥高 $h_1$；

(3)整斜锥任一展开半径 $R_i$；

(4)上部斜锥任一展开半径 $r_i$；

(5)大端展开弧长 $L$；

(6)大端每等份弧长 $l$。

解：在圆锥大端圆上任取一点 $B$，俯视投影为 $B'$ 点，直角圆锥直角顶点 $A$ 的俯视投影为 $A'$，连接 $A'B'$

(1) $H=\frac{Dh}{D-d}$

(2) $h_1=H-h$

(3) $R_i$ 为 $PB$ 的实长

$R_i=\sqrt{H^2+(A'B')^2}$

作 $O'E'\perp A'B'$，

则 $\angle E'O'B'=\angle E'O'A'=\frac{\beta_i}{2}$，

$A'B'=2\times\frac{D}{2}\sin\frac{\beta_i}{2}=D\sin\frac{\beta_i}{2}$

$\therefore R_i=\sqrt{H^2+\left(D\sin\frac{\beta_i}{2}\right)^2}$

(4) $r_i=\dfrac{R_i h_1}{H}$

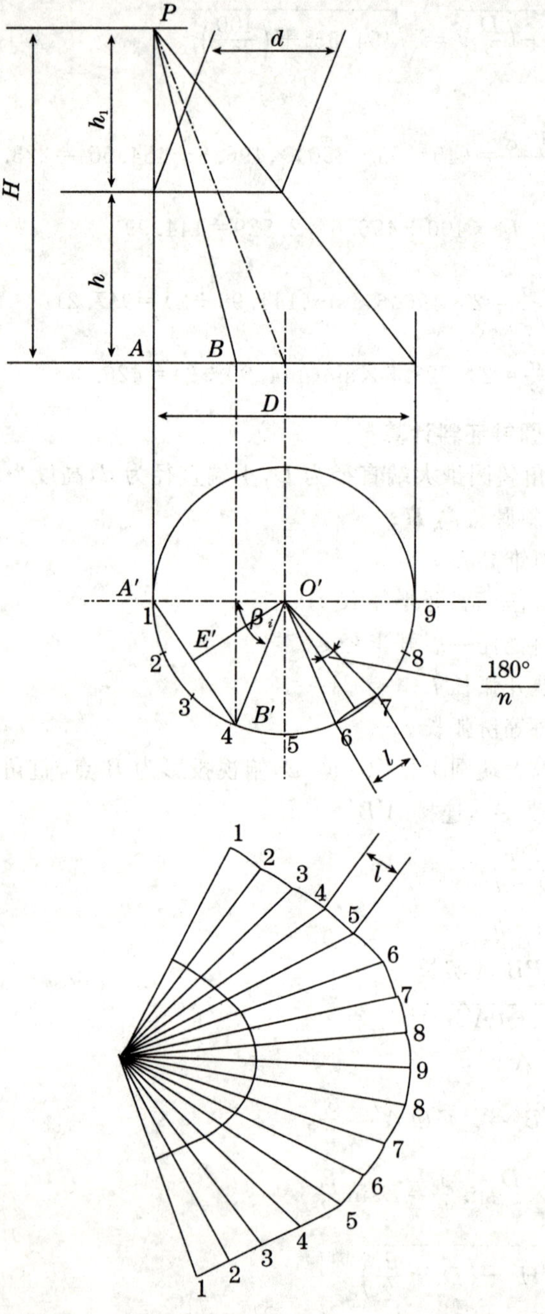


图 7—3

(5)$L=\pi D$(为大端圆周长)，显然它不是圆弧

(6)$l=2\times\frac{D}{2}\sin\frac{180^\circ}{n}=D\sin\frac{180^\circ}{n}$

式中的 $n$ 为大端圆周等分份数。

**【例】** 已知上题中，$h=20,D=\phi30,d=\phi14$. 求 $H,h_1,l$，并画出展开图。

解：$H=\frac{Dh}{D-d}=20\times30\div(30-14)=37.5$

$h_1=H-h=37.5-20=17.5$

$l=D\sin\frac{180^\circ}{n}=30\sin\frac{180^\circ}{16}=5.853$

$R_i=\sqrt{H^2+\left(D\sin\frac{\beta_i}{2}\right)^2}$

$r_i=\frac{R_ih_1}{H}$

根据上面公式列表：

| 点 | 1 | 2 | 3 | 4 | 5 | 6 | 7 | 8 | 9 |
|---|---|---|---|---|---|---|---|---|---|
| $\beta^\circ_i$ | 0 | 22.5 | 45 | 67.5 | 90 | 112.5 | 135 | 157.5 | 180 |
| $\frac{\beta^\circ_i}{2}$ | 0 | 11.25 | 22.5 | 33.75 | 45 | 56.25 | 67.5 | 78.75 | 90 |
| $R_i$ | 37.5 | 37.95 | 39.22 | 41.04 | 43.08 | 45.04 | 46.63 | 47.67 | 48.02 |
| $r_i$ | 17.5 | 17.71 | 18.30 | 19.05 | 20.10 | 21.02 | 21.76 | 22.25 | 22.41 |

根据列表数据逐个描点，再把各点依次圆滑连接，即得到锥面的展开图，本题的展开图如图 7－3 的下图。

**3. 钝角、锐角斜圆锥坯料的计算**

**【例 1】** 已知：斜圆锥大端直径为 $D$，小端直径为 $d$，高为 $h$，大端中心与锥顶偏心距为 $a$.

求：(1)整斜圆锥高 $H$；

(2)上部圆锥高 $h_1$；

(3)大端每等份弦长 $l$；

(4)整斜锥任一展开半径 $R_i$；

(5)上部斜锥任一展开半径 $r_i$；

(6)大端展开弧长 $L$。

解：在大端圆周上任取一点 $B$，它的投影为 $B'$，顶点 $P$ 的投影为 $A$，在俯视投影图为 $A'$，连接 $A'B'$.

(1)$\because\frac{h_1}{H}=\frac{PM}{PN}=\frac{d}{D}$　　$\frac{H-h}{H}=\frac{d}{D}$

整理得：$H=\dfrac{Dh}{D-d}$

(2) $h_1=H-h$

(3) $l=D\sin\dfrac{180°}{n}$

（$n$ 为大端圆周等分数）

(4) $R_i=\sqrt{H^2+(A'B')^2}$

$(A'B')^2=a^2+\left(\dfrac{D}{2}\right)^2-2a\times\dfrac{D}{2}\cos\beta_i$

$\therefore R_i=\sqrt{H^2+a^2+\left(\dfrac{D}{2}\right)^2-aD\cos\beta_i}$

(5) $\because \dfrac{r_i}{R_i}=\dfrac{h_1}{H}$

$\therefore r_i=\dfrac{R_ih_1}{H}$

(6) $l=D\sin\dfrac{180°}{n}$（$n$ 为大端圆周等分数）

**【例 2】** 已知 $h=20, D=\varphi30, d=\varphi14, a=22$

求 $H, h_i, l$，并画出展开图

解：$H=\dfrac{Dh}{D-d}=\dfrac{30\times20}{30-14}=37.5$

$h_1=H-h=37.5-20=17.5$

$l=D\sin\dfrac{180°}{n}=30\sin\dfrac{180°}{16}=5.85$

列表求 $R_i$ 和 $r_i$：

| 点 | 1 | 2 | 3 | 4 | 5 | 6 | 7 | 8 | 9 |
|---|---|---|---|---|---|---|---|---|---|
| $\beta_i$ | 0 | 22.5 | 45 | 67.5 | 90 | 112.5 | 135 | 157.5 | 180 |
| $R_i$ | 38.15 | 38.80 | 40.60 | 43.16 | 45.99 | 48.66 | 50.81 | 52.20 | 52.60 |
| $r_i$ | 17.80 | 18.10 | 18.95 | 20.14 | 21.46 | 22.71 | 23.61 | 24.36 | 24.58 |

其中：$R_i=\sqrt{H^2+a^2+\left(\dfrac{D}{2}\right)^2-aD\cos\beta_i}$

$=\sqrt{37.5^2+22^2+15^2-22\times30\times\cos\beta_i}$

$=\sqrt{2115.25-660\cos\beta_i}$

$r_i=\dfrac{h_1}{H}R_i=\dfrac{17.5}{37.5}R_i=0.47R_i$

描点作展开图如图 7－4 所示。

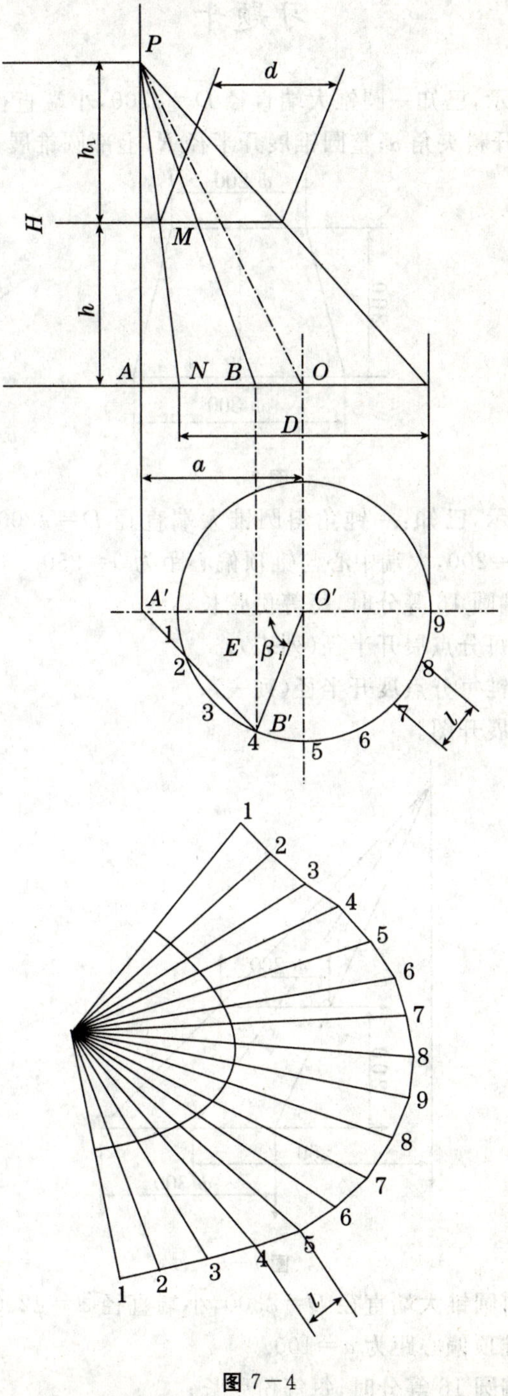


图 7－4

# 习题十

1. 如图 7－5 所示，已知一圆锥大端直径 $D=\phi300$，小端直径 $d=\phi200$，高 $h=200$ 求：展开料夹角 $\alpha$；整圆锥展开半径 $R$，上部圆锥展开半径 $r$.

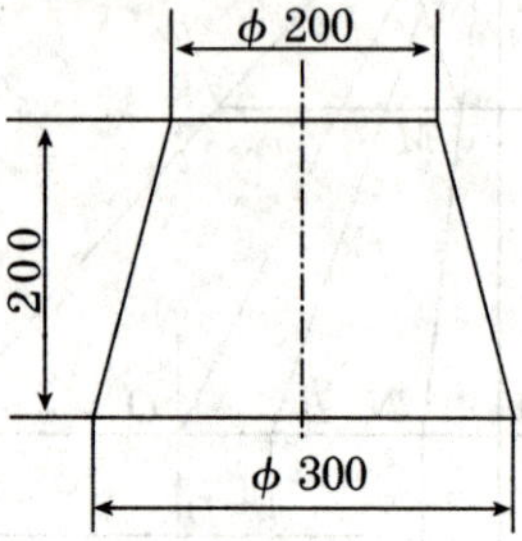


图 7－5

2. 如图 7－6 所示，已知：一钝角斜圆锥大端直径 $D=\phi300$，小端直径 $d=\phi200$，高度 $h=200$，大端中心与锥顶偏心距为 $a=250$.

求：(1)当大端圆 16 等分时，每等份弦长；

(2)整斜圆锥每分点展开半径(列表)；

(3)上部斜圆锥每分点展开半径(列表)；

(4)画出侧面展开图。

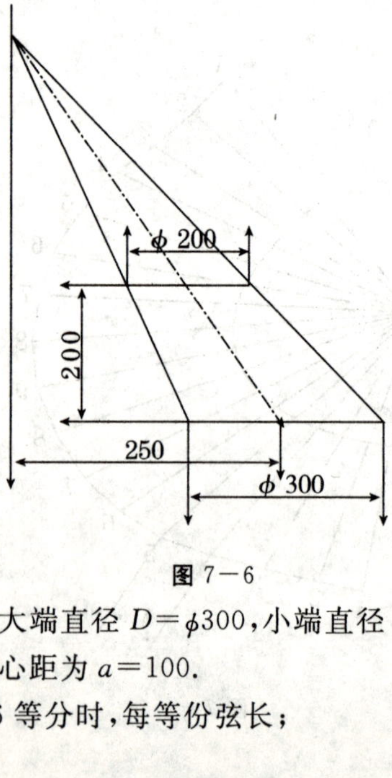


图 7－6

3. 已知一锐角斜圆锥大端直径 $D=\phi300$，小端直径 $d=\phi200$，高度 $h=200$，大端中心与锥顶偏心距为 $a=100$.

求：(1)当大端圆 16 等分时，每等份弦长；

(2)整斜圆锥每分点展开半径(列表)；

(3)上部圆锥每分点展开半径(列表)；

(4)画出侧面展开图。

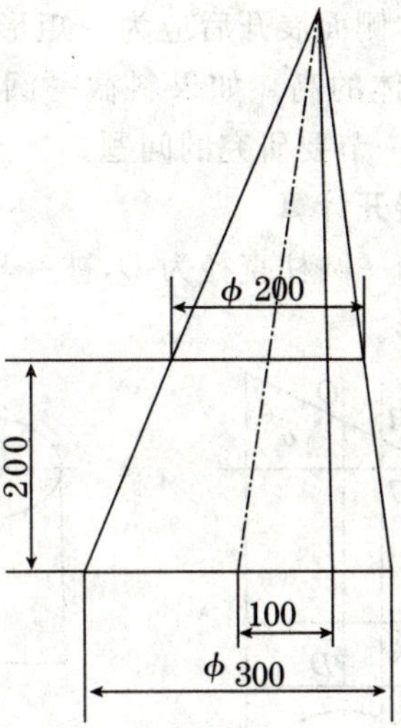


图 7－7

# 参考答案

1. $\alpha=87.31^\circ$, $R=618.47$, $r=412.31$

2. $l=58.52$

| 点 | 1 | 2 | 3 | 4 | 5 | 6 | 7 | 8 | 9 |
|---|---|---|---|---|---|---|---|---|---|
| $\beta_i^\circ$ | 0 | 22.5 | 45 | 67.5 | 90 | 112.5 | 135 | 157.5 | 180 |
| $R_i$ | 608.3 | 613 | 626.1 | 645.2 | 667.1 | 688.3 | 105.7 | 717.1 | 721.1 |
| $r_i$ | 405.55 | 428.6 | 417.38 | 430.14 | 444.72 | 458.84 | 470.47 | 478.09 | 480.74 |

展开图略

3. $l=58.52$

| 点 | 1 | 2 | 3 | 4 | 5 | 6 | 7 | 8 | 9 |
|---|---|---|---|---|---|---|---|---|---|
| $\beta_i^\circ$ | 0 | 22.5 | 45 | 67.5 | 90 | 112.5 | 135 | 157.5 | 180 |
| $R_i$ | 602.08 | 603.97 | 609.33 | 617.27 | 626.50 | 635.59 | 643.21 | 648.24 | 650.00 |
| $r_i$ | 401.39 | 402.65 | 406.22 | 411.51 | 417.67 | 423.73 | 428.81 | 432.16 | 433.33 |

展开图略

# §7.2 斜截面圆柱表面的展开

我们知道一个圆柱体侧面展开后应为一矩形，矩形的长为圆柱体底面的周长，矩形的宽为圆柱体的高。如果斜截一圆柱体，那么它侧面的展开图形是什么样的，这是这一节要研究的问题。

**1. 斜截圆柱表面的展开计算**

如图 7－8 所示，已知一圆柱直径为 $D$，被一与端面成 $\alpha$ 角的平面相截，求截后圆柱侧面展开图形。

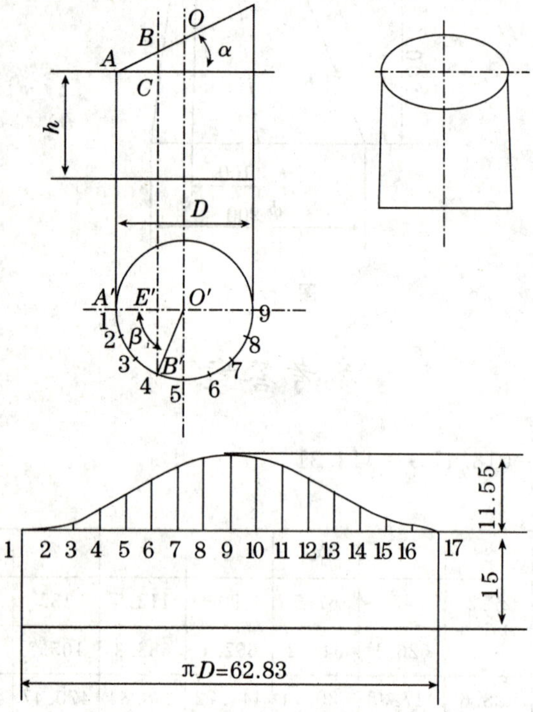


当 $D=20, h=15, \alpha=30°$ 时的侧面展开图

图 7－8

解：在斜截面圆周上任取一点 $B$，它在俯视图投影为 $B'$，$A$ 点的投影为 $A'$，俯视图圆的中心为 $O'$，设 $\angle A'O'B'=\beta_i$

则 $AC=A'E'=A'O'-B'O'\cos\beta_i$

$=\dfrac{D}{2}(1-\cos\beta_i)$

$\therefore BC=AC\tan\alpha=\dfrac{D}{2}(1-\cos\beta_i)\tan\alpha$

即 $h_i=\frac{D}{2}(1-\cos\beta_i)\tan\alpha$

为了方便，这里把底圆分成 $n$ 等份，可得每分点的 $\beta_i$ 值，代入上式可得各分点的 $h_i$ 值，描点可得展开图图形。

**【例】** 以图 7－8 为例，已知：$D=20$，$\alpha=30°$，$h=15$，求作展开图。

解：为作展开图，把圆周 16 等分，则每等份弧长

$l=\frac{\pi D}{16}=\frac{\pi\times 20}{16}=3.927$

底圆展开长 $\pi D=62.83$

根据 $h_i=\frac{D}{2}(1-\cos\beta_i)$ 列表求 $h_i$：

| 点 | 1 | 2 | 3 | 4 | 5 | 6 | 7 | 8 | 9 |
|---|---|---|---|---|---|---|---|---|---|
| $\beta_i°$ | 0 | 22.5 | 45 | 67.5 | 90 | 112.5 | 135 | 157.5 | 180 |
| $h_i$ | 0 | 0.44 | 1.69 | 3.56 | 5.77 | 7.98 | 9.86 | 11.11 | 11.55 |

根据列表数据描点，再将各点依次圆滑连接，可得到如图 7－8 所示的展开图。

**2. 圆管弯头表面展开计算**

图 7－9 所示的圆管弯头由两等径的斜截圆柱组成，因为斜截面为椭圆，且长轴为 $AB$ 长，只有当在两圆柱斜截的椭圆长轴相等，截面各点对应才能对准，因此截的两圆柱斜角 $\alpha$ 必须相等。

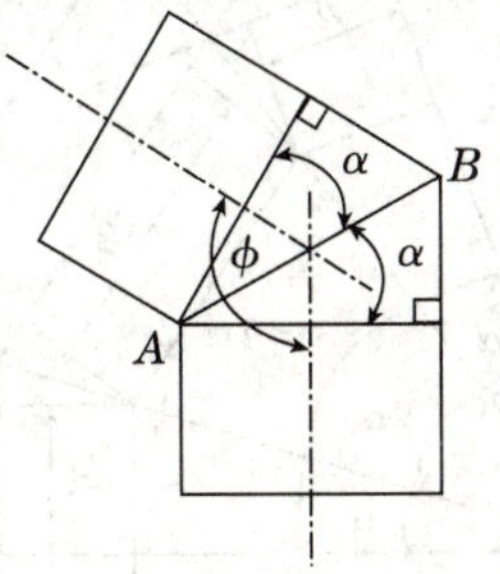


图 7－9

由图可知 $2\alpha+\varphi=2\pi$，

$\therefore\alpha=\frac{\pi-\varphi}{2}=90°-\frac{\varphi}{2}$

这时，只需按每个圆柱斜截的斜角为 $\alpha$ 展开即可，这里不再列举计算。

**3. 任意角度的圆管弯头料的计算**

图 7－10 所示为三节圆管弯头，$\alpha$ 为端节角度(斜角)，管径为 $D$，为了

保证三节各接缝处密合，所以中间一节因两端都有斜角 $\alpha$，因而总角 $\varphi=4\alpha$，最小高为 $2h$，依此，便可进行展开计算。

**【例】** 如上图，$D=200$，$\varphi=80°$，$R=470$，求中间节的展开图。

解：$\alpha=\dfrac{\varphi}{4}=\dfrac{80°}{4}=20°$

$$h=(R-\frac{D}{2})\tan\alpha$$

$$=(470-100)\tan20°$$

$$=134.67$$

$$2h=269.34$$

$$h_i=\frac{D}{2}(1-\cos\beta_i)\tan\alpha$$

根据上式列表：

| 点 | 1 | 2 | 3 | 4 | 5 | 6 | 7 | 8 | 9 |
|---|---|---|---|---|---|---|---|---|---|
| $\beta_i$° | 0 | 22.5 | 45 | 67.5 | 90 | 112.5 | 135 | 157.5 | 180 |
| $h_i$ | 0 | 2.77 | 10.66 | 22.47 | 36.40 | 50.33 | 62.13 | 70.02 | 72.79 |

根据列表数据描点后，再将各点依次圆滑连接，可得如图 7—10 所示展开图。

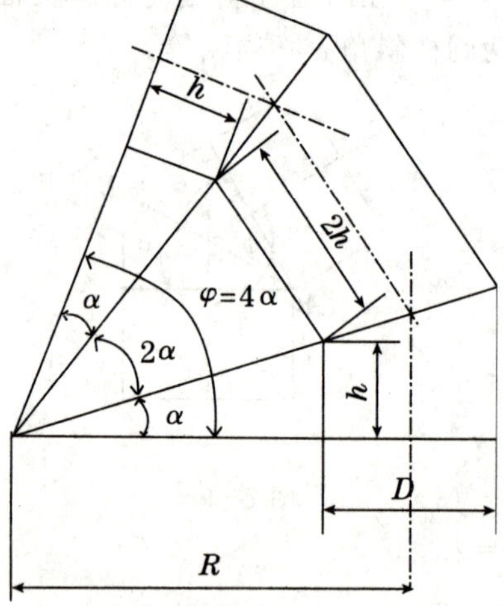

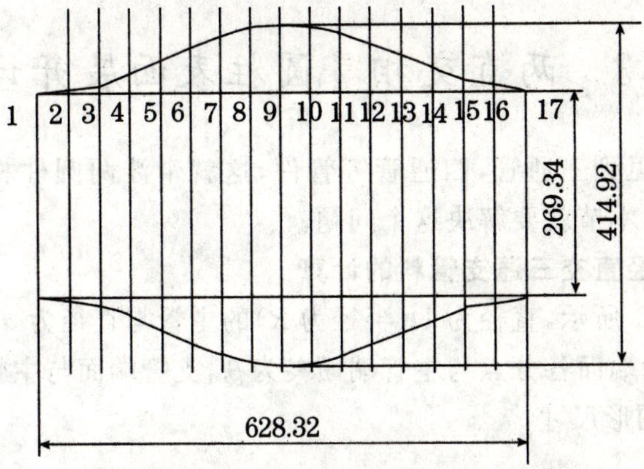


当 $R=470, D=200, \varphi=80°$ 时中间节展开图

图 7—10

# §7.3 两直交相贯圆柱表面展开计算

工厂中常见到三通管，四通管等管件，这就牵涉两圆柱相贯的表面展开问题的计算，本节就要解决这个问题。

**1. 任意直径直交三通支管料的计算**

如图 7－11 所示，直径为 $D$（半径为 $R$）的主管与直径为 $d$（半径为 $r$）的支管直交，支管端面各分点与主管端面夹为 $\beta_i$，支管端面与主管中心线距离为 $H$，求展开图形尺寸。

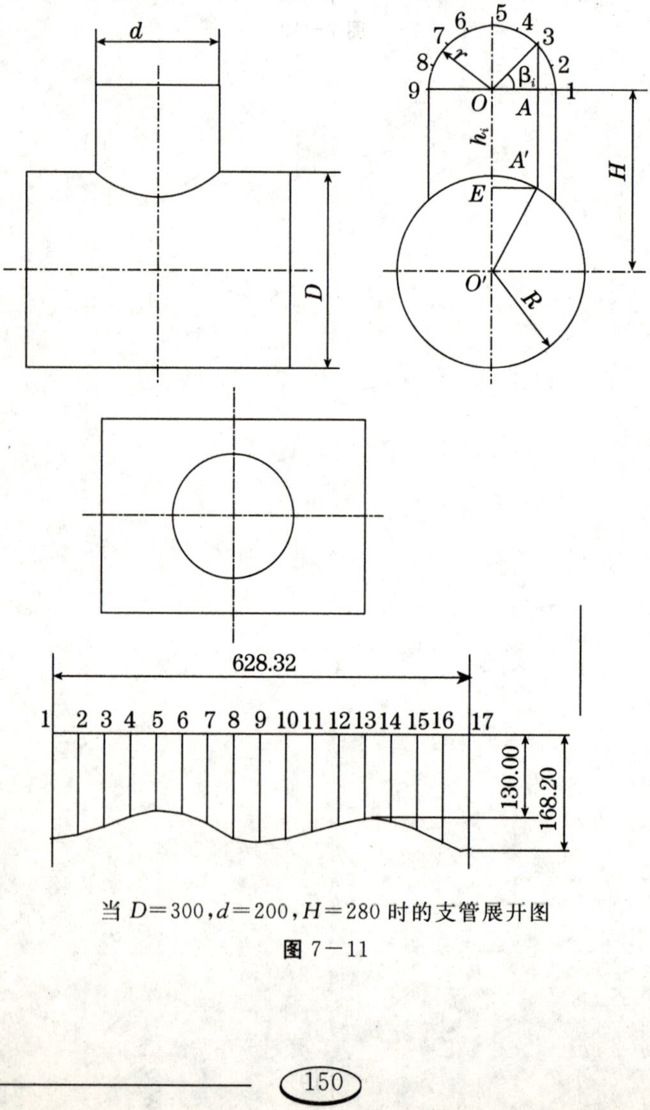


当 $D=300$，$d=200$，$H=280$ 时的支管展开图

图 7－11

解：(1)支管展开长度为 $\pi d$

(2)支管任一素线长为 $h_i$

由图可知：$h_i = AA'$

$= H - O'E$

$= H - \sqrt{(O'A')^2 - (E'A')^2}$

$= H - \sqrt{R^2 - (AO)^2}$

$= H - \sqrt{R^2 - (r\cos\beta_i)^2}$

**【例】** 如上图所示，主管直径 $D=300$，支管直径 $d=200$，支管端面与主管中心线距离 $H=280$，画出支管展开图.

解：(1)支管展开长度为 $l=\pi d$

$=200\pi$

$=628.32$

(2)将支管圆周 16 等分，根据公式

$h_i = H - \sqrt{R^2 - (r\cos\beta_i)^2}$

$= 280 - \sqrt{150^2 - (100\cos\beta_i)^2}$

$= 280 - 100\sqrt{2.25 - \cos^2\beta_i}$

依据公示列表：

| 点 | 1 | 2 | 3 | 4 | 5 | 6 | 7 | 8 | 9 |
|---|---|---|---|---|---|---|---|---|---|
| $\beta_i$° | 0 | 22.5 | 45 | 67.5 | 90 | 112.5 | 135 | 157.5 | 180 |
| $h_i$ | 168.20 | 161.83 | 147.71 | 134.96 | 130.00 | 134.96 | 147.71 | 161.83 | 168.20 |

根据各分点对应的 $h_i$ 值描点求得展开曲线和展开图，如 7－11 所示。

**2. 关于主管展开计算**

在通常情况下，支管完成后，骑于主管上，画线后，可得主管实形孔。但有时也要在主管下料时预先作好实形孔，这就是需要求出主管的展开图形。

如图 7－12 所示，主管直径为 $D$(半径为 $R$)，支管直径为 $d$(半径为 $r$)，主、支管直交，主管长 $L$，求主管展开图形.

解：我们仍然将支管圆周上分成若干等份，分点与主管端面夹角为 $\beta_i$，设在相贯线上一点 $A$，$A$ 点的轴向距离

$a_i = AE = r\sin\beta_i$

$\sin\omega_i = \dfrac{A'F'}{R} = \dfrac{r\cos\beta_i}{R}$

$\therefore \omega_i = \arcsin \dfrac{r\cos\beta_i}{R}$

周向弧长 $l_i = \widehat{A'B'} = R\omega_i = R\ \arcsin \dfrac{r\cos\beta_i}{R}$

这样当支管各分点确定后，对应的展开点便确定，就可画出展开图。

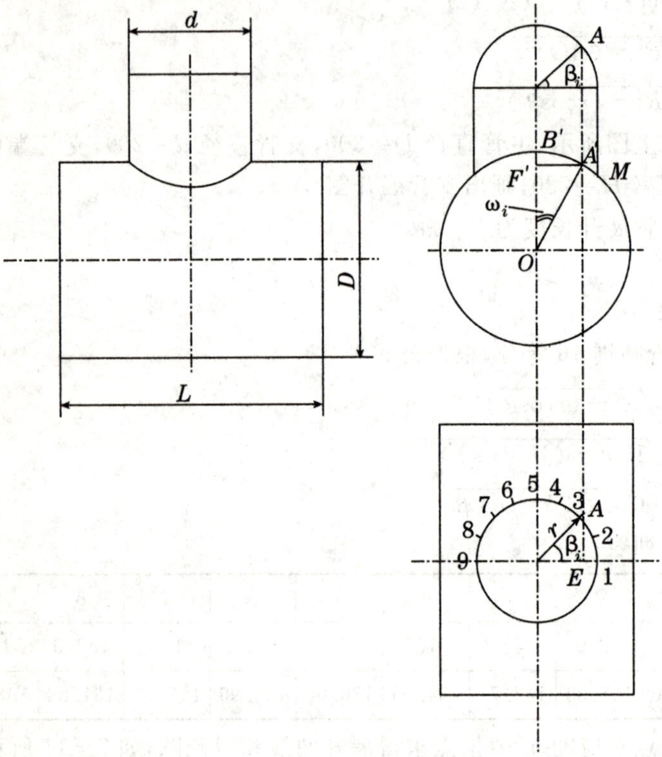


图 7—12

【例】 上图中 $d=200$，$D=300$，$L=400$，求主管展开图。

解：将支管圆周 16 等分，分别求出各点对应的轴向距离 $a_i$ 和周向弧长 $l_i$，列表后描点即可。

根据公式：

$a_i = r\sin\beta_i$

$= 100\sin\beta_i$

$l_i = R\arcsin \dfrac{r\cos\beta_i}{R}$

$= 150 \times \arcsin \dfrac{100\cos\beta_i}{150}$

$= 150\arcsin(\dfrac{2}{3}\cos\beta_i)$

根据上式列表：

| 点 | 1 | 2 | 3 | 4 | 5 | 6 | 7 | 8 | 9 |
|---|---|---|---|---|---|---|---|---|---|
| $\beta_i$° | 0 | 22.5 | 45 | 67.5 | 90 | 112.5 | 135 | 157.5 | 180 |
| $a_i$ | 0 | 38.27 | 70.71 | 92.39 | 100.00 | 92.39 | 70.71 | 38.27 | 0 |
| $l_i$ | 109.46 | 99.53 | 73.63 | 38.70 | 0 | −38.70 | −73.63 | −99.53 | −109.46 |

描点连线，所得展开图如下（见图 7—13）。：

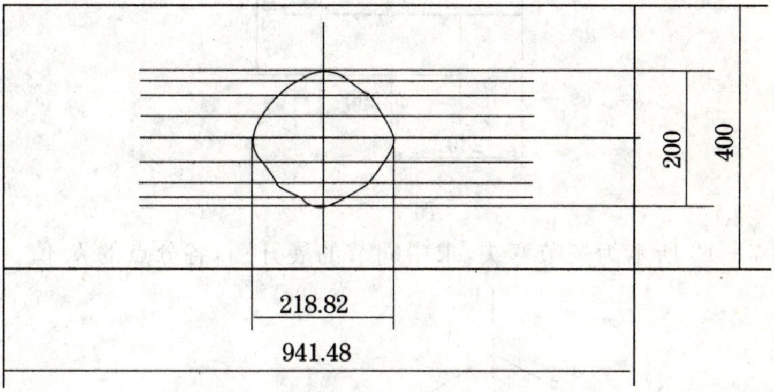


展开图

图 7—13

# 习题十一

1. 求如图 7－14 所示管表面展开图，将圆 16 等分，求对应点之 $h_i$ 值。

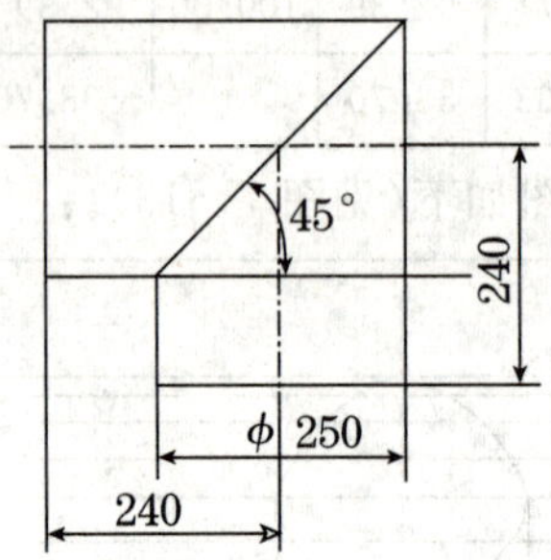


图 7－14

2. 如图 7－15 所示为三节弯头，求中间节的展开图，各分点的 $h_i$ 值。

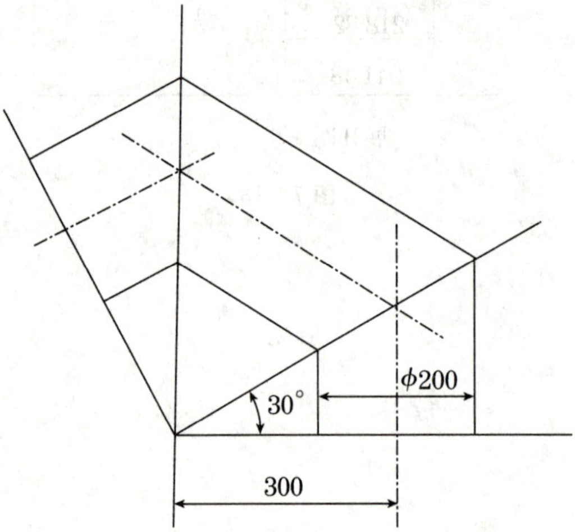


图 7－15

3. 如图 7－16 所示为等径三通圆管。

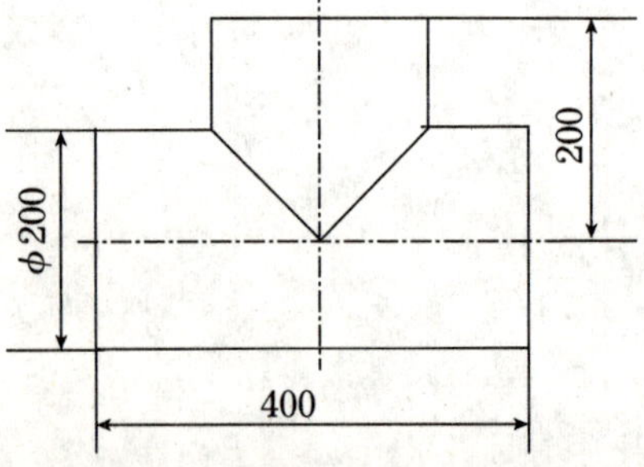


图 7－16

求:(1)各等份点素线长 $h_i$ 及支管展开图;

(2)各等份点轴向距离 $a_i$,各等份点周向弧长 $l_i$,画出主管展开图。

# 参考答案

1. 列表:

| 点 | 1 | 2 | 3 | 4 | 5 | 6 | 7 | 8 | 9 |
|---|---|---|---|---|---|---|---|---|---|
| $\beta_i$° | 0 | 22.5 | 45 | 67.5 | 90 | 112.5 | 135 | 157.5 | 180 |
| $h_i$ | 0 | 9.52 | 36.61 | 77.16 | 125 | 172.84 | 213.39 | 240.48 | 250.00 |

展开图略。

2. 列表:

| 点 | 1 | 2 | 3 | 4 | 5 | 6 | 7 | 8 | 9 |
|---|---|---|---|---|---|---|---|---|---|
| $\beta_i$° | 0 | 22.5 | 45 | 67.5 | 90 | 112.5 | 135 | 157.5 | 180 |
| $h_i$ | 0 | 4.39 | 16.91 | 35.64 | 57.74 | 79.83 | 98.56 | 111.08 | 115.47 |

展开图略。

3. 列表:

| 点 | 1 | 2 | 3 | 4 | 5 | 6 | 7 | 8 | 9 |
|---|---|---|---|---|---|---|---|---|---|
| $\beta_i$° | 0 | 22.5 | 45 | 67.5 | 90 | 112.5 | 135 | 157.5 | 180 |
| $h_i$ | 200.00 | 161.73 | 129.29 | 107.61 | 100.00 | 107.61 | 129.29 | 161.73 | 200.00 |
| $a_i$ | 0 | 38.27 | 70.71 | 92.39 | 100.00 | 92.39 | 70.71 | 38.27 | 0 |
| $l_i$ | 157.08 | 117.81 | 78.54 | 39.27 | 0 | −39.27 | −78.54 | −117.81 | −157.08 |

展开图略。

# §7.4　关于简易封头的坯料计算

封头就是封住圆或椭圆柱状体两端的部分。如图 7－17 中的 2 的部分。封头有各种不同形状，常用的有球面封头，标准椭圆封头，平顶圆角封头等。它们坯料为圆形。其坯料直径的计算方法大致有 3 种：周长法，等面积法，经验法。经不同压制方法压制后，都会有不同程度的拉伸变薄，所以无须加余量或少加余量。为了方便，计算时忽略其板料厚度。

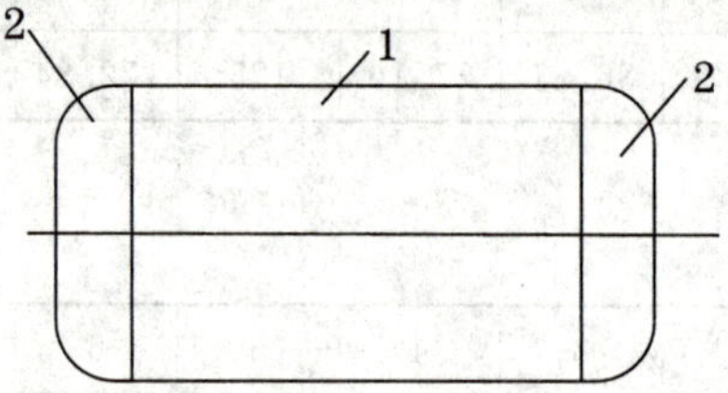


图 7－17

**1. 整料压制平顶圆角封头坯料直径计算**

图 7－18 为平顶圆角封头简图，用以下两种方法计算坯料直径：

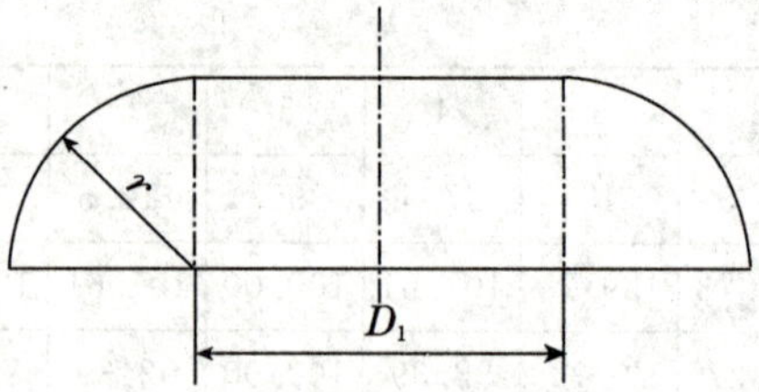


图 7－18

(1)周长法：

坯料直径 $D=D_1+2\times\frac{2\pi r}{4}$

$=D_1+\pi r$

(2)等面积法：

①顶圆面积为 $\pi\left(\frac{D_1}{2}\right)^2$

②旋转曲面面积为$\frac{\pi^2 D_1 r}{2}+2\pi r^2$

(此式在注释中证明)

坯料面积为 $\pi\left(\frac{D}{2}\right)^2$

由等面积原理：$\pi\left(\frac{D}{2}\right)^2$

$=\pi\left(\frac{D_1}{2}\right)^2+\frac{\pi^2 D_1 r}{2}+2\pi r^2$

$\therefore D=\sqrt{D_1^2+2\pi D_1 r+8r^2}$

注释：旋转曲面面积 S，可用积分方法获得：从图 7－19 得，

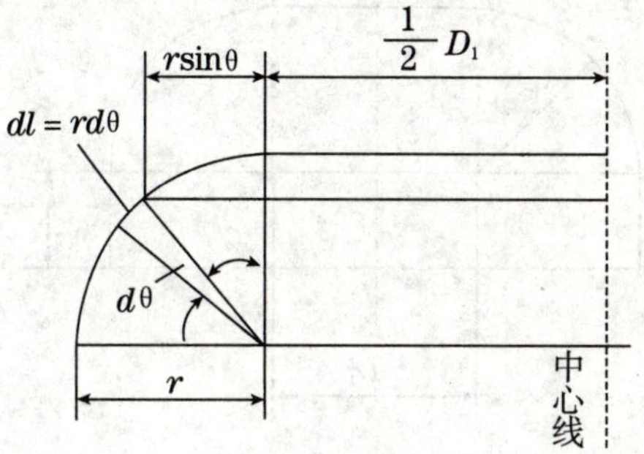


图 7－19

$S=\int_0^{\frac{\pi}{2}} 2\pi\left(\frac{D_1}{2}+r\sin\theta\right) rd\theta$

$=\int_0^{\frac{\pi}{2}} 2\pi r\left(\frac{D_1}{2}+r\sin\theta\right)d\theta$

$=2\pi r\left(\frac{\pi D_1}{4}+r\right)$

$=\frac{\pi^2 D_1 r}{2}+2\pi r^2$

**【例】** 已知平顶圆角封头 $D_1=1000$，$r=450$，求坯料直径 $D$.

解：(1)用周长法：$D=D_1+\pi r=1000+450\pi=2414$

(2)用等面积法：$D=\sqrt{D_1^2+2\pi D_1 r+8r^2}$

$=\sqrt{1000^2+2\pi\times1000\times450+8\times450^2}$

$=2334$

**2. 整料压制平顶圆角直边封头坯料的计算**

(1)周长法：

$D=D_1+\pi r+2h$

(2)等面积法：

①顶圆面积为 $\pi\left(\frac{D_1}{2}\right)^2$

②旋转曲面面积为$\frac{\pi^2 D_1 r}{2}+2\pi r^2$

③直边面积为 $\pi(D_1+2r)h$

$$\pi\left(\frac{D}{2}\right)^2=\pi\left(\frac{D_1}{2}\right)^2+\frac{\pi^2 D_1 r}{2}+2\pi r^2+\pi(D_1+2r)h$$

整理：$D=\sqrt{D_1^2+2\pi D_1 r+8r^2+4D_1 h+8rh}$

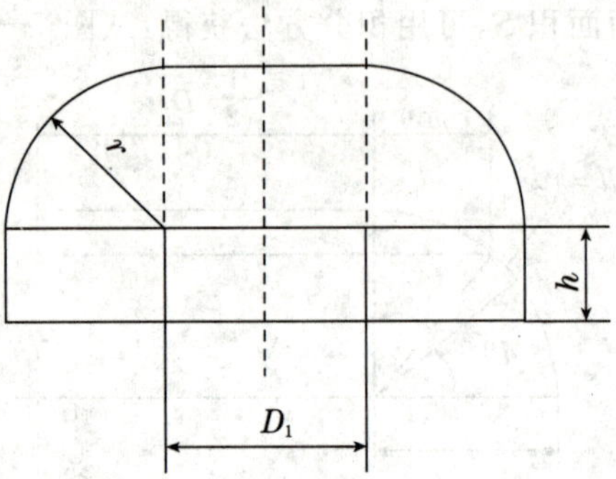


图 7－20

【例】 $D_1=200$，$r=200$，$h=100$，求 $D$.

解：(1)用周长法：$D=D_1+\pi r+2h=200+200\pi+2\times100=1\ 028$

(2)用等面积法：

$$D=\sqrt{D_1^2+2\pi D_1 r+8r^2+4D_1 h+8rh}$$
$$=\sqrt{200^2+2\pi\times200\times200+8\times200^2+4\times200\times100+8\times200\times100}$$
$$=923$$

**3. 整料压制球缺直边封头坯料直径的计算**

如图 7－21 所示，其坯料直径计算公式如下。

(1)周长法：

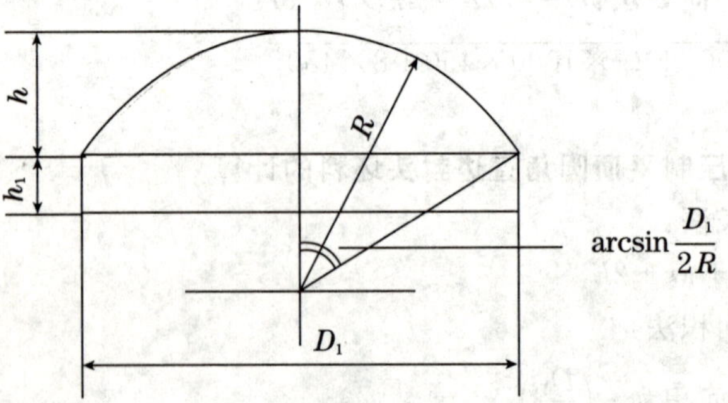


图 7－21

坯料直径 $D=R\times 2\arcsin\dfrac{D_1}{2R}+2h_1$

$=2R\arcsin\dfrac{D_1}{2R}+2h_1$

(2)等面积法：

①球缺面积为 $2\pi Rh$

(此式在注释证明)

②直边面积为 $\pi D_1 h_1$

由等面积原理：

$\pi\left(\dfrac{D}{2}\right)^2=2\pi Rh+\pi D_1 h_1$

$D=2\sqrt{2Rh+D_1 h_1}$

由于 $\left(\dfrac{D_1}{2}\right)^2+(R-h)^2=R^2$

由此关系式可知：在 $D_1$、$R$、$h$ 3 个量中只要已知两个变量，另一个就确定，所以上面表达式可根据已知两个量表达。

注释：球缺面积可用积分方法求得：

由图 7－22 可得，

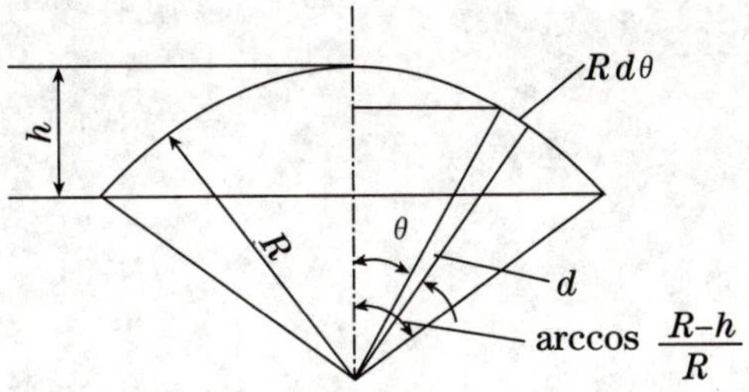


图 7－22

球缺面积 $=\int_0^{\arccos\frac{R-h}{R}} 2\pi R\sin\theta(Rd\theta)$

$=2\pi R^2\int_0^{\arccos\frac{R-h}{R}}\sin\theta d\theta$

$=2\pi R^2(-\cos\theta)\Big|_0^{\arccos\frac{R-h}{R}}$

$=2\pi R^2(-1)(\dfrac{R-h}{R}-1)$

$=2\pi Rh$

**【例】** 已知：球缺直边封头 $D_1=520$，$h=120$，$h_1=100$

求坯料直径 $D$.

解：由 $\left(\frac{D_1}{2}\right)^2=R^2-(R-h)^2$

$R=\frac{D_1^2+4h^2}{8h}=\frac{520^2+4\times120^2}{8\times120}$

$=342$

(1)用周长法：$D=2R\arcsin\frac{D_1}{2R}+2h_1$

$=2\times342\times\arcsin\frac{520}{2\times342}+2\times100$

$=791$

(2)用等面积法：$D=2\sqrt{2Rh+D_1h_1}$

$=2\sqrt{2\times342\times120+520\times100}=732$

# 习题十二

用两种方法计算下列坯料直径。

1. 如图 7—23 所示，平顶圆角封头，已知：$D_1=1100$，$r=452$，求：$D$.

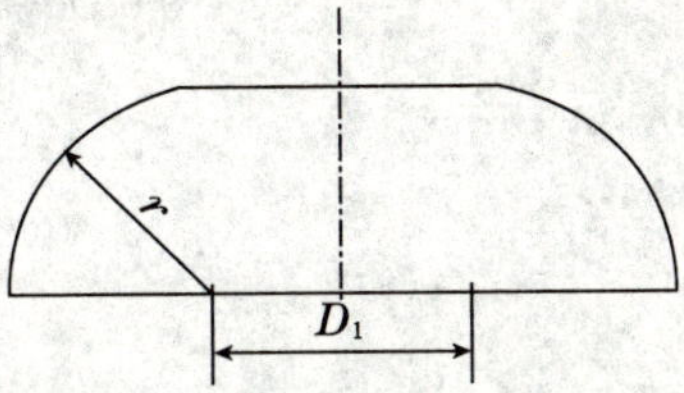


图 7—23

2. 平顶圆角直边封头，已知：各尺寸如图 7—24 所示，求：$D$.

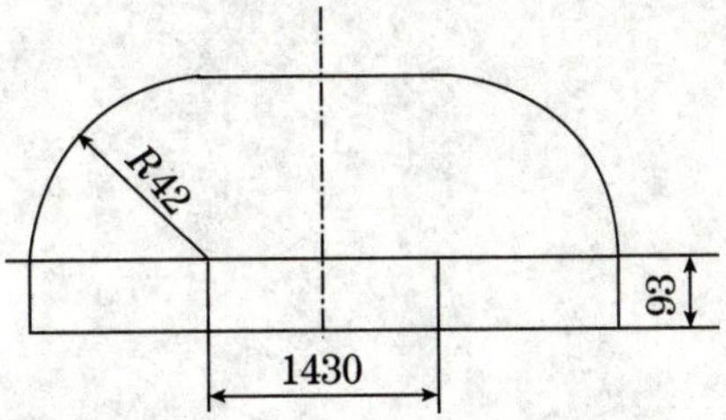


图 7—24

3. 一球缺直边封头如图 7—25 所示，已知：$D_1=1000$，$h=134$，$h_1=40$，求 $D$.

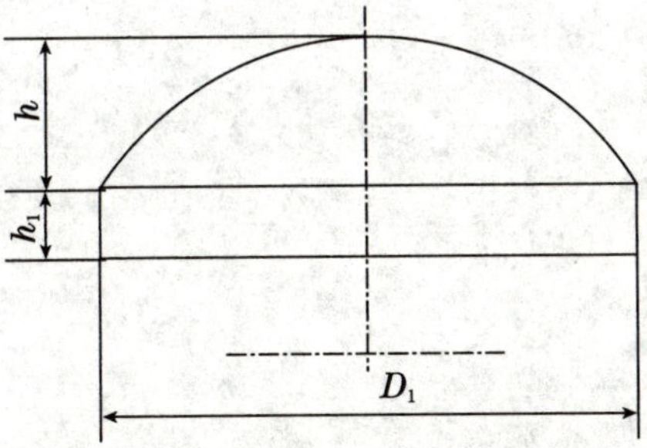


图 7—25

# 参考答案

1.(1)周长法 $D=2520$

(2)等面积法 $D=2443$

2.(1)周长法 $D=1748$

(2)等面积法 $D=1732$

3.(1)周长法 $D=1127$

(2)等面积法 $D=1110$

# §7.5　弹簧的落料计算

盘弹簧时，每个弹簧所需钢丝长度应预先算出，以便下料，对于不同种类的弹簧计算方法不同，介绍如下。

**1. 圆柱弹簧**

图 7－26 所示为圆柱形弹簧示意图，弹簧外径为 $D$，钢丝直径为 $d$，弹簧的节距为 $P$，弹簧圈数为 $N$。

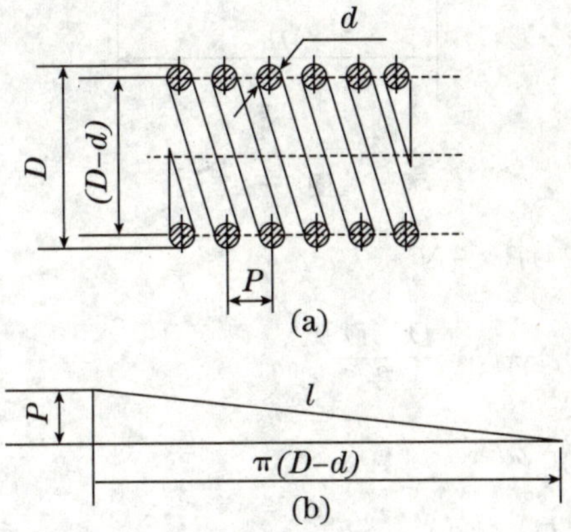


图 7－26

一圈的展开长度 $l=\sqrt{[\pi(D-d)]^2+P^2}$

$=\sqrt{9.87(D-d)^2+P^2}$

$N$ 圈的展开长度 $L=N\sqrt{9.87(D-d)^2+P^2}$

**2. 盘形弹簧**

图 7－27 所示为一盘形弹簧的示意图，图中未画出钢丝直径 $d$，$D_1$ 为弹簧小外径，$D$ 为大外径，$N$ 为弹簧圈数，则钢丝长度 $L=1.57N(D+D_1-2d)$

注释：此公式可用积分方法推导

盘形弹簧为一阿基米德蜗线

$$L=\int_0^{2\pi N}\rho d\theta$$

$$=\int_0^{2\pi N}\left(\frac{D_1-d}{2}+\frac{P}{2\pi}\theta\right)d\theta$$

$$=2\pi N\frac{D_1-d}{2}+\frac{P}{4\pi}\theta^2\Big|_0^{2\pi N}$$

$$=2\pi N\frac{D_1-d}{2}+\frac{P}{4\pi}\times4\pi^2N^2$$

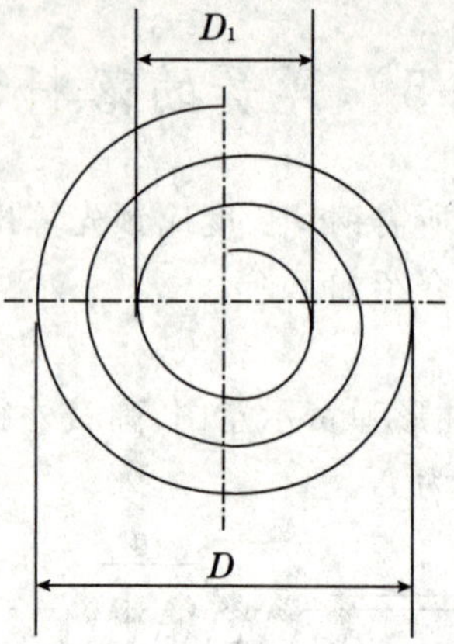


图 7—27

$$=2\pi N\frac{D_1-d}{2}+P\times\pi N^2$$

$$=\pi N(D_1-d)+\pi N\times\frac{D-D_1}{2}$$

$$=\frac{\pi N}{2}(D+D_1-2d)$$

$$=1.57N(D+D_1-2d)$$

**3. 锥形弹簧**

图 7—28 所示为锥形弹簧示意图，其大端外径为 $D$，小端外径为 $D_1$，钢丝直径为 $d$，弹簧节距为 $P$，弹簧圈数为 $N$。

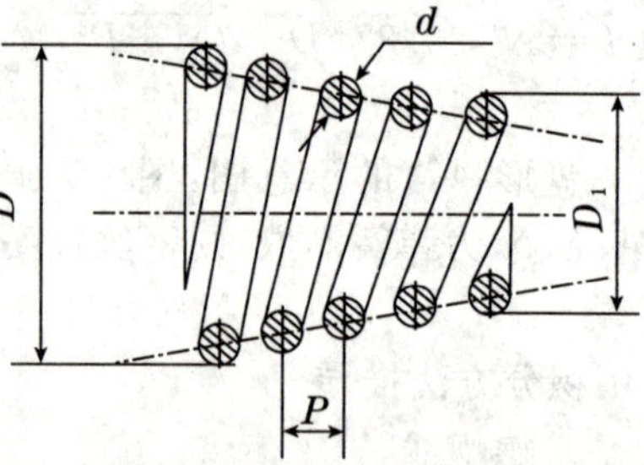


图 7—28

锥形弹簧在端面上的投影是阿基米德螺线

$$\therefore L=\sqrt{[1.57N(D+D_1-2d)]^2+(NP)^2}$$

$$=N\sqrt{2.468(D+D_1-2d)^2+P^2}$$

## 习题十三

1. 一弹簧(每圈间无缝隙),其外径 $D=16$,钢丝直径 $d=1$,圈数 $N=160$,求钢丝长度。
2. 一阿基米德蜗线,其小径为 40,大径为 100,螺距为 6,求该线长度.
3. 由一钢片做成的盘形弹簧,钢片厚度为 2,其小外径为 $D_1=40$,大外径为 $D=100$,圈数 $N=8$,求钢片长度。
4. 有一锥形弹簧,其大端外径 $D=80$,小端外径 $D_1=50$,钢丝直径 $d=2$,弹簧圈数 $N=100$,节距 $P=5$,求钢丝长度。

## 参考答案

1. 7542
2. 2198
3. 1708
4. 19800.7

# 第八章　平面向量及其应用

## §8.1　平面向量的有关概念

数量：只有大小的量称为数量(也称标量或纯量)，如温度、时间、质量、面积等都是数量。

向量：既有大小又有方向的量称为向量(或矢量)，如位移、速度、力、力矩、加速度等都是向量。

自由向量：只有大小和方向而无特定位置的向量称为自由向量。自由向量起点的选取是任意的。

向量的表示：向量可用一条有向线段表示。有向线段的长度表示向量的大小，箭头所指的方向表示向量的方向。

向量也可用黑体印刷字母 $\boldsymbol{a}$、$\boldsymbol{b}$、$\boldsymbol{c}$……等表示，书写时用 $\vec{a}$，$\vec{b}$，$\vec{c}$……等表示，也可用有向线段的起点和终点字母表示，例如向量 $\boldsymbol{a}$ 可写成 $\overrightarrow{AB}$。

向量的模：向量 $\overrightarrow{AB}$ 的大小或长度的数值叫向量的模，记作 $|\overrightarrow{AB}|$ 或 $|\vec{a}|$。

零向量：模(或长度)为 0 的向量叫做零向量，记作 0。

单位向量：其模为一个单位长度的向量。

平行向量：方向相同或相反的非零向量叫做平行向量。

相等向量：长度相等而方向相同的向量叫做相等向量。

向量 $\boldsymbol{a}$ 和 $\boldsymbol{b}$ 相等，记作 $\vec{a}=\vec{b}$，凡零向量都相等。

向量和数量：数量是只有大小的量，其大小可用正数，负数和零表示，它是一个代数量，可进行各种代数运算；数量之间可以比较大小，“大于”，“小于”的概念对数量是适用的。向量是既有大小又有方向的量，向量的模是正数或 0，向量不可以比较量的大小，向量 $\vec{a}>\vec{b}$ 是没有意义的，而 $|\vec{a}|>|\vec{b}|$ 是有意义的。

# §8.2 平面向量的线性运算

**1. 向量加法的平行四边形法则**

已知向量 $\boldsymbol{a}, \boldsymbol{b}$，在平面上任取一点 $A$，作 $\overrightarrow{AB}=\boldsymbol{a}, \overrightarrow{AD}=\boldsymbol{b}$，以向量 $\overrightarrow{AB}$ 和 $\overrightarrow{AD}$ 为邻边作平行四边形 $ABCD$，则以 $A$ 点为起点的对角线 $\overrightarrow{AC}$ 就是 $\boldsymbol{a}$ 与 $\boldsymbol{b}$ 的和，如图 8－1 所示。

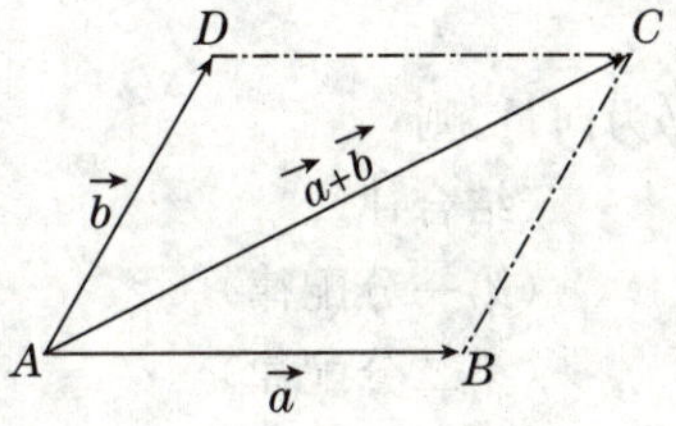


图 8－1

**2. 向量加法的三角形法则**

由向量加法的平行四边形法则可知：向量 $\boldsymbol{a}+\boldsymbol{b}=\overrightarrow{AB}+\overrightarrow{AD}$，而向量 $\overrightarrow{BC}=\overrightarrow{AD}=\boldsymbol{b}$

$\boldsymbol{a}+\boldsymbol{b}=\overrightarrow{AC}=\overrightarrow{AB}+\overrightarrow{AD}=\overrightarrow{AB}+\overrightarrow{BC}$

即 $\vec{a}+\vec{b}=\overrightarrow{AB}+\overrightarrow{BC}=\overrightarrow{AC}$

这就是向量的加法的三角形法则。

**3. 求若干个向量的和**

已知向量 $\vec{a_1}, \vec{a_2}, \vec{a_3}, \cdots, \vec{a_n}$，在平面上任取一点 $O$，作 $\overrightarrow{OA_1}=\vec{a_1}, \overrightarrow{A_1A_2}=\vec{a_2}, \overrightarrow{A_2A_3}=\vec{a_3}, \cdots, \overrightarrow{A_{n-1}A_n}=\vec{a_n}$，则 $\overrightarrow{OA_n}=\vec{a_1}+\vec{a_2}+\vec{a_3}+\cdots+\vec{a_n}$。

**4. 向量加法的运算规律**

交换律：$\boldsymbol{a}+\boldsymbol{b}=\boldsymbol{b}+\boldsymbol{a}$

结合律：$(\boldsymbol{a}+\boldsymbol{b})+\boldsymbol{c}=\boldsymbol{a}+(\boldsymbol{b}+\boldsymbol{c})$

**5. 向量的减法三角形法则**

两个向量差的运算叫做向量的减法，向量减法是向量加法的逆运算。

已知两个向量 $\boldsymbol{a}, \boldsymbol{b}$，在平面内任取一点 $O$，作 $\overrightarrow{OA}=\boldsymbol{a}, \overrightarrow{OB}=\boldsymbol{b}$，则 $\overrightarrow{AB}=\boldsymbol{a}-\boldsymbol{b}$，$\boldsymbol{a}-\boldsymbol{b}$ 可以表示为向量 $\boldsymbol{b}$ 的终点指向向量 $\boldsymbol{a}$ 的终点的向量，如图 8－2 所示。

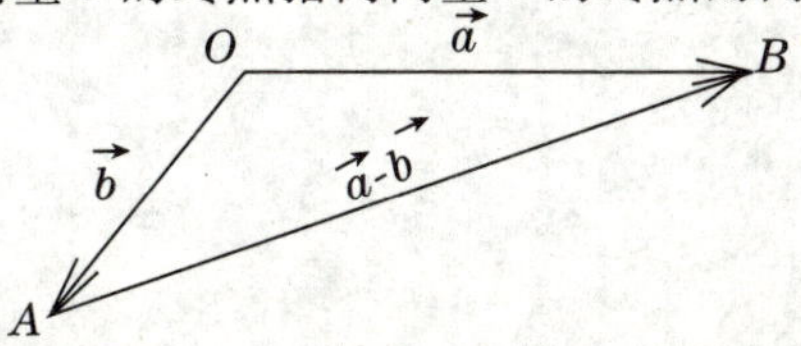


图 8－2

**6. 向量等式**

含有向量的等式叫做向量等式。在向量等式的两边同时加上或减去相同的向量，仍得到向量等式，移项法则对向量等式仍适用。

**7.** 向量的数乘（倍积）实数 $\lambda$ 与向量 $\boldsymbol{a}$ 的乘积是一个向量，叫做向量 $\boldsymbol{a}$ 的数乘（或倍积），记作 $\lambda\boldsymbol{a}$，$\lambda\boldsymbol{a}$ 也有长度和方向，其长度 $|\lambda\boldsymbol{a}|=|\lambda|\cdot|\boldsymbol{a}|$，其方向与 $\lambda$ 的符号有关，当 $\lambda>0$，时，$\lambda\boldsymbol{a}$ 与 $\boldsymbol{a}$ 的方向相同。当 $\lambda<0$ 时，$\lambda\boldsymbol{a}$ 与 $\boldsymbol{a}$ 的方向向反，当 $\lambda=0$ 时，$\lambda\boldsymbol{a}=0$。

**8. 数乘的运算律**

若 $\lambda$、$\mu$ 为实数，$\vec{a}$，$\vec{b}$ 为向量，则

$\lambda(\mu\boldsymbol{a})=(\lambda\mu)\boldsymbol{a}$　　（结合律）

$(\lambda+\mu)\boldsymbol{a}=\lambda\boldsymbol{a}+\mu\boldsymbol{a}$　　（第一分配律）

$\lambda(\boldsymbol{a}+\boldsymbol{b})=\lambda\boldsymbol{a}+\lambda\boldsymbol{b}$　　（第二分配律）

# §8.3　向量在工厂中的应用

位移、速度、加速度、力、力矩都是向量，因此，遇到此类问题的计算，要根据向量的运算法则进行运算，向量加法或减法的平行四边形和三角形法则的 3 个向量中，共有 6 个要素（大小和方向），如果已知 4 个要素，其余两个要素便可求得，在解题中只要找出 4 个已知要素，问题就迎刃而解。

**1. 关于物体的受力分析与计算**

物体的相互作用叫做力。它总是成对出现的，称为作用力与反作用力，其大小相等方向相反。力的作用点、方向和大小称为力的三要素。

**【例 1】**　图 8—3 所示为车削外圆时车刀受力情况，合力 $F$ 是由 3 个互相垂直的分力合成的，这 3 个分力为主切削力 $F_Z$，它与切削速度方向一致，又称为切削力；吃到抗力 $F_Y$，与工件轴向垂直；走刀抗力 $F_X$，它与进给方向平行。

已知：$F_Z=1025$ N，$F_Y=620$ N，$F_X=430$ N，求总切削力 $F$.

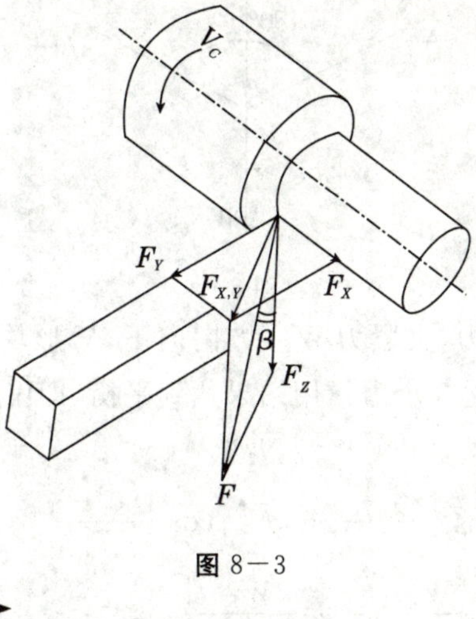


图 8—3

$\vec{F}=\vec{F_X}+\vec{F_Y}+\vec{F_Z}$

解：$|\vec{F}|=\sqrt{|\vec{F_X}|^2+|\vec{F_Y}|^2+|\vec{F_Z}|^2}$

$=\sqrt{430^2+620^2+1025^2}$

$=1272.76$

$\cos\beta=\dfrac{|\vec{F_Z}|}{|\vec{F}|}=\dfrac{1025}{1272.76}=0.8053$

$\beta=36.36。^\circ$

即总切削力为 1272.76 N，它的方向是$\overrightarrow{F_{X,Y}}$与$\overrightarrow{F_Z}$组成的平面内与$\overrightarrow{F_Z}$成 36.36°。

【例 2】 如图 8－4 所示，已知工件的外圆柱面在 V 形块上定位，V 形块角度为 $\alpha$，求 V 形块反力 $N$.

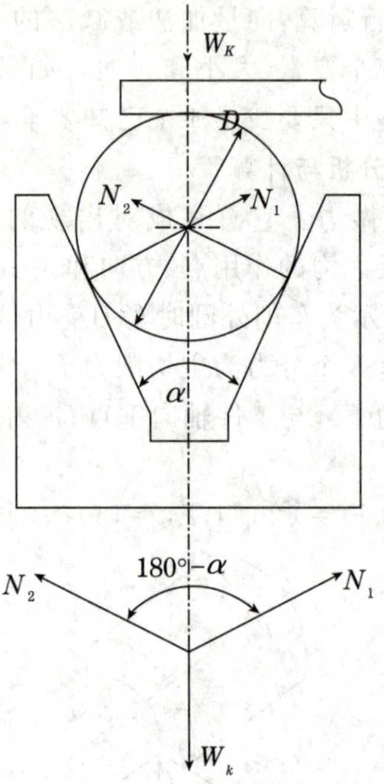


图 8－4

解：工件受 3 个力，夹紧力 $W_K$，方向向下，V 形块反力 $N_1$ 和 $N_2$，方向垂直于 V 形表面。这 3 个力作用结果达到平衡，即$\overrightarrow{W_K}=\overrightarrow{N_1}+\overrightarrow{N_2}$

$\because$ V 形块为对称 $\therefore |\overrightarrow{N_1}|=|\overrightarrow{N_2}|$

$$|\overrightarrow{W_K}|=|\overrightarrow{N_1}|\cos\frac{180^\circ-\alpha}{2}+|\overrightarrow{N_2}|\cos\frac{180^\circ-\alpha}{2}$$

$$\therefore N_1=N_2=\frac{W_K}{2\cos\dfrac{180^\circ-\alpha}{2}}=\frac{W_K}{2\sin\dfrac{\alpha}{2}}$$

即 V 形块的反力为$\dfrac{W_K}{2\sin\dfrac{\alpha}{2}}$，方向垂直于 V 形块的 V 形面。

【例 3】 如图 8－5 所示用三爪卡盘夹紧工件车外圆，已知工件毛坯直径 $D=100$，车削时主切削力矩 $T=100$ Nm，求夹紧力至多大时才能夹住？（夹爪与工件摩擦系数 $\mu=0.1$）

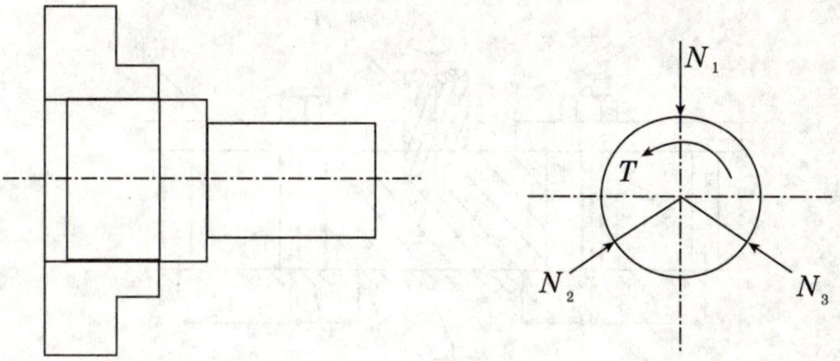


图 8－5

解：工件受 3 个力 $N_1, N_2, N_3$ 和扭矩 $T$（忽略重力），力 $N_1, N_2, N_3$ 使夹爪与工件产生的摩擦力为 $\mu N_1, \mu N_2, \mu N_3$，而 $N_1=N_2=N_3=N$。

$$\therefore \mu N_1 \frac{D}{2}+\mu N_2 \frac{D}{2}+\mu N_3 \frac{D}{2}=T$$

$$N=\frac{2T}{3\mu D}=\frac{2\times100\times1000}{3\times0.1\times100}=6667(\mathrm{N})$$

即夹紧力为 6667 N。

为了保险起见，还应该乘以安全系数。

**【例 4】** 如图 8－6 所示，用受力分析的方法说明高速带轮的轮缘为什么要做成鼓形的？

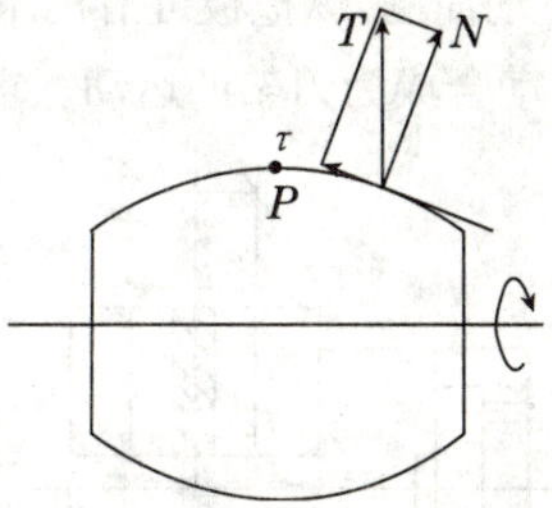


图 8－6

解：皮带受圆周力分解为两个力，一个是皮带轮对皮带的正反力 $N$，它与带轮表面垂直；另一个力是带轮对皮带的切向摩擦力 $\tau$，此摩擦力 $\tau$ 在带轮轮缘切线方向，在 $\tau$ 的作用下，皮带有向 $P$ 点移动的趋势，而带轮左侧也同样有向 $P$ 点移动的趋势，因而皮带不易脱落。

**【例 5】** 如图 8－7 所示，用铣刀铣槽，工件用压板压紧，$l_1=100$，$l_2=50$，已知铣刀在水平方向的进刀力为 $F=800$ N，问螺帽给压板的压紧力至少要多大才能夹紧工件（忽略重力，工件与工作台间的摩擦系数 $\mu=0.1$）？

解：设螺帽对压板的压力为 $F_1$，压板对工件的压力为 $P_1$，则 $F_1 l_1=P_1(l_1+l_2)$。

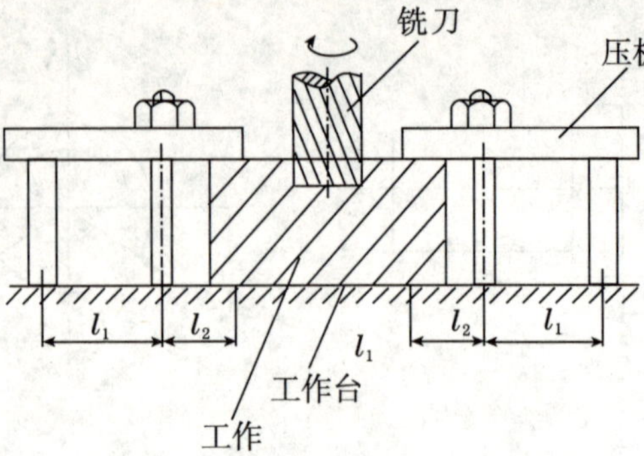


图 8－7

工件对工作台压力为 $2P_1$，两者摩擦力为 $2P_1\mu$

$$F=2P_1\mu, \therefore P_1=\frac{F}{2\mu}=\frac{800}{2\times0.1}=4000(\text{N})$$

$$F_1l_1=P_1(l_1+l_2)$$

$$\therefore F_1=\frac{P_1(l_1+l_2)}{l_1}=\frac{4000\times150}{100}=6000(\text{N})$$

即螺帽的压紧力为 2000 N，为保险起见，还应乘以一安全系数。

**2. 关于速度的合成和分解**

**【例 1】** 数控车床刀架移动一般是由纵向和横向移动的合成得到的，图 8－8 所示为数控车床刀架运动简图，纵拖板可沿机床导轨左右方向运动，横拖板沿前后方向运动，这两个运动合成为刀架的运动。求刀架运动速度和方向。

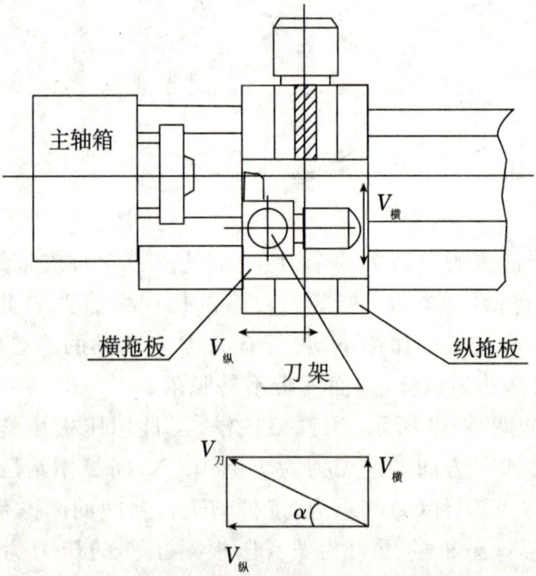


图 8－8

已知：

$V_{纵}=8\text{m/min}$(向左)，$V_{横}=\text{m/min}$(向前)

解：刀架运动速度

$\overrightarrow{V_{刀}}=\overrightarrow{V_{纵}}+\overrightarrow{V_{横}}$

$V_{刀}=\sqrt{V_{纵}^2+V_{横}^2}$

$=\sqrt{8^2+4^2}$

$=8.94(\text{m/min})$

$\cos\alpha=\dfrac{V_{纵}}{V_{刀}}$

$=\dfrac{8}{8.94}$

$=0.894585$

$\alpha=26.5°$

即刀架移动速度为 8.94 m/min，并与车床纵导轨呈 26.5°角。

**【例 2】** 要在数控车床上车削如图 8－9 所示的圆锥面，假设纵向进给量 $F_{纵}=0.2\text{mm/r}$，问横向进给量 $F_{横}$ 是多少？

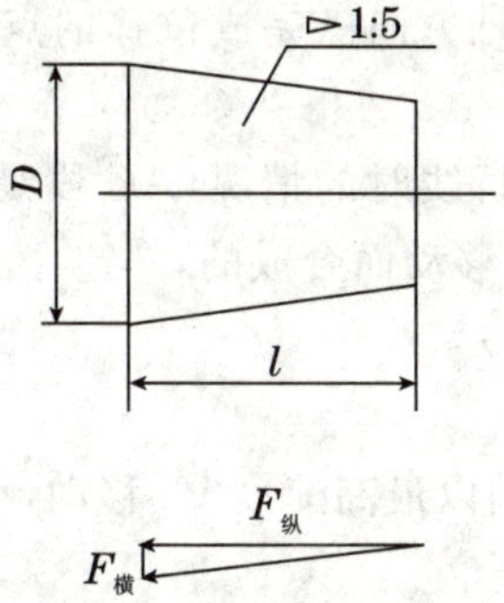


图 8－9

解：刀架的运动方向是与工件圆锥母线方向一致的，已知纵向进给量的大小和方向，刀架的运动方向，横向进给的方向，可以根据向量三角形求解，刀架运动方向与纵向导轨的夹角的正切

$\tan\alpha=\dfrac{c}{2}=(1:5)/2=1:10=0.1$

$F_{横}=F_{纵}\tan\alpha=0.2\times0.1=0.02$

即刀架横向进给量为 0.02mm/r

**【例 3】** 在立式数控铣床上加工如图 8－10 所示的 $AB$，$BC$，$\overset{\frown}{CD}$，$DO$，$OA$ 各段，工作台沿 $x$ 轴，$y$ 轴方向移动，求在铣 $BC$ 段时，$x$ 轴和 $y$ 轴方向的进给速度比。

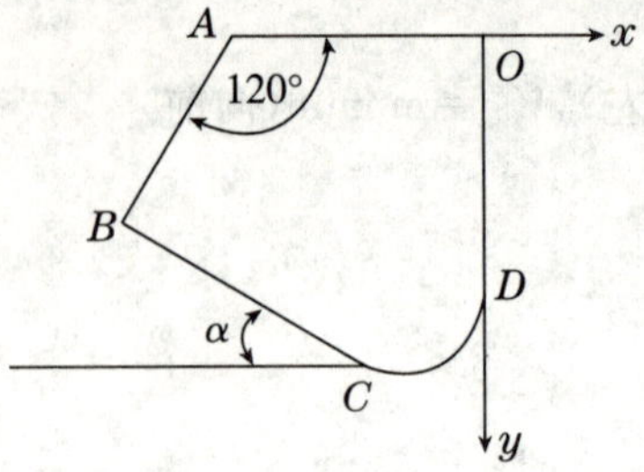


图 8—10

解：由图可知 $BC$ 段与 $x$ 轴负向所夹角 $\alpha=30°$，设 $x$ 轴的进给速度为 $V_x$，方向为 $x$ 负向，$y$ 轴的进给速度为 $V_y$，方向为 $y$ 轴负向。

则 $\frac{V_y}{V_x}=\tan\alpha=\tan30°=\frac{\sqrt{3}}{3}$

即 $x$ 轴和 $y$ 轴方向的进给速度比为 $\sqrt{3}\approx1.732$。

**【例 4】** 数控车床空行程快速点定位时往往不走直线，而是走折线，如图 8—11 所示，要想将工件（或刀具）快速从 $A$ 点移向 $B$ 点，不是走线段 $AB$，而是在 $x$ 轴和 $y$ 轴各按最高速度 $V_x$，$V_y$（机床在出厂时已设定），从 $A$ 点到 $C$ 点（$C$ 点位置是 $x$ 轴方向已完成位移的点），再由 $C$ 点到 $B$ 点，请说明走折线的理由。

解：现在我们分析走折线时的情况，$AC$ 段是 $x$ 轴和 $y$ 轴都以最高速度移动而合成的，

其位移 $\overrightarrow{AC}=\overrightarrow{AE}+\overrightarrow{AD}$

$DC=V_yt_1$

$CB$ 段：$x$ 轴不动，$y$ 轴以最高速度 $V_y$ 移动，

$CB=V_yt_2$

$\therefore DB=DC+CB=V_y(t_1+t_2)$

$t_1+t_2=\frac{DB}{V_y}$

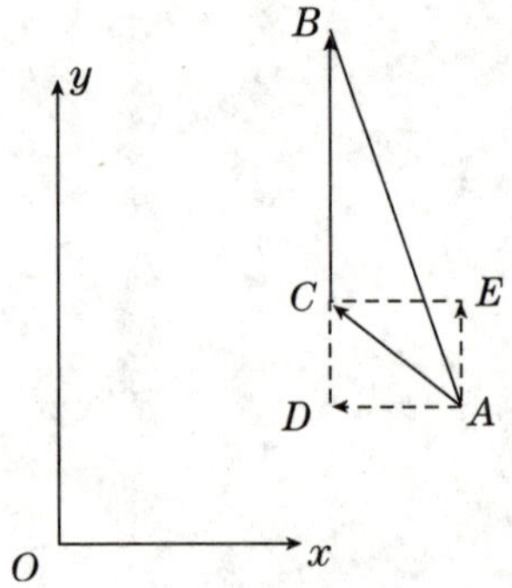


图 8—11

再分析走直线 $AB$ 情况，从 $A$ 移至 $B$ 点，是由 $x$ 轴和 $y$ 轴联动而成，在联动中，$y$ 轴移动距离是 $DB$ 长，然而 $y$ 轴这时的速度仍为 $V_y$，因此所用时间 $t=\frac{DB}{V_y}$，与走折线所用时间是一样的，但走折线却是两轴都在高速下运行，运算简单。

# 习题十四

1. 图 8－12 所示为一液压仿形车床工作示意图，床鞍可沿纵向导轨左右移动，上拖板可沿与纵向导轨呈 60°角的斜导轨移动。刀架运动为上述两运动的合成运动。设床鞍纵向进给速度为 $V_{纵}=100$ mm/min，问在车直角台阶端面时上拖板斜向进给速度 $V_{斜}$ 为多少？当车 1:3 正锥时，$V_{斜}$ 为多少？（注：液压仿形车床上拖板的运动速度和方向随床鞍纵向速度及工件的变化而随动变化）

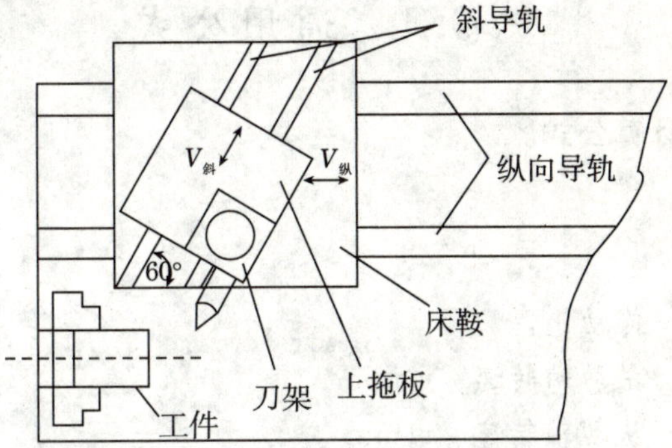


图 8－12

2. 在普通车床上用三爪卡盘夹紧工件，被夹紧部分的直径为 100，当钻削时对工件产生的扭矩为 150 Nm，那么卡爪对工件的夹紧力至少应多大？($\mu=0.1$)
3. 在普通车床上做切断操作，已知径向吃刀力为 $F_y=200$ N，主切削 $F_Z=300$ N，求总切削力 $F$。
4. 在数控车床上车削 7∶24 锥表面，现已给定纵向进给速度为 200mm/min，那么横向刀架的进给速度为多大？

# 参考答案

1. 200 mm/min，17.56 mm/min
2. 10000 N
3. 360.6 N
4. 29.17 mm/min

# 第九章　传动计算

这里所说的传动主要包括带传动、链传动、齿轮传动、螺旋传动、液压传动等。传动计算主要包括传动比的计算，传动转矩计算及传动件圆周力和传动功率的计算。

## §9.1　通用公式

**1. 传动比计算公式**

$$i=\frac{n_1}{n_2}=\frac{\omega_1}{\omega_2}$$

式中 $i$ ——传动比，

$n_1$——主动轴转速　r/min

$n_2$——从动轴转速　r/min

$\omega_1$——主动轴角速度　rad/s

$\omega_2$——从动轴角速度　rad/s

**2. 传动效率公式**

$$\eta=\frac{P_2}{P_1}<1$$

式中 $\eta$ ——传动效率　$\eta<1$

$P_1$——输入轴的功率　W

$P_2$——输出轴的功率　W

**3. 传动转矩计算公式**

$$T=\frac{P}{\omega}=9.55\frac{P}{n}$$

$$T_2=T_1 i\eta$$

式中 $T$ ——轴传递的转矩　Nm

$P$ ——传动的功率　W

$T_1$——主动轴传递的转矩　Nm

$T_2$——从动轴的转矩　Nm

$\omega$ ——轴的角速度 rad/s

$n$ ——轴的转速 r/min

$i$ ——传动比

$\eta$ ——传动效率。

**4. 传动件圆周力计算公式**

$$F=\frac{2T}{d}=\frac{P}{V}$$

式中 $F$ ——为传动件圆周力 N

$T$ ——传动件传递的扭矩 Nm

$d$ ——传动件直径 m

$P$ ——传递功率 W

$V$ ——传动件圆周线速度 m/s

# §9.2 皮带传动

**1. 平皮带和V形带传动的传动比**

传动比 $i=\frac{n_1}{n_2}=\frac{\omega_1}{\omega_2}=\frac{\frac{L_x}{\pi D_1}}{\frac{L_x}{\pi D_2}}=\frac{D_2}{D_1}, V=\pi D_1 n_1=L_x$

式中$n_1$ ——主动轴转速 r/min

$n_2$ ——从动轴转速 r/min

$\omega_1$ ——动主轴角速度 rad/s

$\omega_2$ ——从动轴角速度 rad/s

$D_1$——主动轮直径 mm;平皮带轮指外径,V形皮带轮指计算直径

$D_2$——从动轮直径 mm;平皮带轮指外径,V形皮带轮指计算直径

$V$ ——皮带速度 mm/min

$L_x$——单位时间内带轮外径或计算直径上所转过的弧长。

这个公式表明,主动轮与从动轮的转速比等于带轮直径的反比。

**【例1】** 已知:C6150普通车床主传动是从电机开始通过$V$形带传动主轴箱第I轴,电机轴上皮带轮的计算直径为$D_1=118$,I轴上的皮带轮的计算直径$D_2=165$,已知电机的转速$n_1=1450$r/min,求I轴上的转速$n_2$。

解:$\frac{n_1}{n_2}=\frac{D_2}{D_1}$

$n_2=\frac{D_1}{D_2}n_1$

$=\frac{118}{165}\times 1450$

$=1037$r/min

I轴的转速为1037r/min。

**【例2】** 内圆磨床的高速磨头是由电机通过平皮带带动高速磨头主轴旋转的,如果磨头主轴转速要求12000r/min,电动机转速为2840r/min,电动机轴上的皮带轮直径为250,问磨头主轴上的带轮直径应为多少?

解:$\frac{n_1}{n_2}=\frac{D_2}{D_1}$

$\frac{2840}{12000}=\frac{D_2}{250}$

$D_2 = 59.17$

圆整后为 $D_2 = 60$ mm

磨头主轴上的带轮直径为 60

如果由几对带轮组成的传动，则可以用下面公式计算传动比

$$\frac{n_1}{n_{末}} = \frac{D_2}{D_1} \cdot \frac{D_4}{D_3} \cdot \frac{D_6}{D_5} \cdots\cdots$$

**【例 3】** 如图 9－1 所示，已知电机转速为 1450r/min，求 $\phi 240$ 带轮转速 $n_2$.

解：$\frac{n_1}{n_2} = \frac{230}{120} \times \frac{240}{150} = 3.07$

$n_2 = \frac{n_1}{3.07} = \frac{1450}{3.07} = 473$ r/min

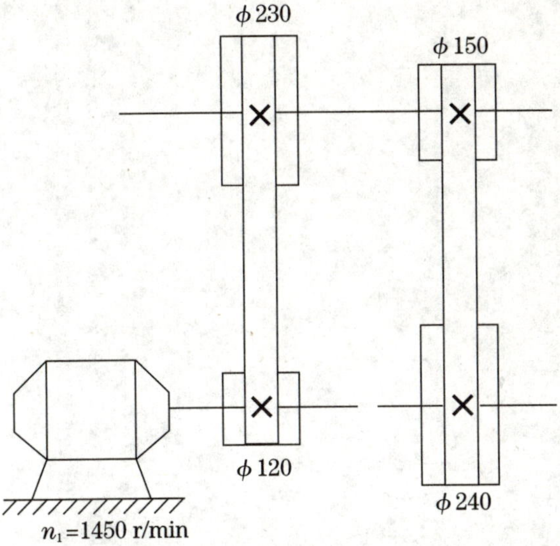


图 9－1

**2. 齿形带和链传动的传动比**

齿形带和链条的速度为 $pnZ$

$\therefore pn_1Z_1 = pn_2Z_2$

$\therefore i = \frac{n_1}{n_2} = \frac{Z_2}{Z_1}$

主被动轮转速之比等于传动轮齿数的反比

式中 $n_1$ ——主动轴转速　r/min

　　$n_2$ ——从动轴转速　r/min

　　$Z_1$ ——主动轮的齿数

$Z_2$——从动轮的齿数

$p$——节距

**【例】** CK7815全功能数控车床床鞍纵向进给传动是由伺服电机通过同步带传给滚珠丝杠，伺服电机轴上带轮的齿数为$Z_1$，滚珠丝杠轴上的带轮齿数为$Z_2$，假设给定伺服电机的转速为$n_1$，那么滚珠丝杠的转速$n_2$为多少？

解：$\frac{n_1}{n_2}=\frac{Z_2}{Z_1}$

$n_2=\frac{Z_1}{Z_2}n_1$

# §9.3　齿轮传动的传动比

**1. 普通轮系**

(1)单式

$$i=\frac{n_1}{n_2}=\frac{\dfrac{Z_x}{Z_1}}{\dfrac{Z_x}{Z_2}}=\frac{Z_2}{Z_1}$$

主动齿轮与被动齿轮转速比等于它们的齿数的反比。

式中：$n_1$ 为主动轴转速，r/min；$n_2$ 为从动轴转速，r/min；$Z_1$ 为主动轮的齿数；$Z_2$ 为从动轮的齿数；$Z_x$ 为转过的齿数；如果两齿轮为外啮合，则两轮的转向相反，如果为内啮合，两轮的转向相同。

如果在两轮中间有一个、两个甚至更多的齿轮，这种齿轮叫做堕轮（或中间轮），例如，图 9－2(a)的齿轮传动没有堕轮，图 9－2(b)的传动有一个堕轮，图 9－2(c)的传动有两个堕轮。堕轮只是起连接作用，对计算速比的大小无关。

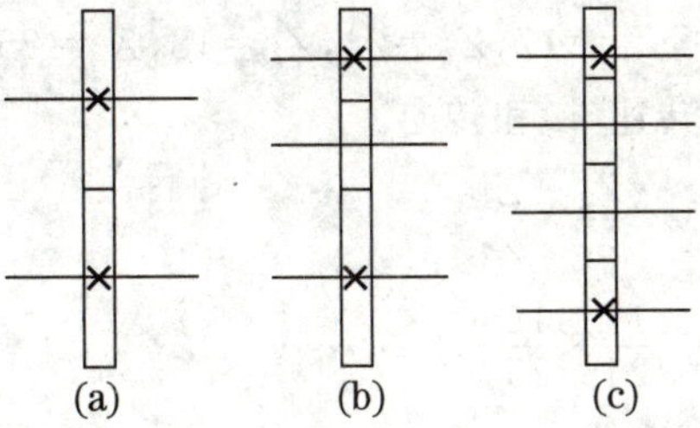


图 9－2

为了说明主动轮与从动轮转动方向，可以用以下公式表达传动比。

$$i=\frac{n_1}{n_2}=(-1)^k\frac{Z_2}{Z_1}$$

式中：$k$ 为外啮合齿轮的对数。其他符号含义同前。

例如，图 9－2(a)外啮合齿轮的对数为 1，$(-1)^1=-1$，表明主、从动齿轮转动方向相反；图 9－2(b)中外啮合齿轮的对数为 2，$(-1)^2=1$，表面主、从动齿轮传动的转动方向相同；图 9－2(c)中外啮合齿轮的对数为 3，$(-1)^3=-1$，表明主、从动齿轮转动方向相反。

(2)复式

如图所示，中间的传动齿轮并不只是起连接或改变转动方向作用，它也改变传动比，这样的齿轮传动为复式传动，末端齿轮的转速为 $n_{末}$。

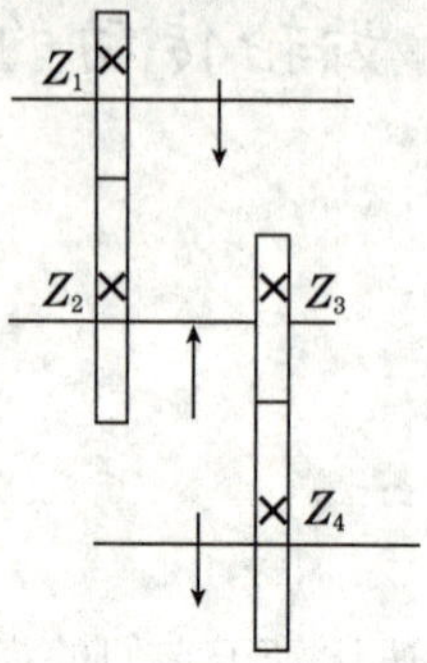

图 9—3

$$n_{末}=(-1)^k n_1 \frac{Z_1}{Z_2}\times\frac{Z_3}{Z_4}\times\frac{Z_5}{Z_6}\times\cdots\times\frac{Z_{末-1}}{Z_{末}}$$

式中：$n_{末}$ 为末端齿轮的转速，r/min；$n_1$ 为首端齿轮的转速，r/min；$Z_1$ 为首端齿轮的齿数；$Z_2$，$Z_3$，…，$Z_{末}$ 分别为第 2 个齿轮，第 3 个齿轮……第末端齿轮的齿数；$k$ 为外啮合齿轮的对数，$k$ 为偶数时，末端转向与首端相同，$k$ 为奇数时，末端转向与首端相反。

**【例 1】** 上图中，$Z_1=17$，$Z_2=24$，$Z_3=18$，$Z_4=25$，$n_1=450$r/min，求齿数为 $Z_4$ 的齿轮的转速 $n_4$ 和转向。

解：$n_4=(-1)^k n_1 \frac{Z_1}{Z_2}\times\frac{Z_3}{Z_4}$

$=(-1)^2\times450\times\frac{17}{24}\times\frac{18}{25}$

$=229.5$(r/min)

即齿数为 25 的齿轮的转速为 229.5 r/min，其转向与 $n_1$ 相同。

当主动轮是齿轮，从动轮是齿条，那么齿条移动（或齿轮滚动）的距离为

$$L=n_1 \frac{Z_1}{Z_2}\times\frac{Z_3}{Z_4}\times\frac{Z_5}{Z_6}\times\cdots\times\pi mZ$$

式中：$L$ 为齿条移动（或齿轮滚动）的距离 mm；

$n_1$ 为首端齿轮转速，r/min，

$Z_1$，$Z_3$，$Z_5$……为主动齿轮的齿数；

$Z_2$，$Z_4$，$Z_6$……为被动齿轮的齿数；

$m$ 为齿条模数（也就是与齿条啮合的齿轮模数）mm；

$Z$ 为与齿条啮合的齿轮齿数。

关于齿条移动(或齿轮滚动)的方向,应根据复式齿轮传动转速公式判断齿数为 $Z$ 的齿轮的转动方向,然后依据齿条相对于齿轮的位置确定齿条移动(或齿轮滚动)的方向。

**【例 2】** 如图 9－4 所示,齿条固定不动,当手轮顺时针方向转动一转时,问溜板箱移动距离及方向。

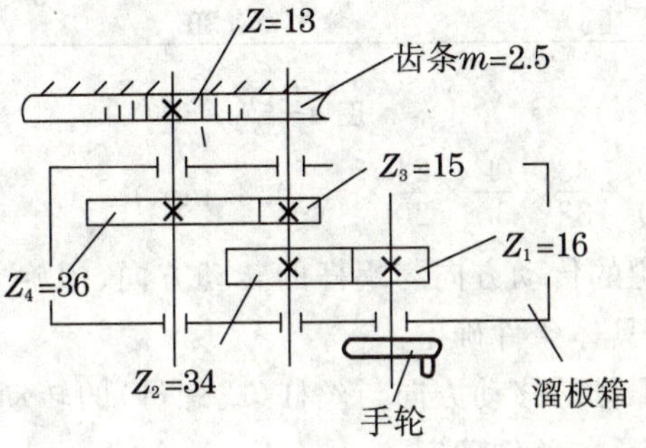


图 9－4

解: $L=n_1\dfrac{Z_1}{Z_2}\times\dfrac{Z_3}{Z_4}\times\pi mZ$

$=1\times\dfrac{16}{34}\times\dfrac{15}{36}\times3.14\times2.5\times13$

$=20(\text{mm})$

因为两对外啮合齿轮传动,所以齿数 $Z=13$ 的齿轮转向与手轮转向相同,因而溜板箱向右移动。

若主动轮是齿轮,从动轮是螺旋传动,则螺母(或螺杆)移动的距离为:

$L=n_1\times\dfrac{Z_1}{Z_2}\times\dfrac{Z_3}{Z_4}\times\dfrac{Z_5}{Z_6}\times\cdots\times Pk$(螺旋传动从动件移动距离＝相对转数×导程)

式中 $n_1$ 为主动轮转速　r/min;

$L$ 为螺母(或螺杆)移动距离　mm;

$Z_1$,$Z_3$,$Z_5$……为主动齿轮的齿数;

$Z_2$,$Z_4$,$Z_6$……为被动齿轮的齿数;

$P$ 为螺母(或螺杆)螺距　mm;

$k$ 为螺母(或螺杆)螺纹头数。

**【例 3】** 图 9－5 所示为 C620－1 普通车床刀架横向进给传动示意图,图中的数字表示齿数(对于螺杆指头数),横向进给丝杠的螺距 $P=5$(头数为单数),螺母带动刀架横向进给,求光杠每转横刀架的移动量。

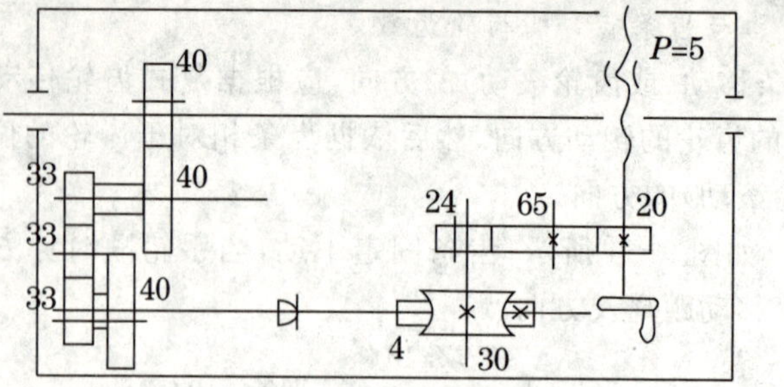


图 9－5

解：$L=1\times\frac{40}{40}\times\frac{33}{33}\times\frac{4}{30}\times\frac{24}{20}\times5=0.8(\mathrm{mm})$

蜗轮副中蜗轮的传动方向与蜗杆的转动方向、螺旋方向及安装部位有关，应根据给定的具体条件确定。

螺旋传动中螺母的移动方向与丝杠(或螺母)的转动方向、螺纹旋向有关，应根据给定的具体条件确定。

**【例 4】** 如图 9－6 所示，齿轮和蜗轮上所标数字为齿数，求轴Ⅰ转一转时，工作台移动的距离和方向。

解：$L=1\times\frac{45}{60}\times\frac{1}{30}\times6\times1=0.15(\mathrm{mm})$

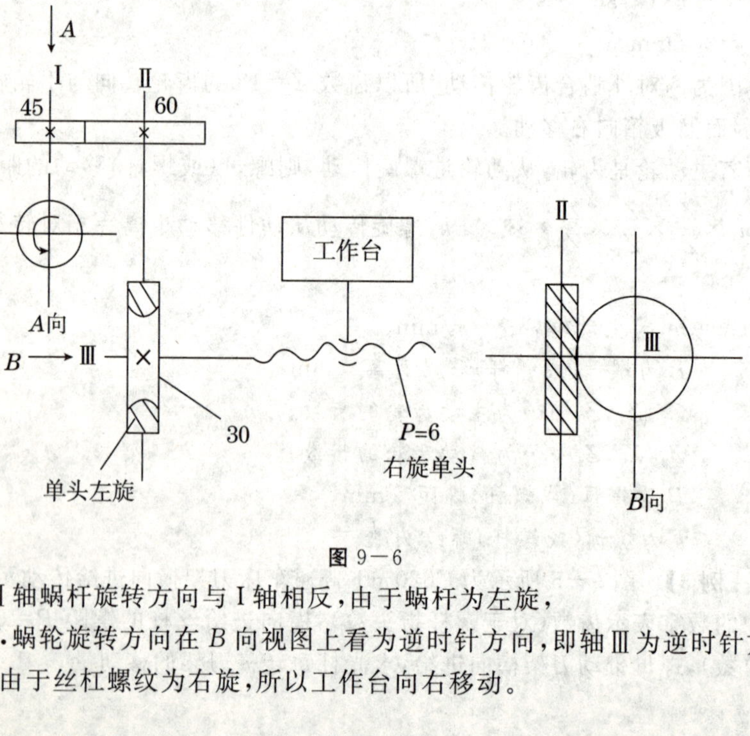


图 9－6

Ⅱ轴蜗杆旋转方向与Ⅰ轴相反，由于蜗杆为左旋，

∴蜗轮旋转方向在 $B$ 向视图上看为逆时针方向，即轴Ⅲ为逆时针方向转动，由于丝杠螺纹为右旋，所以工作台向右移动。

# 习题十五

1. 图 9—7 所示为一三级圆柱齿轮减速器传动图，已知：$Z_1=20$，$Z_2=70$，$Z_3=16$，$Z_4=100$，$Z_5=18$，$Z_6=90$，求减速器的传动比，输出轴Ⅳ轴的旋转方向与Ⅰ轴同向还是反向？

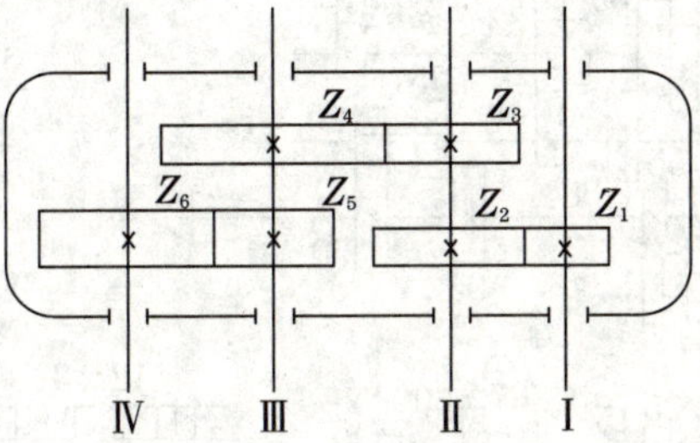


图 9—7

2. 图 9—8 所示为一两级圆锥一圆柱齿轮的减速器传动图，已知：$Z_1=20$，$Z_2=60$，$Z_3=17$，$Z_4=68$，求减速器的传动比。

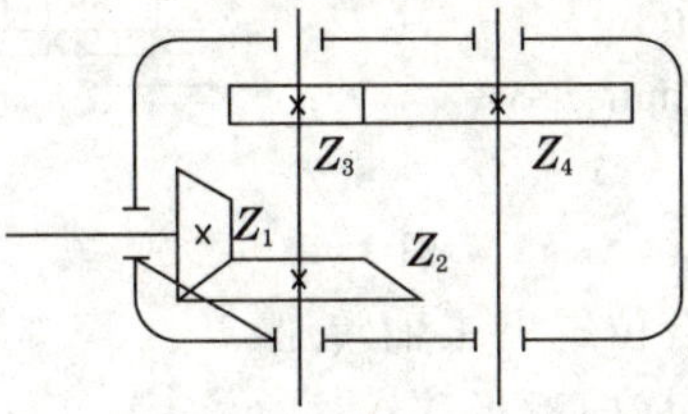


图 9—8

3. 图 9—9 所示为 C616 普通车床传动系统图。求：

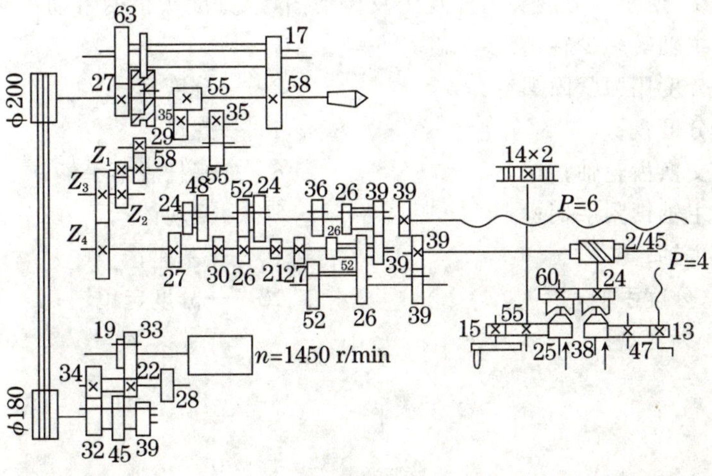


图 9—9

(1)各齿轮在图示啮合的位置时，主轴的转速。

(2)当溜板箱中离合器接通纵向进刀时，光杠一转，溜板箱移动多少？

(3)当溜板箱中离合器横向进刀时，光杠一转，滑板移动多少？

4. 图 9—10 所示为 C615 普通车床传动系统图，求：

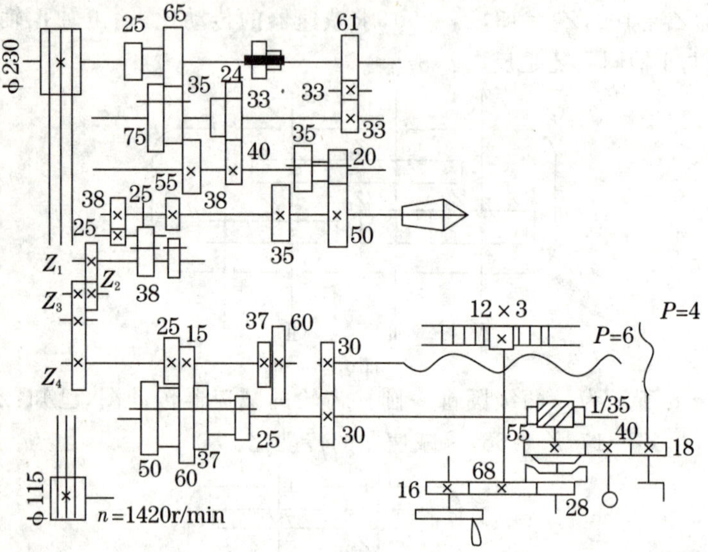


图 9—10

(1)各齿轮在图示啮合位置上主轴转速。

(2)当光杠转一转时，横向滑板移动多少？

(注：主轴摩擦离合器左面接通，右面断开)

5. 图 9—11 所示为分度头的外观图及传动图，求分度头手柄带动手轮转一转时，主轴转多少转，合多少度？

1——分度用力紧固螺钉；　2——分度叉；

3——分度盘；　4——螺母；

5——交换齿轮轴；　6——蜗杆脱落手柄；

7——主轴锁紧手柄；　8——回转体；

9——主轴；　10——基座；

11——分度手柄；　12——分度定位销；

13——刻度盘。

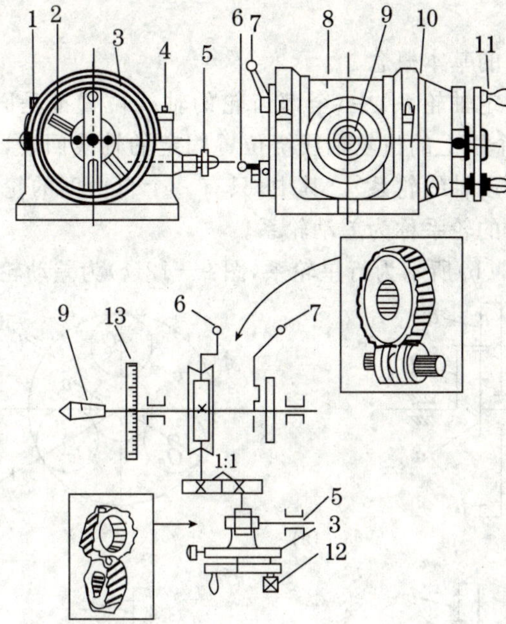


图 9—11

# 参考答案

1. 109.375,反向

2. 12

3. (1)260(2)0.71(3)0.52

4. (1)435(2)0.35

5. $\frac{1}{40}$, 9°

**2. 周转轮系**

(1)周转轮系的基本概念

在普通轮系(定轴轮系)中,全部齿轮的轴线位置都是固定的,如果轮系中有一个或一个以上的齿轮轴线绕位置固定的轴线回转,这样的轮系称为周转轮系(也称动轴线轮系)。其中,只有一个自由度的轮系称为行星轮系,有两个自由度的轮系称为差动轮系。

图 9－12(a),(b)所示为行星轮系,图 9－12(c)为差动轮系。

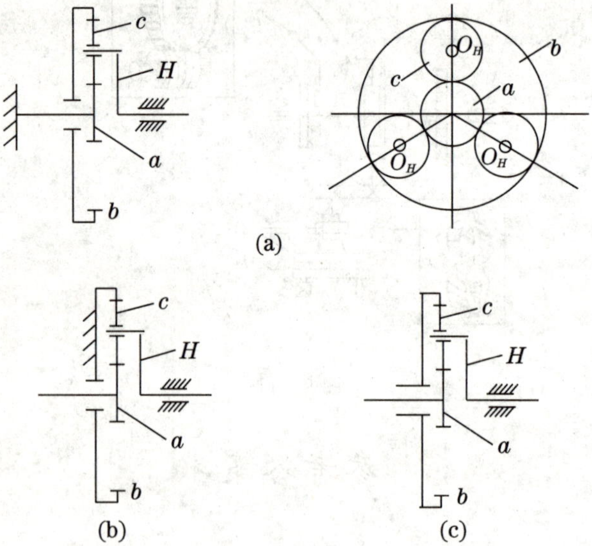


**图** 9－12　**轮系分类**

(a)行星轮系　(b)行量轮系　(c)差动轮系

图中件 $a$ 称太阳轮,件 $b$ 称内齿轮,件 $c$ 称行星轮,件 $H$ 称系杆(或行星架),图 9－12(a)中,$a$ 固定,$b$ 转动时,$c$ 轮除绕 $O_H$ 转外,其轴线 $O_H$ 还绕 $O$ 轴公转,带动 $H$ 转动;如果系杆 $H$ 主动转动,则可带内齿轮转动。

图 9－12(b)与图 9－12(a)图相似,只是 $b$ 固定,$a$ 转动的情况。

图 9－12(c)的情况与图 9－12(a)、(b)不同,它必须并只能有两个件为输入转动,才能有确定的运动。

(2)周转轮系传动比的计算

掌握了普通轮系传动比的计算方法以后,如果再将周转轮系转化为普通轮系,问题就迎刃而解。这种方法叫转化机构法。所谓转化机构法,就是将整个周转轮系都减去一个系杆 $H$ 的转速,使整个机构相当于系杆不动的定轴轮系,这样用定轴轮系的传动比公式计算转化机构的传动比,就可得到各件的转速。

转化机构传动比的计算公式：

$$\frac{n_a-n_H}{n_b-n_H}=(-1)^k\times\frac{\text{转化机构在}\,a\text{、}b\,\text{间从动轮齿数的连乘积}}{\text{转化机构在}\,a\text{、}b\,\text{间主动轮齿数的连乘积}}$$

**【例 1】** 图 9－13 所示为某组合机床滑台快速移动所用的减速器传动图，其中太阳轮 $a$ 为主动轮，系杆为被动轮，内齿轮 $b$ 与减速器壳体固连，$Z_a=9$，$Z_b=33$，$Z_c=12$，求输出轴系杆 $H$ 的转速 $n_H$.

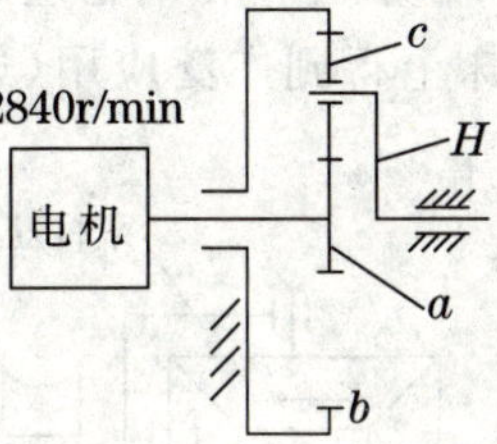


图 9－13

解：$\frac{n_a-n_H}{n_b-n_H}=(-1)^1\times\frac{33}{9}$

$\frac{2840-n_H}{0-n_H}=-\frac{33}{9}$

$n_H=608.6$(r/min)

**【例 2】** 上题中，如果件 $a$ 与减速器壳体固连，$b$ 轮的转速 $n_b=100$ r/min，求输出轴系杆 $H$ 的转速 $n_H$.

解：$\frac{n_a-n_H}{n_b-n_H}=(-1)^1\times\frac{33}{9}$

$\frac{0-n_H}{100-n_H}=-\frac{33}{9}$

$n_H=78.57$(r/min)

**【例 3】** 在图 9－14 所示的周转轮系中，$Z_1=40$，$Z_2=25$，$n_1=30$(r/min)，$n_H=60$(r/min)，求 $n_2$.

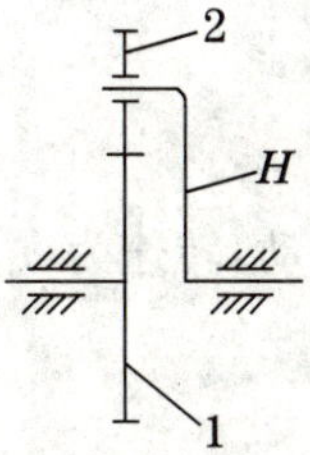


图 9－14

解：$\frac{n_2-n_H}{n_1-n_H}=(-1)^2\times\frac{Z_1}{Z_2}$

$\frac{n_2-60}{30-60}=-\frac{40}{25}$

$n_2=108(\mathrm{r/min})$

（本例属差动轮系）

**【例4】** 图9－15所示是锥齿轮和蜗轮组成的差动机构（各锥齿轮齿数相等），它在齿轮加工机床上得到广泛应用（如Y3150机床）应用时有4种情况：

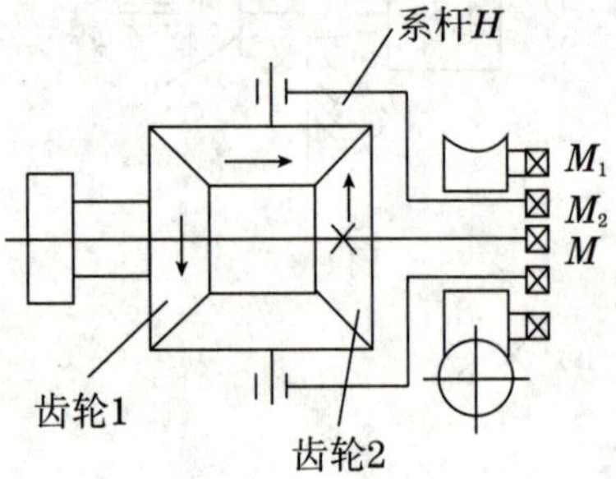


图9－15

(1)当蜗轮不转，$M_1$与$M_2$结合，$n_H=0$

解：$\frac{n_2-n_H}{n_1-n_H}=-\frac{Z_1}{Z_2}=-1$

$\frac{n_2-0}{n_1-0}=-1$

$n_2=-n_1$

齿轮1，齿轮2转速相等，方向相反。

(2)当$M_2$与$M$结合时，则4个锥齿轮成为一体，所以$n_1=n_2$。

(3)当$M_1$与$M_2$结合，蜗轮转动，转速为$n_H$

$\frac{n_1-n_H}{n_2-n_H}=-1$

$n_2=2n_H-n_1$

(4)$M_1$与$M_2$结合，蜗轮转动，转速为$n_H$，$n_1$不动

$\frac{n_1-n_H}{n_2-n_H}=-1$

$\frac{0-n_H}{n_2-n_H}=-1$

$n_2=2n_H$

**【例 5】** 上题中,若(1)$n_H=200\text{r/min}$,$n_1=0$,求 $n_2$.

(2)$n_1=62\text{r/min}$,$n_H=36\text{r/min}$,求 $n_2$.

解:(1)$\dfrac{n_1-n_H}{n_2-n_H}=-1$

$$\frac{0-200}{n_2-200}=-1$$

$$n_2=400(\text{r/min})$$

(2)$\dfrac{n_1-n_H}{n_2-n_H}=-1$

$$\frac{62-36}{n_2-36}=-1$$

$$n_2=10(\text{r/min})$$

**【例 6】** 图 9－16 所示为某自动线输送装置的减速器的传动图,由件 1,2,3,3′(3 和 3′为一体的双联齿轮)4,$H$ 组成,$Z_1=9$,$Z_2=57$(固定在壳体上),$Z_3=24$,$Z_{3'}=22$,$Z_4=55$,求 $n_4$.

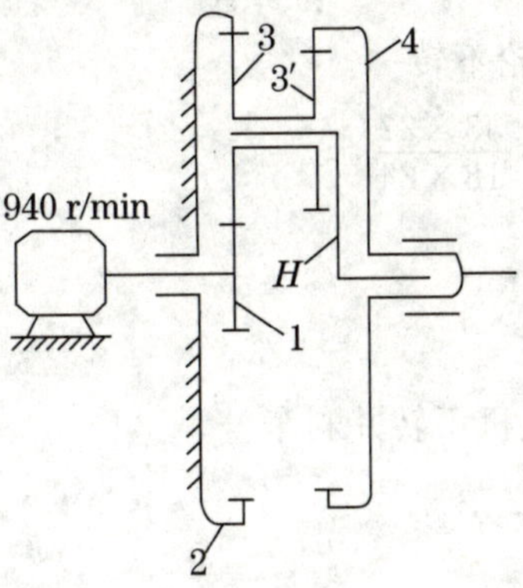


图 9－16

解:$\begin{cases}\dfrac{n_1-n_H}{0-n_H}=(-1)^1\times\dfrac{57}{9}\cdots\cdots\cdots\cdots\cdots(1)\\[2ex]\dfrac{n_1-n_H}{n_4-n_H}=(-1)^1\times\dfrac{55\times24}{22\times9}\cdots\cdots\cdots(2)\end{cases}$

$$\begin{cases}\dfrac{940-n_H}{0-n_H}=-\dfrac{57}{9}\\[2ex]\dfrac{940-n_H}{n_4-n_H}=-\dfrac{55\times24}{22\times9}\end{cases}$$

$$n_4=6.4(\text{r/min})$$

由计算可知:该减速器传动比为$\dfrac{940}{6.4}=149$时,获得较大的传动比。

【例 7】 图 9－17 所示为一组合机床滑台快慢速移动用的机构的传动图，由丝杠螺母带动滑台移动，图上所标的数字为齿轮齿数，当电机不转时，自动刹车。求快慢速丝杠转速.

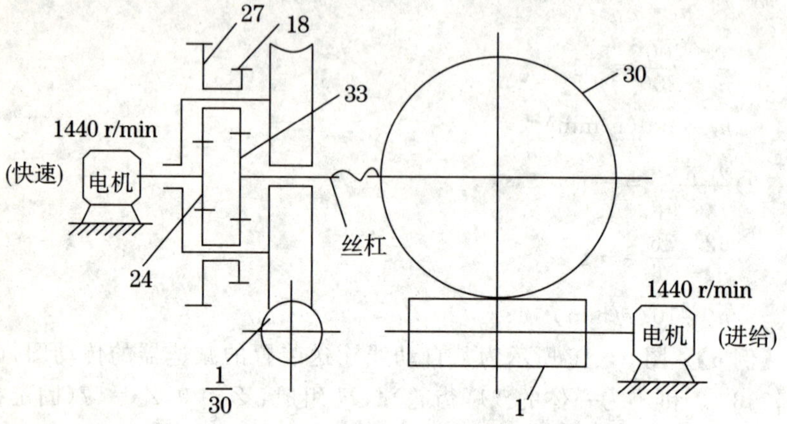


图 9－17

解：(1)快速时，蜗轮不转

$$\frac{n_1-n_H}{n_2-n_H}=(-1)^2\times\frac{33\times27}{18\times24}$$

$$\frac{1440-0}{n_{丝}-0}=\frac{33\times27}{18\times24}$$

$n_{丝}=698(\mathrm{r/min})$

(2)慢速时，快速电机不转并刹车

$$\frac{n_1-n_H}{n_2-n_H}=\frac{33\times27}{18\times24}\cdots\cdots①$$

式中：$n_1=0, n_H=\frac{1440}{30}=48$

代入①式：

$$\frac{0-48}{n_{丝}-48}=\frac{33\times27}{18\times24}$$

$n_{丝}=24.7(\mathrm{r/min})$

即丝杠在快速时转速为 698r/min，慢速时转速为 24.7r/min

# 习题十六

1. 图 9—18 所示为一车床电动卡盘减速器传动示意图，齿数 $Z_1=178$ 的齿轮与系杆 $H$ 固连，系杆由电动机带动，电机转速为 1440r/min，输出轴上的轮的齿数为 $Z_2=180$，输出轴通过离合器与卡盘的平面螺纹盘连接，问输出转速 $n_2$ 为多少？

2. 图 9—19 所示为搅拌机的传动示意图，输入轴为系杆，$n_H=50$r/min，齿数 $Z_1=100$ 的齿轮与壳体固连不动，搅拌爪固定在齿数为 $Z_2=40$ 的齿轮上，问齿数为 $Z_2$ 齿轮的自转转速。

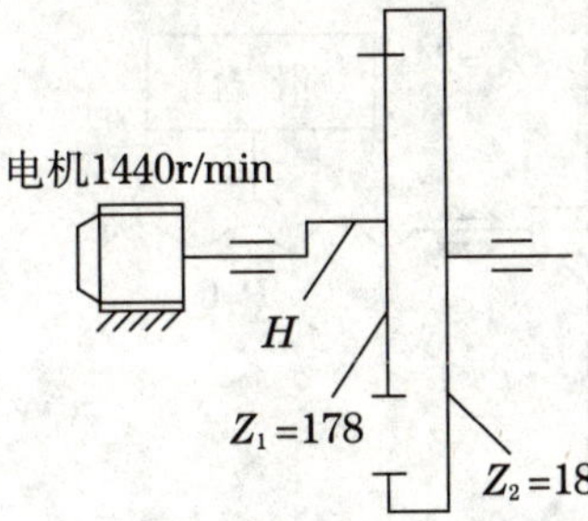


图 9—18

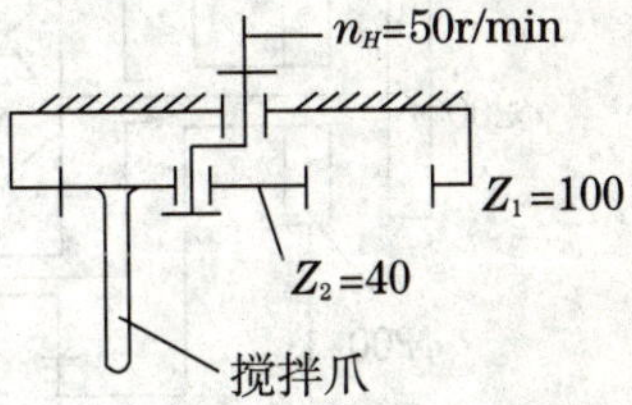


图 9—19

3. 图 9—20 所示为一转盘铣床圆工作台快慢速的转换传动装置，快速用的电机直接与齿数为 $Z_1$ 的齿轮连接，当慢速时，该电机不转并刹车，慢速用的电机直接与蜗杆连接，通过蜗轮使系杆与蜗轮一起转动，各齿数如图，求快、慢速时输出轴 $n_4$ 的转速。

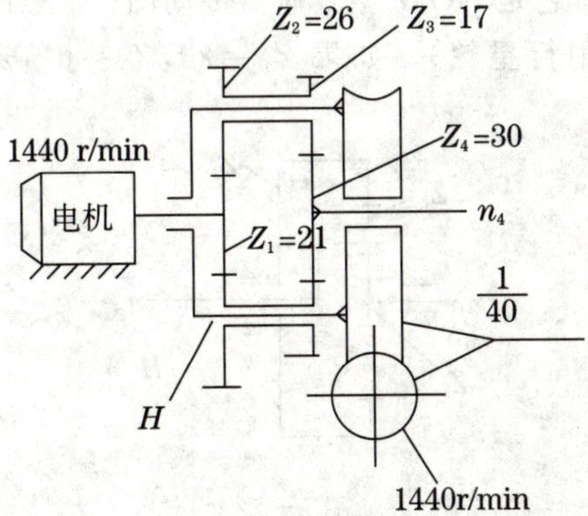


图 9—20

4. 图 9－21 所示为组合机床滑台快慢转换的另一种传动形式，当需快转时，快速电机转动，通过带轮转动使齿数为 $Z_1$ 的内齿轮转动，这时进给电机刹车。当需要慢速进给时，进给电机通过带轮传动使齿数为 $Z_0$ 的齿轮转动，此时快速电机不转并刹车。两条传动路线均使齿数为 $Z_4$ 的齿轮转动，从而通过丝杠，螺母使滑台移动。求快、慢速时，滑台移动速度为多大?

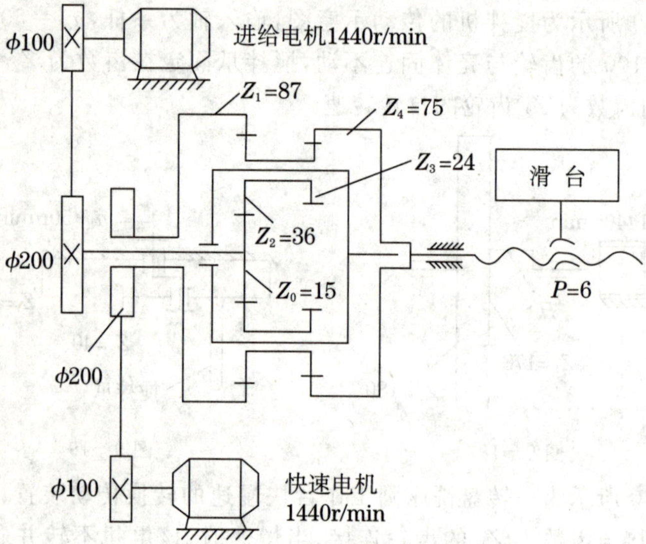


图 9－21

5. 如图 9－22 所示，它是 NGW 型减速器传动图(N 表示内啮合，W 表示外啮合，G 表示公用行星轮)。如果 $Z_1=20$，$Z_2=61$，$Z_3=142$，求减速器速比。

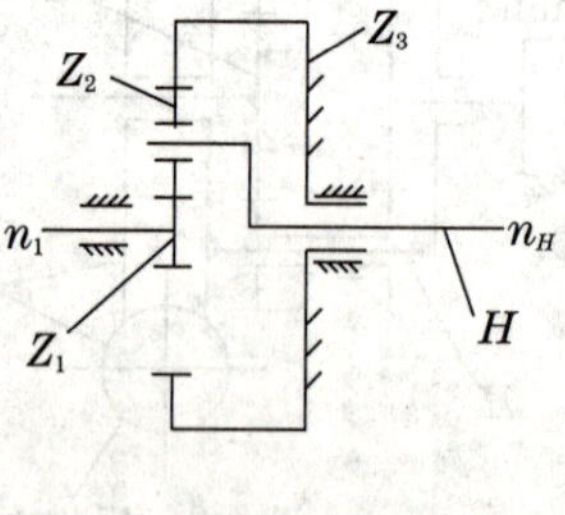


图 9－22

# 参考答案

1. 16r/min

2. −75r/min

3. 快速 659r/min，慢速 19.5r/min

4. 快速 4176mm/min，慢速 144mm/min

5. 8.1

# §9.4 液压传动的计算

在液压传动中，主要计算的数据为压力、流量、速度、功率等参数，以下图 9－23 为例，进行分析。

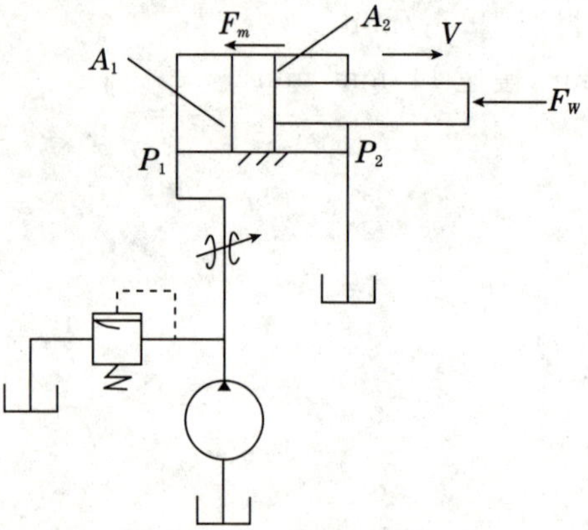


图 9－23

**1. 压力**

在液压系统中所说的压力实则压强，是相对于大气的压强。

在上图中，$F_W$ 是作用在活塞上的外部负载，$F_m$ 是活塞与缸壁及活塞杆与缸盖间的摩擦阻力。

作用在活塞上的外部负载包括工作负载 $F_g$，导轨的摩擦力 $F_f$，速度变化时产生的惯性力 $F_a$。

作用在活塞上的负荷 $F=F_W+F_M$，$F_m$ 的大小一般为负荷的 5%～10%，这样 $F=\frac{F_W}{\eta}$，$\eta$ 为 0.9～0.95。

设油缸进出口压力（压强）分别为 $P_1$，$P_2$，进出腔面积分别为 $A$，$A_2$，则油缸总推力为 $P_1A_1-P_2A_2$，方向向右，此推力与油缸负载平衡，即 $P_1A_1-P_2A_2=F$。

如果油缸出油口通过油管直到油箱，因为管路阻力相对较小，可以忽略，这时：$P_1A_1=F$，$P_1=\frac{F}{A_1}$。

此结论说明：油缸中的压力与油缸活塞所受负载成正比，与油缸的作用面积成反比。

**【例 1】** 上图中，外部负载 $F_W=10000$ N，活塞直径为 100，$\eta=0.9$，求油缸进口压力 $P$ 为多少。（出口压力为 0）

解：$PA_1=\frac{F_W}{\eta}$

$P\frac{\pi d^2}{4}=\frac{F_W}{\eta}$

$P\times\frac{3.14\times(100\times10^{-3})^2}{4}=\frac{10\ 000}{0.9}$

$P=1.42\times10^6\ \text{Pa}=1.42(\text{MPa})$

注：在计算中，力的单位用N，长度单位用m，得到的压力为Pa，如果力的单位用N，长度单位用mm，得到的压力单位为MPa。

**【例2】** 在上例中，如果出口压力为$P_2=0.5\text{MPa}$，活塞直径为50，那么油缸进口压力$P_1$为多大？

解：$P_1A_1-P_2A_2=\frac{F_W}{\eta}$

$P_1\frac{\pi d_1^2}{4}-P_2\left(\frac{\pi d_1^2}{4}-\frac{\pi d_2^2}{4}\right)=\frac{F_W}{\eta}$

$P_1\times\frac{3.14\times100^2}{4}-0.5\times\left(\frac{3.14\times100^2}{4}-\frac{3.14\times50^2}{4}\right)=\frac{10000}{0.9}$

$P_1=1.79(\text{MPa})$

**2. 油缸(或活塞)速度**

(1)流量：单位时间内流过某一截面液体的容积叫流量，单位$m^3/s$，液压系统常以升/分钟为单位。流量通常用字母$Q$表示。

(2)油缸的速度

油缸(或活塞)的运动速度$V=\frac{\text{进入油缸的流量}Q}{\text{油缸(或活塞)的横截面积}S}$

**【例1】** 如图9－24所示，已知油缸直径为100，活塞杆直径为50，进入油缸内的流量$Q$=40升/分钟，求在图9－24(a)、(b)、(c)3种情况下活塞的速度.

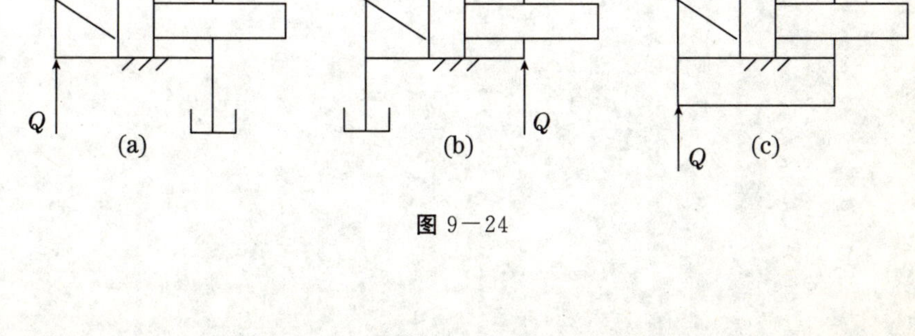


图9－24

解：(a) $V=\dfrac{Q}{A_1}=\dfrac{Q}{\dfrac{\pi d_1^2}{4}}=\dfrac{40\times100^3}{\dfrac{3.14\times100^2}{4}}=5095.54(\text{mm/min})$

(b) $V=\dfrac{Q}{A_2}=\dfrac{Q}{\dfrac{\pi d_1^2}{4}-\dfrac{\pi d_2^2}{4}}=\dfrac{40\times100^3}{\dfrac{3.14}{4}\times(100^2-50^2)}=6794(\text{mm/min})$

(c) $VA_1=Q+VA_2$

$V(A_1-A_2)=Q$

$V=\dfrac{Q}{A_1-A_2}=\dfrac{Q}{\dfrac{\pi d_1^2}{4}-\left(\dfrac{\pi d_1^2}{4}-\dfrac{\pi d_2^2}{4}\right)}$

$=\dfrac{Q}{\dfrac{\pi d_2^2}{4}}=\dfrac{40\times100^3}{\dfrac{3.14\times50^2}{4}}=20382.2(\text{mm/min})$

**3. 液压能做功的功率**

压力为 $P$，流量为 $Q$ 的液压功率 $N=PQ$

式中 $N$ ——液压功率　W

　　$P$ ——压力　$\text{n/m}^2$(Pa)

　　$Q$ ——流量　$\text{m}^3/\text{s}$

**【例】** 某油泵输出的压力为 6.3 MPa，流量为 32 升/分钟，求该泵输出的功率 $N$.

解：$P=6.3\ \text{MPa}=6.3\times10^6\ \text{Pa}$

$Q=32$ 升/分 $=\dfrac{0.032\ \text{m}^3}{60\ \text{s}}=0.0005333\text{m}^3/\text{s}$

$\therefore N=PQ$

$=6.3\times10^6\times0.0005333$

$=3360(\text{W})$

$=3.36(\text{kW})$

# 习题十七

1. 在图 9－25 所示的液压系统中，安全阀的调节压力为 4 MPa，油缸总负载 $F=15000$ N，活塞直径为 80，问油缸进油腔压力。当活塞杆被死挡铁顶住后，油泵的压力。

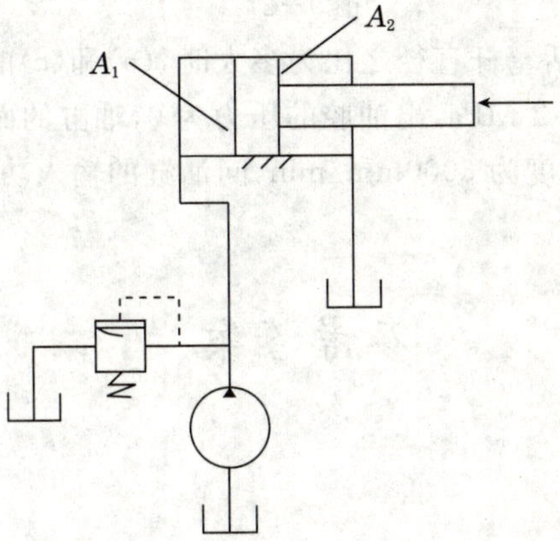


图 9－25

2. 如图 9－26 所示，已知 $d_1=200$，$d_2=100$，$P_1=5$ MPa，求 $P_2$。

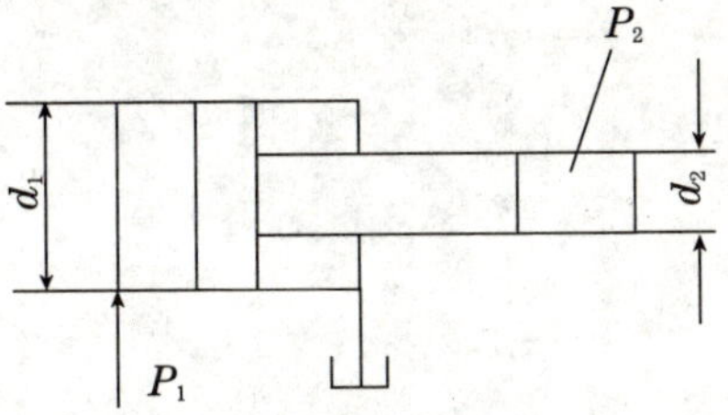


图 9－26

3. 下列的油缸活塞直径为 200，活塞杆直径为 140，$Q=50$ 升/分钟，求(a)、(b)、(c)、(d)(右腔充满油)4 种情况下的油缸速度。

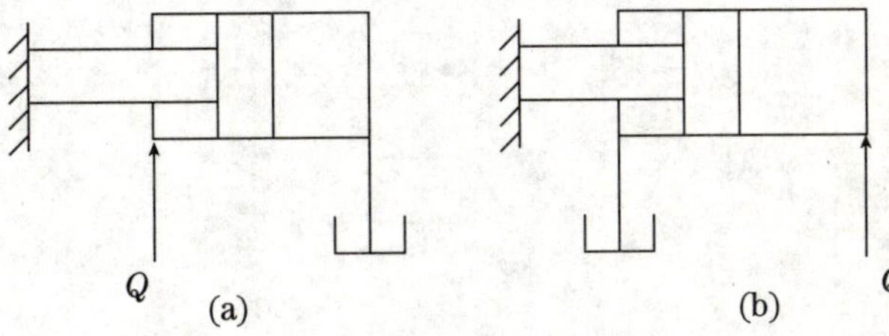

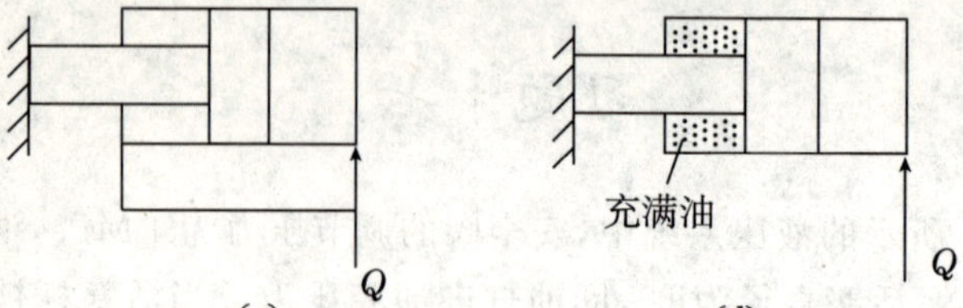


(c)　　(d)

图 9－27

4. 在上题中，活塞与活塞杆直径之比为多大时，(a)和(c)的速度相等？

5. 油缸进油腔压力为 2 MPa，出油腔的压力为 0，油缸的面积为 8000 $mm^2$，油缸的活塞运动速度为 3000mm/min，问油缸的输入功率是多大？

# 参考答案

1. 3 MPa，4 MPa

2. 20 MPa

3. (*a*)3122mm/min；(*b*)1592mm/min；(*c*)3250mm/min；(*d*)0

4. $\sqrt{2}$

5. 0.8 kW

# 附 表

## 附表一 计量单位及换算

### 1. 中华人民共和国法定计量单位

中华人民共和国的法定计量单位(以下简称法定单位)包括：

(1)国际单位制的基本单位(见表 1)；

(2)国际单位制的辅助单位(见表 2)；

(3)国际单位制中具有专门名称的导出单位(见表 3)；

(4)国家选定的非国际单位制单位(见表 4)；

(5)由以上单位构成的组合形式的单位；

(6)由词头和以上单位所构成的十进倍数和分数单位(词头见表 5)。

法定单位的定义、使用方法等,由国家计量局另行规定。

**表 1 国际单位制的基本单位**

| 量的名称 | 单位名称 | 单位符号 |
|---|---|---|
| 长度 | 米 | m |
| 质量 | 千克(公斤) | kg |
| 时间 | 秒 | s |
| 电流 | 安[培] | A |
| 热力学温度 | 开[尔文] | K |
| 物质的量 | 摩[尔] | mol |
| 发光强度 | 坎[德拉] | cd |

**表 2 国际单位制的辅助单位**

| 量的名称 | 单位名称 | 单位符号 |
|---|---|---|
| 平面角 | 弧度 | rad |
| 立体角 | 球面度 | sr |

**表3　国际单位制中具有专门名称的导出单位**

| 量的名称 | 单位名称 | 单位符号 | 其他表示式例 |
| --- | --- | --- | --- |
| 频率 | 赫[兹] | Hz | $s^{-1}$ |
| 力;重力 | 牛[顿] | N | $kg \cdot m/s^2$ |
| 压力,压强;应力 | 帕[斯卡] | Pa | $N/m^2$ |
| 能量;功;热 | 焦[耳] | J | $N \cdot m$ |
| 功率;辐射通量 | 瓦[特] | W | J/s |
| 电荷量 | 库[仑] | C | $A \cdot s$ |
| 电位;电压;电动势 | 伏[特] | V | W/A |
| 电容 | 法[拉] | F | C/V |
| 电阻 | 欧[姆] | Ω | V/A |
| 电导 | 西[门子] | S | A/V |
| 磁通量 | 韦[伯] | Wb | $V \cdot s$ |
| 磁通量密度;磁感应强度 | 特[斯拉] | T | $Wb/m^2$ |
| 电感 | 亨[利] | H | Wb/A |
| 摄氏温度 | 摄氏度 | ℃ | |
| 光通量 | 流[明] | lm | $cd \cdot sr$ |
| 光照度 | 勒[克斯] | lx | $lm/m^2$ |
| 放射性活度 | 贝可[勒尔] | Bq | $s^{-1}$ |
| 吸收剂量 | 戈[瑞] | Gy | J/kg |
| 剂量当量 | 希[沃特] | Sv | J/kg |

**表4　国家选定的非国际单位制单位**

| 量的名称 | 单位名称 | 单位符号 | 换算关系和说明 |
| --- | --- | --- | --- |
| 时　间 | 分 | min | 1 min=60 s |
| | [小]时 | h | 1 h=60 min=3600 s |
| | 天(日) | d | 1d=24 h=86400s |
| 平面角 | [角]秒 | (″) | 1″=(π/648000)rad(π为圆周率) |
| | [角]分 | (′) | 1′=60″=(π/10800)rad |
| | 度 | (°) | 1°=60′=(π/180)rad |

续表

| 量的名称 | 单位名称 | 单位符号 | 换算关系和说明 |
|---|---|---|---|
| 旋转速度 | 转每分 | r/min | $1r/min=(1/60)\ s^{-1}$ |
| 长　度 | 海里 | n mile | 1n mile=1852m<br>（只用于航程） |
| 速　度 | 节 | kn | 1kn=1n mile/h<br>=(1852/3600)m/s<br>（只用于航行） |
| 质　量 | 吨<br>原子质量单位 | t<br>u | $1t=10^3 kg$<br>$1u\approx1.6605402\times10^{-27} kg$ |
| 体　积 | 升 | L,(l) | $1L=1dm^3$<br>$=10^{-3}\ m^3$ |
| 能 | 电子伏 | eV | $1eV\approx1.60217733\times10^{-19} J$ |
| 级　差 | 分贝 | dB | 用于对数量 |
| 线密度 | 特（克斯） | tex | 1tex=1g/km |

**表5　用于构成十进倍数和分数单位的词头**

| 所表示的因数 | 词头名称 | 词头符号 | 所表示的因数 | 词头名称 | 词头符号 |
|---|---|---|---|---|---|
| $10^{18}$ | 艾[可萨] | E | $10^{-1}$ | 分 | d |
| $10^{15}$ | 拍[它] | P | $10^{-2}$ | 厘 | c |
| $10^{12}$ | 太[拉] | T | $10^{-3}$ | 毫 | m |
| $10^{9}$ | 吉[咖] | G | $10^{-6}$ | 微 | μ |
| $10^{6}$ | 兆 | M | $10^{-9}$ | 纳[诺] | n |
| $10^{3}$ | 千 | k | $10^{-12}$ | 皮[可] | p |
| $10^{2}$ | 百 | h | $10^{-15}$ | 飞[母托] | f |
| $10^{1}$ | 十 | da | $10^{-18}$ | 阿[托] | a |

**注：**1.周、月、年（年的符号为a），为一般常用时间单位。

2.[　]内的字，是在不致混淆的情况下，可以省略的字。

3.( )内的字为前者的同义语。

4.角度单位度、分、秒的符号不处于数字后时，用括弧。

5.升的符号中，小写字母l为备用符号。

6.r为“转”的符号。

7.日常生活和贸易中，质量习惯称为重量。

8.公里为千米的俗称，符号为km。

9.$10^4$ 称为万，$10^8$ 称为亿，$10^{12}$ 称为万亿，这类数词的使用不受词头名称的影响，但不应与词头混淆。

**2. 法定计量单位与常用非法定计量单位的对照和换算表**

| | 法定计量单位 | | 常用非法定计量单位 | | 换算关系 |
|---|---|---|---|---|---|
| | 名称 | 符号 | 名称 | 符号 | |
| 长度 | 千米（公里） | km | | KM | 1千米（公里）＝1KM＝2市里＝0.6214英里 |
| | 米 | m | 公尺 | M | 1米＝1公尺＝3市尺＝3.2808英尺＝1.0936码 |
| | 分米 | dm | 公寸 | | 1分米＝1公寸＝0.1米＝3市寸 |
| | 厘米 | cm | 公分 | | 1厘米＝1公分＝0.01米<br>3市分＝0.3937英寸 |
| | 毫米 | mm | 公里 | m/m，MM | 1毫米＝1公厘＝0.001米＝3市厘 |
| | | | 公丝 | | 1公丝＝0.1毫米 |
| | 微米 | $\mu$m | 公微 | $\mu$，m$\mu$，$\mu$M | 1微米＝1公微＝$10^{-6}$米 |
| | | | 丝米 | dmm | 1丝米＝0.1毫米 |
| | | | 忽米 | cmm | 1忽米＝0.01毫米 |
| | 纳米 | nm | 毫微米 | m$\mu$m | 1纳米＝1毫微米＝$10^{-9}$米 |
| | 海里 | n mile | | | 1海里＝3.7040市里＝1.15英里 |
| | | | 市里 | | 1市里＝150市丈＝0.5公里＝0.3107英里 |
| | | | 市引 | | 1市引＝10市丈 |
| | | | 市丈 | | 1市丈＝10市尺＝3.3333米＝3.6454码 |
| | | | 市尺 | | 1市尺＝10市寸＝0.3333米＝1.0936英尺 |
| | | | 市寸 | | 1市寸＝10市分＝3.3333厘米＝1.3123英寸 |
| | | | 市分 | | 1市分＝10市厘 |
| | | | 市厘 | | 1市厘＝10市毫 |
| | | | 英里 | mi | 1英里＝1760码＝5280英尺＝1.6093公里＝3.2187市里 |

续表

| | 法定计量单位 | | 常用非法定计量单位 | | 换算关系 |
| --- | --- | --- | --- | --- | --- |
| | 名称 | 符号 | 名称 | 符号 | |
| 长度 | | | 码 | yd | 1码＝3英尺＝0.9144米＝2.7432市尺 |
| | | | 英尺 | ft | 1英尺＝12英寸＝0.3048米＝0.9144市尺 |
| | | | 英寸 | in | 1英寸＝2.54厘米＝0.7620市寸 |
| | 飞米 | fm | 费密 | fermi | 1飞米＝1费密＝$10^{-15}$米 |
| | | | 埃 | Å | 1埃＝$10^{-10}$米 |
| 面积 | 平方千米（平方公里） | $km^2$ | | | 1平方千米（平方公里）＝1000000平方米＝100公顷＝4平方市里＝0.3861平方英里 |
| | | | 公顷 | ha | 1公顷＝10000平方米＝100公亩＝15市亩＝2.4711英亩 |
| | | | 公亩 | a | 1公亩＝100平方米＝0.15市亩＝0.0247英亩 |
| | 平方米 | $m^2$ | 平米 | | 1平方米＝1平米＝9平方市尺＝10.7639平方英尺＝1.1960平方码 |
| | 平方分米 | $dm^2$ | | | 1平方分米＝0.01平方米 |
| | 平方厘米 | $cm^2$ | | | 1平方厘米＝ 0.0001平方米 |
| | | | 市顷 | | 1市顷＝100市亩＝6.6667公顷 |
| | | | 市亩 | | 1市亩＝10市分＝60平方市丈＝6.6667公亩＝0.0667公顷＝0.1644英亩 |
| | | | 市分 | | 1市分＝6平方市丈 |
| | | | 平方市里 | | 1平方市里＝22500平方市丈＝0.2500平方公里＝0.0965平方英里 |
| | | | 平方市丈 | | 1平方市丈＝100平方市尺 |
| | | | 平方市尺 | | 1平方市尺＝100平方市寸＝0.1111平方米＝1.1960平方英尺 |

续表

| | 法定计量单位 | | 常用非法定计量单位 | | 换算关系 |
|---|---|---|---|---|---|
| | 名称 | 符号 | 名称 | 符号 | |
| 面积 | | | 平方英里 | $mile^2$ | 1平方英里＝640英亩＝2.5900平方公里＝10.3600平方市里 |
| | | | 英亩 | | 1英亩＝4840平方码＝40.4686公亩＝6.0720市亩 |
| | | | 平方码 | $yd^2$ | 1平方码＝9平方英尺＝0.8361平方米＝7.5249平方市尺 |
| | | | 平方英尺 | $ft^2$ | 1平方英尺＝144平方英寸＝0.0929平方米＝0.8361平方市尺 |
| | | | 平方英寸 | $in^2$ | 1平方英寸＝6.4516平方厘米＝0.5806平方市寸 |
| | | | 靶恩 | b | 1靶恩＝$10^{-28}$平方米 |
| 体积 | 立方米 | $m^3$ | | | 1立方米＝1000立方分米＝27立方市尺＝35.3147立方英尺＝1.3080立方码 |
| | 立方分米 | $dm^3$ | | | 1立方分米＝0.001立方米 |
| | 立方厘米 | $cm^3$ | | | 1立方厘米＝0.000001立方米 |
| | | | 立方市丈 | | 1立方市丈＝1000立方市尺 |
| | | | 立方市尺 | | 1立方市尺＝1000立方市寸＝0.0370立方米＝1.3078立方英尺 |
| | | | 立方码 | $yd^3$ | 1立方码＝27立方英尺＝0.7646立方米＝20.6415立方市尺 |
| | | | 立方英尺 | $ft^3$ | 1立方英尺＝1728立方英寸＝0.0283立方米＝0.7645立方市尺 |
| | | | 立方英寸 | $in^3$ | 1立方英寸＝16.3871立方厘米＝0.4424立方市寸 |
| 容积 | 升 | L(l) | 公升、立升 | | 1升＝1公升＝1立升＝1市升＝1.7598品脱(英)＝0.2200加仑(英) |
| | 分升 | dl | | | 1分升＝0.1升＝1市合 |

续表

| | 法定计量单位 | | 常用非法定计量单位 | | 换算关系 |
|---|---|---|---|---|---|
| | 名称 | 符号 | 名称 | 符号 | |
| 容积 | 厘升 | cl | | | 1 厘升＝0.01 升 |
| | 毫升 | ml | 西西 | c. c. ,cc | 1 毫升＝1 西西＝0.001 升 |
| | | | 市石 | | 1 市石＝10 市斗＝100 升＝2.7498 蒲式耳(英) |
| | | | 市斗 | | 1 市斗＝10 市升＝10 升 |
| | | | 市升 | | 1 市升＝10 市合＝1 升＝1.7598 品脱(英)＝0.2200 加仑(英) |
| | | | 市合 | | 1 市合＝10 市勺＝1 分升 |
| | | | 市勺 | | 1 市勺＝10 市撮＝1 厘升 |
| | | | 市撮 | | 1 市撮＝1 毫升 |
| | | | * 蒲式耳 | | 1 蒲式耳＝4 配克＝3.6369 市斗(英) |
| | | | * 配克 | pk | 1 配克＝2 加仑＝9.0922 升 |
| | | | ** 加仑 | Vkgal | 1 加仑(英)＝4 夸脱＝4.5461 升＝4.5461 市升 |
| | | | 夸脱 | UKqt | 1 夸脱＝2 品脱＝1.1365 升＝1.1365 市升 |
| | | | 品脱 | UKpt | 1 品脱＝4 及耳＝5.6826 分升＝5.6828 市合 |
| | | | 及耳 | UKgi | 1 及耳＝1.4207 分升 |
| | | | 英液盎司 | UKfloz | 1 英液盎司＝2.841 厘升 |
| | | | 英液打兰 | UKfldr | 1 英液打兰＝3.552 毫升 |
| 质量 | 吨 | t | 公吨 | T | 1 吨＝1 公吨＝1000 千克＝0.9842 英吨＝1.1023 美吨 |
| | | | 公担 | q | 1 公担＝100 千克＝2 市担 |
| | 千克(公斤) | kg | | KG | 1 千克＝2 市斤＝2.2046 磅(常衡) |
| | 克 | g | 公分 | gm | 1 克＝1 公分＝0.001 千克＝2 市分＝15.4324 格令 |

续表

| | 法定计量单位 | | 常用非法定计量单位 | | 换算关系 |
|---|---|---|---|---|---|
| | 名称 | 符号 | 名称 | 符号 | |
| 质量 | 分克 | dg | | | 1 分克＝0.0001 千克＝2 市厘 |
| | 厘克 | cg | | | 1 厘克＝0.00001 千克 |
| | 毫克 | mg | | | 1 毫克＝0.000001 千克 |
| | | | 公两 | | 1 公两＝100 克 |
| | | | 公钱 | | 1 公钱＝10 克 |
| | | | 市担 | | 1 市担＝100 市斤＝0.5 公担 |
| | | | 市斤 | | 1 市斤＝10 市两＝0.5 千克＝1.1023 磅（常衡） |
| | | | 市两 | | 1 市两＝10 市钱＝50 克＝1.7637 盎司（常衡） |
| | | | 市钱 | | 1 市钱＝10 市分＝5 克 |
| | | | 市分 | | 1 市分＝10 市厘 |
| | | | 市厘 | | 1 市厘＝10 市毫 |
| | | | 市毫 | | 1 市毫＝10 市丝 |
| | | | 英吨（长吨） | UKton | 1 英吨（长吨）＝2240 磅＝1016 千克＝2032.0941 市斤 |
| | | | 美吨（短吨） | sh ton | 1 美吨（短吨）＝2000 磅＝907.1849 千克＝1814.3698 市斤 |
| | | | 磅 | lb | 1 磅＝16 盎司＝0.4536 千克＝0.9072 市斤 |
| | | | 盎司 | oz | 1 盎司＝16 打兰＝28.3495 克＝0.5670 市两 |
| | | | 打兰 | dr | 1 打兰＝27.34375 格令＝1.7718 克 |
| | | | 格令 | gr | 1 格令＝1/7000 磅＝0.0648 克 |

续表

| | 法定计量单位 | | 常用非法定计量单位 | | 换算关系 |
|---|---|---|---|---|---|
| | 名称 | 符号 | 名称 | 符号 | |
| 时间 | 年 | a | | y,yr | 1y=1yr=1 年 |
| | 天(日) | d | | | |
| | [小]时 | h | | hr | 1hr=1 小时 |
| | 分 | min | | (′) | 1′=1 分 |
| | 秒 | s | | S,sec,(″) | 1″=1S=1sec=1 秒 |
| 频率 | 赫兹 | Hz | 周 | C | 1 赫兹=1 周 |
| | 兆赫 | MHz | 兆周 | MC | 1 兆赫=1 兆周 |
| | 千赫 | kHz | 千周 | KC,kc | 1 千赫=1 千周 |
| 温度 | 开[尔文] | K | 开氏度，绝对度 | °K | 1 开=1 开氏度=1 绝对度 |
| | 摄氏度 | ℃ | 度 | deg | |
| | | | 华氏度 | °F | 1 华氏度=0.555556 开 |
| | | | 列氏度 | °R | 1 列氏度=1.25 摄氏度 |
| 力、重力 | 牛[顿] | N | 千克,公斤 | kg | |
| | | | 达因 | dyn | 1 达因=$10^{-5}$ 牛 |
| 压力、压强、应力 | 帕[斯卡] | Pa | 巴 | bar,b | 1 巴=$10^5$ 帕 |
| | | | 毫巴 | mbar | 1 毫巴=$10^2$ 帕 |
| | | | 托 | Torr | 1 托=133.322 帕 |
| | | | 标准大气压 | atm | 1 标准大气压=101.325 千帕 |
| | | | 工程大气压 | at | 1 工程大气压=98.0665 千帕 |
| | | | 毫米汞柱 | mmHg | 1 毫米汞柱=133.322 帕 |
| 线密度 | 特[克斯] | tex | 旦[尼尔] | denier | 1 旦=0.111112 特 |
| 功、能、热 | 焦[耳] | J | 尔格 | erg | 1 尔格=$10^{-7}$ 焦 |
| 功率 | 伏安 | VA | 伏安 | VA | 1 伏安=1 瓦 |
| | | | 乏 | var | 1 乏=1 瓦 |
| 磁感应强度(磁通密度) | 特[斯拉] | T | 高斯 | Gs | 1 高斯=$10^{-4}$ 特 |

续表

| | 法定计量单位 | | 常用非法定计量单位 | | 换算关系 |
|---|---|---|---|---|---|
| | 名称 | 符号 | 名称 | 符号 | |
| 磁场强度 | 安[培]每米 | A/m | 奥斯特，楞次 | Ge | 1奥斯特=$\frac{1000}{4\pi}$安/米<br>1楞次=1安/米 |
| 物质的量 | 摩[尔] | mol | 克原子，克分子，克当量，克式量 | | |
| 发光强度 | 坎[德拉] | Cd | 烛光，支光，支 | | 1烛光≈1坎 |
| 光照度 | 勒[克斯] | lx | 辐透 | ph | 1辐透=$10^4$勒 |
| 光亮度 | 坎[德拉]每平方米 | | 熙提 | sb | 1熙提=$10^4$坎/米$^2$ |
| 放射性活度 | 贝可[勒尔] | Bq | 居里 | Ci | 1居里=$3.7\times10^{10}$贝可 |
| 吸收剂量 | 戈[瑞] | Gy | 拉德 | rad | 1拉德=$10^{-2}$戈 |
| 剂量当量 | 希[沃特] | Sv | 雷姆 | rem | 1雷姆=$10^{-2}$希 |
| 照射量 | 库[仑]每千克 | C/kg | 伦琴 | R | 1伦琴=$2.58\times10^{-4}$库/千克 |

* 蒲式耳、配克只用于固体。

** 用于液体1加仑=277.274立方英寸(英)=231立方英寸(美)。

用于固体1加仑=277.274立方英寸(英)=268.803立方英寸(美)。

# 附表二　数学公式

**1. 指数法则**

(a)乘幂($m,n$ 为 0,正整数)

(1)$a^m \cdot a^n = a^{m+n}$　(2)$a^m/a^n = a^{m-n}$　(3)$(a^m)^n = a^{mn}$

(4)$a^n \cdot b^n = (ab)^n$　(5)$a^n/b^n = (a/b)^n$　(6)$1/a^n = a^{-n}$

(7)$a^0 = 1$　(8)$0^n = 0$　(9)$0^0$ 不定

(10)$n$ 为奇数$(-1)^n = -1$,$n$ 为偶数$(-1)^n = 1$

(b)方根($a,b>0$,$m,n$ 都是 0,1 以外的正整数)

(1)$\sqrt[n]{a} = a^{\frac{1}{n}}$　(2) $\sqrt[n]{\frac{1}{a}} = a^{-\frac{1}{n}}$　(3) $\sqrt[n]{a^n} = a$

(4) $\sqrt[m]{a^n} = a^{\frac{n}{m}}$　(5) $\sqrt[m]{\sqrt[n]{a}} = \sqrt[mn]{a}$　(6) $\sqrt[m]{a}\sqrt[n]{a} = \sqrt[mn]{a^{m+n}}$

(7) $\sqrt[n]{a} \cdot \sqrt[n]{b} = \sqrt[n]{ab}$　(8) $\frac{\sqrt[n]{a}}{\sqrt[n]{b}} = \sqrt[n]{\frac{a}{b}}$

**2. 对数法则**

(1)若 $a^x = b(a>0, a\neq 1)$则 $x = \log_a b$　(2)$a^{\log_a b} = b$

(3)$\log_a a^x = x$　(4)$\log_a 1 = 0$　(5)$\log_a a = 1$

(6)$\log_a(b_1 \cdot b_2 \cdot b_3 \cdots\cdots b_n) = \log_a b_1 + \log_a b_2 + \log_a b_3 + \cdots + \log_a b_n$

(7)$\log_a(\frac{b_1}{b_2}) = \log_a b_1 - \log_a b_2$　(8)$\log_a b^x = x\log_a b$

(9)$\log_a b = \frac{\log_c b}{\log_c a}$　(10) $\ln b = \frac{\lg b}{\lg e}$　(11)$\log_a b \cdot \log_b a = 1$

(12)$\lg b \approx 0.4342944819\ln b$　(13)$\ln b = 2.302585\lg b$

(14)若 $n$ 为整数 $1\leqslant N<10$,正数 $b = 10^n N$,则 $\lg b = n + \lg N$　$n$ 为首数,$\lg N$ 为尾数

**3. 恒等式($n$ 为正整数)**

(1)$a^2 - b^2 = (a+b)(a-b)$

(2)$a^3 \pm b^3 = (a\pm b)(a^2 \mp ab + b^2)$

(3)$(a\pm b)^2 = a^2 \pm 2ab + b^2$

(4)$(a+b+c)^2 = a^2 + b^2 + c^2 + 2ab + 2bc + 2ac$

(5)$x^2 + (a\pm b)x \pm ab = (x+a)(x\pm b)$

(6)$(a\pm b)^3 = a^3 \pm 3a^2 b + 3ab^2 \pm b^3$

**4. 二次方程的解**

若 $ax^2+bx+c=0$ 则 $x_1=\frac{-b+\sqrt{b^2-4ac}}{2a}, x_2=\frac{-b-\sqrt{b^2-4ac}}{2a}$

$$x_1+x_2=-\frac{b}{a}, x_1x_2=\frac{c}{a}$$

**5. 重要的三角函数公式**

(a)单角函数关系

(1) $\sin^2\alpha+\cos^2\alpha=1$ (2) $\tan\alpha=\frac{\sin\alpha}{\cos\alpha}$ (3) $\sec\alpha=\frac{1}{\cos\alpha}$

(4) $\operatorname{cosec}\alpha=\frac{1}{\sin\alpha}$ (5) $1+\tan^2\alpha=\sec^2\alpha$ (6) $\sin\alpha=\pm\sqrt{1-\cos^2\alpha}$

(7) $\cos\alpha=\pm\sqrt{1-\sin^2\alpha}$

(b)两角的和及差的函数

(1) $\sin(\alpha\pm\beta)=\sin\alpha\cos\beta\pm\cos\alpha\sin\beta$

(2) $\cos(\alpha\pm\beta)=\cos\alpha\cos\beta\mp\sin\alpha\sin\beta$

(3) $\tan(\alpha\pm\beta)=\frac{\tan\alpha\pm\tan\beta}{1\mp\tan\alpha\tan\beta}$

(4) $\sin\alpha+\sin\beta=2\sin\frac{1}{2}(\alpha+\beta)\cos\frac{1}{2}(\alpha-\beta)$

(5) $\sin\alpha-\sin\beta=2\cos\frac{1}{2}(\alpha+\beta)\sin\frac{1}{2}(\alpha-\beta)$

(6) $\cos\alpha+\cos\beta=2\cos\frac{1}{2}(\alpha+\beta)\cos\frac{1}{2}(\alpha-\beta)$

(7) $\cos\alpha-\cos\beta=2\sin\frac{1}{2}(\alpha+\beta)\sin\frac{1}{2}(\alpha-\beta)$

(8) $\sin\alpha\sin\beta=\frac{1}{2}\cos(\alpha-\beta)-\frac{1}{2}\cos(\alpha+\beta)$

(9) $\cos\alpha\cos\beta=\frac{1}{2}\cos(\alpha-\beta)+\frac{1}{2}\cos(\alpha+\beta)$

(10) $\sin\alpha\cos\beta=\frac{1}{2}\sin(\alpha+\beta)+\frac{1}{2}\sin(\alpha-\beta)$

(11) $\cos\alpha\pm\sin\alpha=\sqrt{2}\sin(\frac{\pi}{4}\pm\alpha)$

(c)倍角半角的函数

(1) $\sin2\alpha=2\sin\alpha\cos\alpha$

(2) $\cos2\alpha=\cos^2\alpha-\sin^2\alpha=1-2\sin^2\alpha=2\cos^2\alpha-1$

(3) $\tan2\alpha=\frac{2\tan\alpha}{1-\tan^2\alpha}$

(4) $\sin\frac{\alpha}{2}=\pm\frac{1-\cos\alpha}{2}$

(5) $\cos\frac{\alpha}{2}=\pm\sqrt{\frac{1+\cos\alpha}{2}}$

**6. 三角形的解法**

(a)直角△$ABC$，$\angle C=90°$，$A,B,C$三点所对边分别为$a,b,c$

则 $A+B=90°$，$a=c\sin A$，$b=c\cos A$，$a^2+b^2=c^2$.

(b)一般三角形的解法

$A+B+C=180°$

$\frac{a}{\sin A}=\frac{b}{\sin B}=\frac{c}{\sin C}=2R$

$a=b\cos C+c\cos B$

$a^2=b^2+c^2-2bc\cos A$

**7. 圆的计算**

(a)设圆半径为$R$，直径为$D=2R$

(1)圆周长 $c=\pi D=2\pi R$

(2)圆弧长 $l=R\theta$($\theta$以弧度计)$=\frac{\pi R\theta}{180°}$($\theta$以度计)

(3)圆面积 $s=\pi R^2=\frac{\pi D^2}{4}$

(4)扇形面积 $s=\frac{1}{2}Rl=\frac{1}{2}R^2\theta$($\theta$以弧度计)

(b)设弓形高为$h$，弧半径为$R$，弧所对圆心角为$\theta$，弦长为$b$

(1) $b=2R\sin\frac{\theta}{2}$

(2) $R=\frac{b^2+4h^2}{8h}$

(3) $\theta=4\arctan\frac{2h}{b}$

(4) $h=2R\sin^2\frac{\theta}{4}=\frac{1}{2}b\tan\frac{\theta}{4}=R-\sqrt{R^2-(\frac{b}{2})^2}$

**8. 正多边形**

设正多边形边数为$n$，外接圆直径为$D$，半径为$R$，内切圆半径为$r$，边长为$S$，每边所对中心角为$\theta$

(1) $\theta=\frac{2\pi}{n}$(以 rad 计)$=\frac{360°}{n}$(以度计)

(2) $S=D\sin\frac{\pi}{n}=D\sin\frac{180°}{n}=2\sqrt{R^2-r^2}$

(3) $R=\sqrt{r^2+\frac{S^2}{4}}$

(4) $r=\sqrt{R^2-\frac{S^2}{4}}$

**9. 圆、椭圆、双曲线、抛物线、渐开线、等速曲线方程**

(a)圆锥曲线对称中心为原点时

(1)圆 $x^2+y^2=R^2$ （$R$ 为半径）

(2)椭圆，若 $x$ 向半轴长为 $a$，$y$ 向半轴长为 $b$

则$\frac{x^2}{a^2}+\frac{y^2}{b^2}$，参数方程为$\begin{cases}x=a\cos t\\y=b\sin t\end{cases}$

(3)以圆弧代替近似椭圆(在数控车床上粗车椭圆回转面时用)

则圆心在 $x$ 轴上的圆弧半径$R_1=\frac{a^2+b^2-(a-b)\sqrt{a^2+b^2}}{2a}$

圆心在 $y$ 轴上的圆弧半径$R_2=\frac{a^2+b^2+(a-b)\sqrt{a^2+b^2}}{2b}$

切点坐标为$\begin{cases}x_t=\frac{\sqrt{a^2+b^2}+(a-b)}{2}\\y_t=\frac{\sqrt{a^2+b^2}-(a-b)}{2}\end{cases}$

(数控车上 $x$ 轴为上式的 $y$ 轴，$Z$ 轴为上式的 $x$ 轴)

(4)双曲线$\frac{x^2}{a^2}-\frac{y^2}{b^2}=1$

(5)抛物线 $y^2=2Px$

(6)渐开线

设渐开线的展角为 $\theta_i$，压力角为 $\alpha_i$，基圆半径为 $r_b$

则渐开线极坐标参数方程为：$\begin{cases}r_i=\frac{r_b}{\cos\alpha_i}\\\theta_i=\mathrm{inv}\alpha_i=\tan\alpha_i-\alpha_i\end{cases}$

参数方程为：$\begin{cases}x=a(\cos t+t\sin t)\\y=a(\sin t-t\cos t)\end{cases}$

(7)等速曲线(阿基米德蜗线)极坐标方程为

$\rho=r_0+a\theta$

**10. 计算机中常用几种进位制数的换算**

进位计数制的表示

设正数数 $J$ 表示进位制的基数(例如二进制 $J=2$)

则 $\pm(K_n,K_{n-1},\cdots,K_0,K_{-1},\cdots,K_{-m})=\pm\sum_{i=n}^{-m}K_iJ^i$

式中，$K_i$ 可以为 0，1，2，⋯，$(J-1)$ 中的任一个数码；$m,n$ 为正整数。$J^i$ 称为 $K_i$ 的权，$\sum_{i=n}^{-m}K_iJ^i$ 称为 $J$ 进位制数按权的展开式。

当 $J=10$ 时，十进位数可表示为

$$\pm(K_n,K_{n-1},\cdots,K_0,K_{-1},\cdots,K_{-m})_{10}=\sum_{i=n}^{-m}K_i10^i$$

当 $J=2$ 时，二进位数可表示为

$$\pm(K_n,K_{n-1},\cdots,K_0,K_{-1},\cdots,K_{-m})_2=\sum_{i=n}^{-m}K_i2^i$$

**【例 1】** 将 101011.1001 的二进位数转换为十进制数。

$(101011.1001)_2=2^5+2^3+2^1+2^0+2^{-1}+2^{-4}=43.5625$

**【例 2】** 将十进制数 725.6875 转换成八进制数。

整数部分

$$\begin{array}{r|l} 8 & 725 \\ 8 & 90 \quad 余5 \\ 8 & 11 \quad 余2 \\ 8 & 1 \quad 余3 \\ & 0 \quad 余1 \end{array}$$

$\therefore(725)_{10}=(1325)_8$

小数部分

$$\begin{array}{r} 0.6875 \\ \times 8 \\ \hline 5.5 \\ 0.5 \\ \times 8 \\ \hline 4 \end{array} \quad 整数部分=5$$

$\therefore(0.6875)_{10}=5\times8^{-1}+4\times8^{-2}=(0.54)_8$

$\therefore(725.6875)_{10}=(1325.54)_8$

**11. 样本特征数，工序能力指数**

(1)样本平均数 $\overline{X}=\frac{1}{n}\sum_{i=1}^{n}X_i$

(2)样本标准差 $\sigma=\sqrt{\frac{1}{n}\sum_{i=1}^{n}(X_i-\overline{X})^2}$

(3)工序能力指数 $C_P=\frac{T}{6\sigma}$ 式中 $C_P$——工序能力指数

$T$——尺寸公差

$\sigma$——标准差

在大量生产中要求 $C_P>1.33$

**12. 零件的尺寸公差与配合计算**

(1)轴的上偏差为 $es$，下偏差为 $ei$，基本尺寸为 $a$，

则最大极限尺寸 $=a+es$

最小极限尺寸$=a+ei$

公差 $T=es-ei$

基本偏差 $a\sim h$ 为 $es$，$j\sim zc$ 为 $ei$

(2)孔的上偏差为 $ES$，下偏差为 $EI$，基本尺寸为 $a$

则最大极限尺寸$=a+ES$

最小极限尺寸$=a+EI$

公差 $T=ES-EI$

基本偏差 $A\sim H$ 为 $ES$，$J\sim ZC$ 为 $EI$

(3)孔与轴配合

最大间隙$=ES-ei$(负值为过盈)

最小间隙$=EI-es$(负值为过盈)

**13. 近似计算**

设 $\varepsilon$，$\sigma$ 是小于 1 的正数，$m$ 为正整数

(1) $(1\pm\varepsilon)^m\approx 1\pm m\varepsilon$

(2) $(1\pm\varepsilon)(1\pm\sigma)\approx 1\pm\varepsilon\pm\sigma$

(3) $\sin(\pm\varepsilon)\approx\pm\varepsilon$

(4) $\cos(1\pm\varepsilon)\approx 1-\frac{1}{2}\varepsilon^2$

(5) $\tan(\pm\varepsilon)\approx\pm\varepsilon$

(6) $\lg(1\pm\varepsilon)\approx\pm 0.4343\varepsilon$

(7) $\sqrt[m]{1+\varepsilon}\approx 1+\frac{\varepsilon}{m}$

(8) $\frac{1}{\sqrt[m]{1+\varepsilon}}\approx 1-\frac{\varepsilon}{m}$

(9) $e^{\varepsilon}\approx 1+\varepsilon$

(10) $\ln(1+\varepsilon)\approx\varepsilon$

# 附表三　常用传动计算

## 1. 传动比计算

$i=\frac{n_1}{n_2}=\frac{\omega_1}{\omega_2}$

式中 $i$——传动比

$n_1$——主动轴转速　r/min

$n_2$——被动轴转速　r/min

$\omega_1$——主动轴角速度　1/s

$\omega_2$——被动轴角速度　1/s

(1)皮带传动

$i=\frac{n_1}{n_2}=\frac{d_2}{d_1(1-\varepsilon)}$

式中 $d_2$——被动轮计算直径　mm

$d_1$——主动轮计算直径　mm

$\varepsilon$——弹性滑动率，一般 $\varepsilon=0.02$ 可忽略

$V=\frac{d_1}{2}\omega_1=\frac{\pi d_1 n_1}{60\times1000}$，

式中 $V$——带速　m/s

$\omega_1$——主动轮角速度　1/s

$L=2a+\frac{\pi}{2}(d_1+d_2)+\frac{(d_2-d_1)^2}{4a}$（开式）

$L=2a+\frac{\pi}{2}(d_1+d_2)+\frac{(d_1+d_2)^2}{4a}$（交叉）

式中 $L$——皮带周长

$a$——中心距

$d_1$、$d_2$——两带轮计算直径

同步带 $i=\frac{n_1}{n_2}=\frac{z_2}{z_1}$

(2)链传动

$i=\frac{n_1}{n_2}=\frac{z_2}{z_1}$

$Lp=\frac{2a_0}{P}+\frac{z_1+z_2}{2}+\frac{P}{a_0}(\frac{z_2-z_1}{2\pi})^2$

式中$Lp$——链条节数

$P$ ——节距 mm

$a_0$ ——中心距 mm

$z_1, z_2$——主被动轮齿数

$L=Lp\cdot P$ $L$——链条长度 mm

(3)齿轮传动

定轴传动 $i=(-1)^k\frac{\text{被动齿轮齿数连乘积}}{\text{主动齿轮齿数连乘积}}$

$k$——外啮合齿轮对数

周转轮系转化机构传动比$\frac{n_1-n_H}{n_n-n_H}=(-1)^k\frac{\text{被动齿轮齿数连乘积}}{\text{主动齿轮齿数连乘积}}$

$k$——外啮合齿轮对数

$n_H$——系杆转速

(4)丝杠—螺母

$S=ZPn$

式中$S$——移动件的相对移动距离 mm/min

$Z$——头数

$P$——螺距 mm

$n$——相对转速 r/min

**2. 传动转矩**

$M=\frac{P}{\omega}=9.55\frac{P}{n}$

$M_2=M_1 i\eta$

式中$M$——转矩 N·m

$P$——功率 W

$\omega$——角速度 1/s

$n$ ——转速　r/min

$M_1$——主动轴转矩　N·m

$M_2$——被动轴转矩　N·m

$i$ ——传动比

$\eta$ ——传动功率

**3. 圆周力**

$$F=\frac{M}{\frac{d}{2}}=\frac{2M}{d}=\frac{P}{V}$$

式中 $F$ ——圆周力 N

$M$——转矩 N·m

$d$ ——传动件直径 m

$P$ ——传动功率 W

$V$ ——圆周速度 m/s

**4. 交流电机、步进电机、脉冲当量**

(1)交流电机转速

$$n=n_0(1-s)$$

$$n_0=\frac{60f}{p}$$

式中 $n$ ——电机转速 r/min

$n_0$——同步转速 r/min

$f$ ——电源频率 Hz

$p$ ——磁极对数

(2)交流电机电磁场功率

$$P_m=m_1V_1I_1\cos\varphi_1$$

式中 $P_m$ ——电磁功率　W

$m_1$ ——相数

$V_1$ ——定子相电压　V

$I_1$ ——定子相电流　A

$\cos\varphi_1$——功率因数

(3)步进电机步距角

$$\theta=\frac{360^\circ}{KmZ}$$

式中$\theta$——步距角、度

$K$——逻辑供电状态系数

$m$——定子相数

$Z$——转子齿数

(4)步进电机角速度

$$\omega=\theta f$$

$$n=\frac{\theta f}{6}$$

式中$\omega$——角速度(°)1/s

$f$——脉冲频率 Hz

$n$——转速 r/min

(5)脉冲当量

$$\delta=\frac{\theta}{i360^\circ}P_t$$

式中$\delta$——脉冲当量　mm

$\theta$——步距角　(°)

$P_t$——丝杠导程　mm

$i$——电机与丝杠间传动比

(6)直流电机的转速

$$n=(U-I_aR_a)/Ce\varphi$$

式中$U$——电枢电压

$I_a$——电枢电流

$R_a$——电枢电阻

$Ce$——反电势常数

$\varphi$——气隙磁通量

**5. 液压传动**

(1)油缸推力或拉力

活塞杆受压时：$F=P_1A_1-P_2A_2$

活塞杆受拉时：$F=P_1A_2-P_2A_1$

式中 $A_1=\frac{\pi}{4}D^2$——无杆腔活塞有效作用面积　$m^2$

$A_2=\frac{\pi}{4}(D^2-d^2)$——有杆腔活塞有效作用面积　$m^2$

$P_1$——液压缸工作腔压力　Pa

$P_2$——液压缸回腔压力　Pa

$d$——活塞杆直径　m

$D$——活塞直径　m

(2)油泵驱动功率

$$P=\frac{pQ}{\eta}$$

式中 $p$——油泵最大工作压力　Pa

$Q$——油泵流量　$m^3/s$

$\eta$——油泵总效率

$P$——油泵驱动功率　W

(3)油缸或活塞运动速度

$$V=\frac{Q}{A}$$

式中 $V$——油缸活塞速度　m/s

$A$——油缸有效作用面积　$m^2$

$Q$——进入缸中流量　$m^3/s$

(4)油马达的转速

$$n=\frac{Q}{q}$$

式中 $n$——油马达转速　r/s

$Q$——输入流量　$m^3/s$

$q$——油马达排量　$m^3/r$

(5)油马达的转矩

$$M=\frac{q\Delta p}{2\pi}$$

式中$M$——油马达转矩　N·m

$q$——油马达排量　$m^3/r$

$\Delta p=p_1-p_2$ 油马达进出口压力差　Pa

# 附表四　螺纹的计算

**1. 普通螺纹**

牙型角 $\alpha=60°$，原始三角形高度为 $H$，外螺纹大径为 $d$（公称尺寸），内螺纹大径 $D$（公称直径）；外螺纹中径为 $d_2$，内螺纹中径为 $D_2$，外螺纹小径为 $d_1$，内螺纹小径为 $D_1$，螺距为 $P$。

则基本尺寸：

(1) $H=\frac{\sqrt{3}}{2}P=0.866P$

(2) $d_2=d-2\times\frac{3}{8}H=d-0.6495P$

(3) $D_2=D-2\times\frac{3}{8}H=D-0.6495P$

(4) $d_1=d-2\times\frac{5}{8}H=d-1.0825P$

(5) $D_1=D-2\times\frac{5}{8}H=D-1.0825P$

实际加工时，应按给定公差加工。在用数控车床加工螺纹时，当 $P\leqslant1$ 时，$D_{孔}=d-P$，当 $P>1$ 时 $D_{孔}=d-(1.04\sim1.08)P$，$d_{外}=d-(0.1\sim0.2165)P$，$d_1=d-1.299P$ 或按公差，将中径公差代入小径中。

**2. 梯形螺纹**

牙型角为 $30°$，外螺纹大径为 $d$，外螺纹中径为 $d_2$，外螺纹小径为 $d_3$；内螺纹大径 $D_4$；内螺纹中径为 $D_2$，内螺纹小径为 $D_1$，牙顶隙为 $a_c$，基本牙型高度为 $H_1$，外螺纹牙高为 $h_3$，内螺纹牙高为 $H_4$，外螺纹牙顶圆角半径为 $R_1$，内螺纹牙顶圆角半径为 $R_2$，牙顶高为 $Z$，螺距为 $P$。

基本尺寸：(1)$H_1=0.5P$

(2)$h_3=H_1+a_c=0.5P+a_c$

(3)$H_4=H_1+a_c=0.5P+a_c$

(4)$Z=0.25P=H_1/2$

(5)$d_2=d-2Z=d-0.5P$

(6)$D_2=d-2Z=d-0.5P$

(7)$d_3=d-2h_3$

(8)$D_1=d-2H_1=d-P$

(9)$D_4=d+2a_c$

(10)$R_{1max}=0.5a_c$

(11)$R_{2max}=a_c$

**3. 螺纹中径的测量**

(1)三针法测中径

$$d_2=M-d_0\left(1+\frac{1}{\sin\frac{\alpha}{2}}\right)+0.5P\cot\frac{\alpha}{2}$$

式中:$d_2$——中径 mm

$M$——千分尺所量出尺寸 mm

$d_0$——钢针直径 mm

$\alpha$——牙型角°

$P$——螺距 mm

当 $\alpha=60°$时 $d_2=M-3d_0+0.866P$

$\alpha=55°$时 $d_2=M-3.166d_0+0.961P$

$\alpha=30°$时 $d_2=M-4.864d_0+1.866P$

$\alpha=40°$时 $d_2=M-3.924d_0+1.374P$

$$d_0=\frac{P}{2\cos\frac{\alpha}{2}}\text{(最佳钢针直径)}$$

当没有合适的直径钢针时,可按下列数据选择

当 $\alpha=60°$时 $d_0=(0.505\sim1.01)P$

$\alpha=55°$时 $d_0=(0.506\sim0.835)P$

$\alpha=30°$时 $d_0=(0.487\sim0.656)P$

$\alpha=40°$时 $d_0=(0.513\sim0.779)P$

(2)双针法测中径

当 $\alpha=60°$时 $d_2=M-\frac{P^2}{8(M-d_0)}-3d_0+0.866P$

$\alpha=55°$时 $d_2=M-\frac{P^2}{8(M-d_0)}-3.166d_0+0.961P$

$\alpha=30°$时 $d_2=M-\frac{P^2}{8(M-d_0)}-4.864d_0+1.866P$

(3)单针法测中径

当 $\alpha=60°$时 $d_2=2M-d_{实}-3d_0+0.866P$

$\alpha=55°$时 $d_2=2M-d_{实}-3.166d_0+0.961P$

$\alpha=30°$时 $d_2=2M-d_{实}-4.864d_0+1.866P$

（$d_{实}$ 为加工后螺纹的实际大径）

(4)用齿轮卡尺测法向牙厚

基本尺寸：梯形螺纹 $S_n=\frac{P}{2}\cos\gamma, h_a=0.25P$（$\gamma$ 为螺纹升角）

蜗杆 $S_n=\frac{\pi m}{2}\cos\gamma, h_a=m$

# 附表五　传动件的计算

**1. 标准直齿圆柱齿轮**

(a)模数为 $m$，分圆直径为 $d$，分圆上压力角为 $\alpha$，周节为 $P$，齿数为 $Z$，齿顶高为 $h_a$，齿根高为 $h_i$，齿全高为 $h$，弧齿厚为 $S$，顶圆直径为 $d_a$，根圆直径为 $d_i$，中心距为 $a$，基圆直径为 $d_b$，基圆周节为 $P_b$

(1) $m=\frac{P}{\pi}=\frac{d}{Z}=\frac{d_a}{Z+2}$，(常用 $m=\frac{d_a}{Z+2}$测模数)

(2)$d=mZ$

(3) $\alpha=20^\circ$

(4) $P=\pi m=\frac{\pi d}{Z}$

(5) $Z=\frac{d}{m}=\frac{\pi d}{P}$

(6)$h_a=m$

(7)$h_i=1.25m$

(8)$h=2.25m$

(9) $S=\frac{\pi m}{2}$

(10)$d_a=(Z+2)m=d+2h_a$

(11)$d_i=(Z-2.5)m=d-2h_i$

(12)$a=(Z_1+Z_2)m/2=(d_1+d_2)/2$

(13)$d_b=d\cos\alpha$

(14)$P_b=P\cos\alpha$

(15)①固定弦齿厚$\overline{S_c}=\frac{\pi m}{2}\cos^2\alpha$ 并有上下偏差

$\overline{h_c}=h_a-\frac{\pi m}{8}\sin 2\alpha$

②分度圆弦齿厚$\overline{S}=mZ\sin\frac{90^\circ}{Z}$并有上下偏差

$\overline{h_c}=m\left[1+\frac{Z}{2}(1-\cos\frac{90^\circ}{Z})\right]$

③公法线长度 $W_k=m\cos\alpha[\pi(K-0.5)+Z\mathrm{inv}\alpha]$　并有上下偏差

跨齿数 $K=\frac{Z}{\pi}\alpha+0.5$

内齿轮圆棒测量跨距：偶数齿时 $M=d\ \frac{\cos\alpha}{\cos\alpha'}-d_p$

奇数齿时 $M=d\ \frac{\cos\alpha}{\cos\alpha'}\cos\frac{90^\circ}{Z}-d_p$

$d_p=1.44m$，$\mathrm{inv}\alpha'=0.0149+\frac{0.03838}{Z}$

(b)图纸上应标注的尺寸：(1)$d_a$；(2)$d$

参数栏标明：$Z,m,\alpha,(\overline{S_c},\overline{h_c})$或$(\overline{S},\overline{h})$或$[W_k,K]$，精度等级。

**2. 标准斜齿圆柱齿轮**

(a)法向模数 $m_n$(标准)，端面模数 $m_t$，齿数 $Z$，分圆上螺旋角 $\beta$，法向齿形角 $\alpha_n$(标准)，端面齿形角 $\alpha_t$，分圆直径 $d$，齿顶高 $h_a$，齿根高 $h_i$，齿全高 $h$，顶圆直径 $d_a$，中心距 $a$，当量齿数 $Z_n$

导程 $P_Z$

(1) $m_n=m_t\cos\beta$　　(2) $m_t=\frac{m_n}{\cos\beta}$　　(3) $\tan\alpha_n=\tan\alpha_t\cdot\cos\beta$

(4) $\tan\alpha_t=\frac{\tan\alpha_n}{\cos\beta}$　　(5) $d=Zm_t=\frac{Zm_n}{\cos\beta}$　　(6)$h_a=m_n$

(7)$h=2.25m_n$　　(8)$h_i=1.25m_n$　　(9) $a=\frac{mt}{2}(Z_1+Z_2)$

(10) $Z_n=\frac{Z}{\cos^3\beta}$　　(11) $P_Z=\pi d\cot\beta$

测量齿厚：与标准直齿圆柱齿轮同，模数用 $m_n$，齿形角用 $\alpha_n$。当用公法线长度时，斜齿轮应以假想齿数 $Z'$代入，$Z'=\frac{\mathrm{inv}\alpha_t}{\mathrm{inv}\alpha_n}Z$。

(b)图纸上应标注的尺寸：(1)$d_a$；(2)$d$

参数栏标明：$m_n,Z,\alpha_n,\beta$及旋向，测量齿厚的 3 种中的一种，并带有上下偏差，精度等级，啮合齿轮图号。

**3. 变位直齿圆柱齿轮**

(a)高度变位

(1)$d=mZ$　　(2)$a=\frac{m}{2}(Z_1+Z_2)$

(3)$h_a=m(1+x)$，$x$ 为变位系数　　(4)$h=2.25m$

(5) $h_i=(1.25-x)m$　　(6)$d_a=d+2m(1+x)$

(7)$d_i=d-2m(1.25-x)$

(8) $\overline{S}=Zm\sin\dfrac{90°+41.7°x}{Z}$, $\overline{h_a}=h_a+\dfrac{mZ}{2}(1-\cos\dfrac{90°+41.7°x}{Z})$

(9) $\overline{S_c}=m(\dfrac{\pi}{2}\cos^2\alpha+x\sin2\alpha)$, $\overline{h_c}=h_a-m(\dfrac{\pi}{8}\sin2\alpha+x\sin^2\alpha)$

(b)角度变位

(1)啮合角 $\mathrm{inv}\alpha'=\dfrac{2(x_1+x_2)\tan\alpha}{Z_1+Z_2}+\mathrm{inv}\alpha$

或 $\cos\alpha'=\dfrac{a}{a'}\cos\alpha$

(2)未变位中心距 $a=\dfrac{m}{2}(Z_1+Z_2)$

(3)中心距变动系数 $y=\dfrac{a'-a}{m}$或 $y=\dfrac{Z_1+Z_2}{2}(\dfrac{\cos\alpha}{\cos\alpha'}-1)$

(4)实际中心距 $a'=m(\dfrac{Z_1+Z_2}{2}+y)=\dfrac{m}{2}(Z_1+Z_2)\dfrac{\cos\alpha'}{\cos\alpha}$

(5)总变位系数 $x_\Sigma=x_1+x_2=\dfrac{Z_1+Z_2}{2\tan\alpha}(\mathrm{inv}\alpha'-\mathrm{inv}\alpha)$

(6)齿高变位系数 $\Delta y=x_\Sigma-y$

(7)齿顶高 $h_a=m(1+x-\Delta y)$

(8)全齿高 $h=(2.25-\Delta y)m$

(9)齿根高 $h_i=m(1.25-x)$

(10)分圆直径 $d=mZ$

(11)顶圆直径 $d_a=d+2h_a$

(12)根圆直径 $d_i=d-2h_i$

(13)分圆弦齿厚$\overline{S}=mZ\sin\dfrac{90°+41.7°x}{Z}$

分圆弦齿高$\overline{h}=\dfrac{mZ}{2}(1-\cos\dfrac{90°+41.7°x}{Z})+h_a$

(14)固定弦齿厚$\overline{S_c}=m(\dfrac{\pi}{2}\cos^2\alpha+x\sin2\alpha)$

固定弦齿高$\overline{h_c}=h_a-m(\dfrac{\pi}{8}\sin2\alpha+x\sin^2\alpha)$

(15)公法线长度 $W_k=m\cos\alpha[\pi(K-0.5)+Z\mathrm{inv}\alpha+2x\tan\alpha]$

跨点数 $K=Z\dfrac{\alpha}{180°}+0.5-\dfrac{2x\tan\alpha}{\pi}$

(c)图纸上应标注的尺寸和参数

(1)$d_a$;(2)$d$

参数栏标明 $m,Z,\alpha,x$,齿厚从 3 种选一种并有上下偏差,精度等级,啮合齿轮的图号。

**4. 蜗轮、蜗杆**

(a)蜗杆的参数和计算

(1)蜗杆头数:根据传动比和强度要求确定

(2)轴向模数 $m_x$ 根据强度要求确定

(3)直径系数 $q$ 根据结构要求确定

(4)分圆螺旋升角 $\gamma=\arctan\dfrac{Z_1}{q}=\arctan\dfrac{mZ_1}{d_1}$

(5)轴向齿形角 $\alpha=20°$

(6)法向齿形角 $\alpha_n=\arctan(\tan\alpha\cos\gamma)$

(7)分圆直径 $d_1=m_xq$

(8)顶圆直径 $d_{a1}=d_1+2m_x$

(9)齿顶高 $h_{a1}=m_x$

(10)齿根高 $h_{i1}=1.2m_x$

(11)齿全高 $h_1=h_{a1}+h_{i1}=2.2m_x$

(12)顶隙 $c=0.2m_x$

(13)根圆直径 $d_{i1}=d_1-2.4m_x$

(14)节圆直径 $d'_1=m_x(q+2x)$

(15)轴向齿距 $P_x=\pi m_x$

(16)导程 $P_Z=P_xZ_1=\pi m_xZ_1$

(17)分度圆上轴向齿厚 $S_x=m_x(\dfrac{\pi}{2}-0.2\tan\alpha)$

(18)分度圆上法向齿厚 $S_n=S_x\cos\gamma$

(19)分度圆上法向弦齿厚 $\overline{S_n}\approx S_n(1-\dfrac{S_n^2\sin^2\gamma}{6d_1^2})$

测量 $\overline{S_n}$ 用齿高 $\overline{h_n}\approx m_x+\dfrac{S_n^2\sin^2\gamma}{4d_1}$

(b)蜗轮的参数与计算

(1)蜗轮齿数 $Z_2$ 按传动比要求确定

(2)端面模数 $m_t=m_x$ 按强度要求确定

(3)蜗轮变位系数 $x=\dfrac{a}{m}=\dfrac{d_1+d_2}{2m}$

(4)中心距 $a=\dfrac{d_1+d_2+2xm_t}{2}$

(5)分圆直径 $d_2=m_tZ_2=2a-d_1-2xm_t$

(6)齿顶高 $h_{a2}=(1+x)m_t$

(7)齿全高 $h_2=2.2m_t$

(8)齿根高 $h_{i2}=(1.2-x)m_t$

(9)顶圆直径 $d_{a2}=d_2+2h_{a2}=d_z+2m_t(1+x)$

(10)根圆直径 $d_{i2}=d_2-2(1.2-x)m_t$

(11)外圆直径 $dw_2\leqslant d_{a2}+Km_t$

(当 $Z_1=1$ 时 $K=2$,$Z_1=2,3$ 时 $K=1.5$,$Z_1=4$ 时 $K=1$)

(12)齿宽 $b_2\leqslant(0.68\sim0.75)d_{a1}$

(13)分圆螺旋角 $\beta=\gamma$

(14)蜗轮齿宽角 $\theta=2\arcsin\dfrac{b_2}{d_1}$

(15)节圆直径 $d'_2=d_2$

(16)分圆弧齿厚 $S_2=m_t(\dfrac{\pi}{2}+0.2\tan\alpha)$

(17)分圆弦齿厚$\overline{S}\approx S_2(1-\dfrac{S_2^2}{6d_2^2})$

(18)分圆法向弦齿厚$\overline{S_{n2}}\approx\overline{S_2}\cos\gamma$

测量用齿高$\overline{h_{n2}}=m_t+\dfrac{S_2^2\cos^4\gamma}{4d}$

(19)齿顶圆弧半径 $R_{a2}=\dfrac{d_1}{2}-m$

(20)齿根圆弧半径 $R_{i2}=\dfrac{d_{a1}}{2}+0.2m_t$

(c)图纸上蜗杆、蜗轮应标注的尺寸与参数

蜗杆:(1)$d_{a1}$(2)$d_1$(3)$\overline{S_n}$,$\overline{h_n}$

参数包括 $Z_1$,$q$,$m_x$,$\gamma$ 及旋向,$\alpha$,精度等级,$a$,配对蜗轮图号。

蜗轮:(1)$d_{w2}$(2)$d_{a2}$(3)$d_2$(4)$b_2$(5)$a$(6)$\theta$(7)$R_{a2}$(8)$R_{i2}$

参数包括 $m_t$,$Z_1$,$\gamma$ 及旋向,$\alpha$,$Z_2$,$x$,精度等级,$\overline{S_{n2}}$,$\overline{h_{n2}}$,$a$,配对蜗杆图号。

# 附表六　车削、铣削的有关计算

## 1. 车削的有关计算

(1)车床的切削速度 $v=\frac{\pi dn}{1000}=\frac{\pi dn}{60000}$(m/s)

(2)车床主轴转速选择 $n=\frac{1000v}{\pi d}$

上两式中 $v$——切削速度　m/min

$n$——主轴转速　r/min

$d$——工件待加工表面直径　mm

(3)车刀圆弧半径,进给量,表面粗糙度关系 $R_Z=\frac{1000f^2}{8r}$

式中 $R_Z$——粗糙度(微观)　$\mu$

$f$——进给量　mm/r

$r$——刀尖圆弧半径　mm

(4)转动小滑板车圆锥 $\tan\frac{\alpha}{2}=\frac{D-d}{2L}$

式中 $\frac{\alpha}{2}$——小滑板转动角度　°

$D-d$——大小头直径差　mm

$L$——长度　mm

(5)取弦长法转动小滑板车圆锥 $b=D_0\sin\frac{\alpha}{4}$

式中 $b$——两脚规应取的弦长　mm

$D_0$——斜滑板下部转盘直径　mm

$\alpha$——圆锥角　°

(6)偏移尾座法车圆锥 $S=\frac{S-\alpha}{2L}\cdot L_0$

式中 $S$——尾座偏移量　mm

$D-d$ 大小头直径差　mm

$L$——锥长　mm

$L_0$——工件总长　mm

(7)数控车床车锥度

按阶梯切削路线 $S=L(1-\frac{D-d}{2}a_p)$

按平行于锥母线切削 $S=\frac{2La_p}{D-d}$

式中 $S$——终点进刀距离　mm

$L$——锥长　mm

$D-d$——大小头直径　mm

$a_p$——背吃刀量　mm

(8)在三爪卡盘上车削小偏心距零件垫块厚度

$$y=1.5e+\frac{\sqrt{d^2-3e^2}-d}{2}\approx 1.5e(1-\frac{e}{2d})\approx 1.5e$$

式中 $y$——垫块厚度　mm

$e$——工件偏心距　mm

$d$——被夹部分的直径　mm

(9)在三爪卡盘上车削较大偏心距零件垫块厚度(垫两个爪)

$$y=\frac{\sqrt{d^2+6ed+12e^2}}{2}\approx 1.5e(1+\frac{e}{2d+6e})$$

各字母意义同上。

以上两方法按垫块厚 $y$ 车出零件后,偏心会有误差,设误差为 $\Delta e$,因此需进行修正,实际垫块厚度修正为 $y_{实}=y\pm 1.5\Delta e$。

(10)主切削力 $F_Z=10Ka_pf$

式中 $F_Z$——主切削力　N

$K$——车外圆时的系数(钢件 $K=150\sim250$,灰铁 $K=100\sim120$,铜 $<100$)可查表

$a_p$——背吃力量　mm

$f$——进给量　mm/r

(11)切削功率 $P_m=F_Z\cdot v$(式中 $F_Z$ 单位为 N,$v$ 的单位为 m/s,$P_m$ 为 W)或 $P_m=\frac{F_Zv}{60000}$(式中 $F_Z$ 单位为 N,$v$ 的单位为 m/min,$P_m$ 为 KW)

(12)切削次数 $i=\frac{Z_0}{a_p}$(加工平面)

$i=\frac{Z_0}{2a_p}$(加工圆表面)

式中$i$——切削次数

$Z_0$——加工总余量　mm

$a_p$——切削深度　mm

(13)机动时间 $T_0=\frac{iL}{v_f}=\frac{iL}{nf}$

式中$T_0$——机动时间　min

$i$——切削次数

$L$——切削行程　mm

$v_f$——进给速度　mm/min

$n$——工件转速　r/min

$f$——进刀量　mm/r

**2. 铣削有关计算**

(1)铣削速度 $v_c=\frac{\pi dn}{1000}$

式中$v_c$——铣刀切削刃圆周速度　m/min

$d$——铣刀直径　mm

$n$——铣刀转速　r/min

(2)每刀齿进给量 $f_Z=\frac{v_f}{Zn}=\frac{f}{Z}$

$v_f=fn$

式中$f_Z$——铣刀每转一齿工件沿进给方向移动距离　mm

$v_f$——进给速度　mm/min

$Z$——铣刀齿数

$n$——铣刀转速　r/min

$f$——铣刀每转移动距离　mm/r

(3)铣削功率 $P_c=\dfrac{F_{\Sigma}\cdot v_c}{60000}$

式中$P_c$——铣削功率　KW

$F_{\Sigma}$——总切削力　N

$v_c$——切削速度　m/min

(4)分度法及计算(分度头速比为 40)

①简单分度 $n=\dfrac{N}{Z}=\dfrac{40}{Z}$,当 $n$ 为分数时,将分母变为分度盘孔的数字,则分子数为手摇转过的孔数。(分度盘的孔数正面为 25,28,30,34,37,38,39,41,42,43,反面为 46,47,49,51,53,54,57,58,59,62,66)。

②差动分度法计算 $n=\dfrac{40}{Z_1}$,$i=\dfrac{40(Z_1-Z)}{Z_1}$,式中 $n$ 为每次分度头手柄的转数,$i$ 为传动比,$Z_1$ 为工件假设等分数。

(5)铣花键时铣刀最大宽度 $L'=d\sin(\dfrac{180°}{Z}-\arcsin\dfrac{B}{d})$,式中 $d$ 为花键轴小径,mm,$Z$ 为花键齿数,$B$ 为花键宽度,mm

(6)铣削矩形奇数齿离合器,三面刃铣刀,铣刀的最大宽度为 $B$,则 $B\leqslant\dfrac{d_1}{2}\sin\alpha=\dfrac{d_1}{2}\sin\dfrac{180°}{Z}$,式中为 $B$ 铣刀最大宽度,mm,$\alpha$ 为齿槽角,$Z$ 为离合器齿数。

(7)铣削矩形奇数齿离合器,用三面刃铣刀铣削,铣刀宽度的选择与奇数齿相同。$D\leqslant\dfrac{d_1^2+T^2-4B^2}{T}$,式中 $D$ 为三面刃铣刀直径,mm,$d_1$ 为离合器孔径,mm,$T$ 为离合器齿深,mm,$B$ 为铣刀宽度,mm。

(8)铣等边尖齿和梯形齿离合器时分度头扳角 $\varphi$,则 $\cos\varphi=\tan\dfrac{90°}{Z}\cot\dfrac{\theta}{2}$,式中 $\varphi$ 为分度头扳角,$\theta$ 为双角铣刀廓形角,$Z$ 为离合器齿数。

(9)铣削锯齿形尖齿离合器时,分度头扳角 $\varphi$,则 $\cos\varphi=\tan\dfrac{180°}{Z}\cot\theta$,式中 $Z$ 为离合器齿数,$\theta$ 为单角铣刀角度。

(10)铣削等速圆盘凸轮分度头交换齿轮轴与工作台丝杠间的交换齿轮计算公式，$\frac{Z_1Z_3}{Z_2Z_4}=\frac{40P_{丝}}{P_h}$(丝杠轴上的齿轮的齿数为 $Z_1$)，式中 $P_{丝}$ 为工作台丝杠螺距，mm，$P_h$ 为凸轮导程，mm.

(11)铣直齿条时，刻度盘转过的格数 $n$，$n=\frac{\pi m}{F}$，式中 $m$ 为齿条模数，$F$ 为刻度盘每转一格工作台移动量。

| | | | |
|---|---|---|---|
| 作文指南——怎样抒情 | 5.80 元 | 唐诗精选(缩印本) | 9.00 元 |
| 农村常用应用文写作 | 15.00 元 | 宋词精选 | 21.00 元 |
| 隋唐演义 | 40.00 元 | 三苏诗选 | 11.00 元 |
| 初刻拍案惊奇 | 26.00 元 | 王安石诗词选 | 11.00 元 |
| 二刻拍案惊奇 | 28.00 元 | 咏菊诗词精选 | 24.00 元 |
| 说岳全传(精装) | 39.00 元 | 咏牡丹诗词精选 | 21.00 元 |
| 说岳全传(平装) | 35.00 元 | 咏荷诗词精选 | 17.00 元 |
| 说岳全传(缩印本) | 10.00 元 | 咏梅诗词精选 | 19.00 元 |
| 儒林外史(精装) | 35.00 元 | 古典爱情诗词 300 首 | 30.00 元 |
| 儒林外史(平装) | 29.00 元 | 怎样写应用文 | 6.00 元 |
| 儒林外史(缩印本) | 9.00 元 | 实用对联三千副 | 7.00 元 |
| 老残游记(精装) | 13.50 元 | 行业对联三千副 | 6.50 元 |
| 杨家将演义(精装) | 18.00 元 | 风景对联三千副 | 7.50 元 |
| 杨家将演义(平装) | 13.50 元 | 巧妙对联三千副 | 9.00 元 |
| 杨家将演义(缩印本) | 5.00 元 | 喜庆对联三千副 | 6.50 元 |
| 醒世恒言 | 35.00 元 | 古今灯谜三千条 | 5.00 元 |
| 喻世明言 | 26.00 元 | 新编巧妙对联 | 17.00 元 |
| 警世通言 | 26.00 元 | 山水奇观 | 7.90 元 |
| 镜花缘 | 25.00 元 | 台湾风景名胜对联大观 | 12.00 元 |
| 三国演义(一卷本) | 21.00 元 | 字谜解析 | 18.00 元 |
| 水浒传(一卷本) | 26.00 元 | 灯谜猜制入门 | 7.80 元 |
| 西游记(一卷本) | 23.00 元 | 幽默笑话 200 则 | 4.50 元 |
| 红楼梦(一卷本) | 29.00 元 | 幽默笑话(续集)400 则 | 8.00 元 |
| 封神演义 | 40.00 元 | 情侣幽默笑话 400 则 | 8.00 元 |
| 古文精选 | 15.50 元 | 夫妻幽默笑话 660 则 | 12.00 元 |
| 古文观止(精装) | 26.00 元 | 校园学子幽默笑话 370 则 | 7.00 元 |
| 唐诗精选(精装) | 29.00 元 | 艺苑幽默笑话 400 则 | 7.50 元 |

| | | | |
|---|---|---|---|
| 名人的幽默 | 18.00元 | 佳联趣谈(第二集) | 3.80元 |
| 麻辣语录 | 13.00元 | 东周列国志(上、下册) | 46.00元 |
| 女人的笑话 | 9.00元 | 聊斋志异 | |
| 男人的笑话 | 10.00元 | (文白对照精选本) | 33.00元 |
| 聪明人的笑话 | 10.00元 | 孽海花(注释本) | 19.00元 |
| 愚人的笑话 | 10.00元 | 人生箴言悟语 | 13.00元 |
| 农民的笑话 | 10.00元 | 教你拥有好口才 | 14.00元 |
| 道德经 | 16.00元 | 海洋今古奇观 | 17.50元 |
| 南华经 | 27.00元 | 成功择业大课堂 | 13.50元 |
| 成语歌谣400首 | 10.00元 | 当代人心理危机救助指南 | 12.00元 |
| 成语歌谣(续集)400首 | 10.00元 | 营造和谐家庭 | 11.50元 |
| 中华传统蒙学经典 | 23.00元 | 怎样构建幸福家庭 | 11.00元 |
| 中华谱牒知识问答 | 12.50元 | 职场成功一点通 | 14.50元 |
| 经典民间情歌 | 16.00元 | 学会开发人生潜能 | 10.00元 |
| 中国古代经典奇案 | 25.00元 | 中国名特产趣闻 | 22.00元 |
| 怎样给人留下好印象 | 14.00元 | 健康谚语 | 9.00元 |
| 我们身边的世界品牌 | 16.00元 | 做人做事的技巧 | 16.00元 |
| 青年赠言手册 | 15.00元 | 中国民间婚丧习俗 | 16.00元 |
| 世界商战经典案例 | 29.00元 | 二十年目睹之怪现状 | 36.00元 |
| 世界顶级企业家经营之道 | 29.00元 | 中华灯谜大观 | 16.50元 |
| 中小企业如何做强做大 | 18.00元 | 打油诗趣话 | 10.00元 |
| 中小企业如何节省成本 | 17.00元 | 流行新词语 | 19.00元 |
| 中小企业如何开发新产品 | 17.00元 | 150个世界日溯源拾趣 | 20.00元 |
| 中小企业员工培训游戏 | 18.00元 | 学点幽默 | 5.50元 |
| 怎样成为销售高手 | 26.00元 | 奇闻趣事180则 | 6.00元 |
| 中国历代文人写作拾趣 | 16.00元 | 汉字趣谈 | 13.00元 |
| 佳联趣谈(第一集) | 5.60元 | 历代名联300副 | 17.00元 |

| | | | |
|---|---|---|---|
| 唐诗故事 90 则 | 4.50 元 | 硬笔楷书启功诗词精选 | 18.00 元 |
| 宋词故事 70 则 | 4.00 元 | 硬笔楷书红楼梦诗词 | 23.00 元 |
| 元曲故事 30 则 | 8.50 元 | 硬笔行书红楼梦诗词 | 20.00 元 |
| 中国京剧故事选 | 9.50 元 | 硬笔草书红楼梦诗词 | 25.00 元 |
| 谜语故事 110 则 | 5.00 元 | 楷书书法诀窍 | 29.50 元 |
| 琴棋书画故事 140 则 | 8.60 元 | 楷书技法入门 | 13.00 元 |
| 中国古代神话故事 90 则 | 5.50 元 | 行书技法入门 | 11.50 元 |
| 中外名人轶事 320 则 | 7.50 元 | 草书技法入门 | 10.50 元 |
| 旅游轶闻 60 则 | 2.70 元 | 硬笔楷书入门 | 9.00 元 |
| 中外旅游珍闻 170 则 | 6.40 元 | 硬笔行书入门 | 9.00 元 |
| 中国历史名城掌故与 | | 硬笔草书入门 | 12.00 元 |
| 传说 | 8.00 元 | 中外合唱名歌精选 | 29.00 元 |
| 名人与诗联 | 18.50 元 | 赵体楷书《增广贤文》 | 15.00 元 |
| 新潮幽默 | 8.00 元 | 硬笔描摹赵孟頫行书字帖 | 22.00 元 |
| 中国古代官名对联 | 14.00 元 | 硬笔描摹钟绍京楷书字帖 | 19.00 元 |
| 孙子兵法解说 | 8.00 元 | 硬笔描摹王羲之行书字帖 | 15.00 元 |
| 三十六计解说 | 5.60 元 | 硬笔描摹怀素草书字帖 | 16.00 元 |
| 怎样画钢笔画 | 12.00 元 | 快算秘诀 | 13.00 元 |
| 怎样画花鸟字画 | 30.00 元 | 释疑解难 | 10.50 元 |
| 素描技巧新编 | 15.00 元 | 数学魔术 | 8.00 元 |
| 现代风景装饰画 | 31.00 元 | 歌谣算题 | 9.00 元 |
| 手绣机绣电脑绣花图样 | 45.00 元 | 数学童话 | 9.00 元 |
| 中国金剪刀剪纸精品选 | 21.00 元 | 错解辨正 | 10.00 元 |
| 中国剪纸创作与创新 | 21.00 元 | 挑战奥赛 | 10.00 元 |
| 看图学剪纸 | 15.00 元 | 题型解析 | 12.00 元 |
| 硬笔楷书历代名篇 | 15.00 元 | 智力操练 | 9.00 元 |
| 硬笔楷书诗词对韵 | 10.00 元 | 数海奇观 | 8.50 元 |